TECNICAS DE MODELACION EN HIDRAULICA

TECNICAS DE MODELACION EN HIDRAULICA

Miguel A. Vergara Sánchez

Profesor titular de la
Escuela Superior de Ingeniería y Arquitectura
Instituto Politécnico Nacional

Alfaomega

Al cuidado de la edición:

Enrique García Carmona
Jefe de ediciones

Revisión y corrección:

Leticia Castañeda Molinar
Fco. Javier Rodríguez

Formación en sistema de autoedición:

Miguel A. Ferreyra Cortés
Noreen Delgado Delgado
Jesús García Alvarez

Apartado Postal 7-1032, 06700 México, D. F.

Miembro de la Cámara Nacional de la Industria Editorial,
Registro No. 663

ISBN 968-6223-76-2

Impreso en México

Prefacio

Durante muchos años, en todo el planeta, los modelos físicos han sido una herramienta importante para resolver problemas en la Ingeniería Hidráulica.

El empleo de estos modelos se inicia en México en la década de mil novecientos treinta; desarrollándose técnicas propias que han permitido dar soluciones adecuadas a muchas de las obras Hidráulicas en materia de control de avenidas, riego y drenaje, control de ríos, generación de energía eléctrica, puertos, navegación, estuarios, etc. En este libro se presentan algunas de estas soluciones logradas en diferentes Laboratorios Hidráulicos del país, a cuyos investigadores deseo expresar mi amplio reconocimiento.

Con esta obra se pretende mostrar las condiciones mínimas necesarias a cumplir en la aplicación de las Técnicas de modelación hidráulica, así como sus problemas más comunes sujetos a experimentación en laboratorio. En los capítulos 1, 2 y 3, se tratan las generalidades de los modelos, las condiciones de similitud y su relación con el Análisis Dimensional y un esquema de planeación experimental. Los capítulos 4 y 5 se refieren a la aplicación de las técnicas para representar el oleaje y su comportamiento, considerando la influencia de fronteras fijas y móviles, en tanto que en los capítulos 6 y 7, se presentan las técnicas de experimentación en modelos hidráulicos con flujo a superficie libre, en ríos y canales de pequeñas y grandes longitudes con fronteras fijas y móviles. El capítulo 8 se refiere a modelos hidráulicos de fenómenos combinados de oleaje y flujo a superficie libre, como son los estuarios. Por último, en los capítulos 9, 10 y 11, se estudian los modelos hidráulicos específicos, correspondientes a la estabilidad de estructuras flexibles en puertos como son: los rompeolas y protecciones marginales de enrocamiento, modelos de descarga en agua caliente de plantas termoeléctricas, comportamiento de embarcaciones y su interacción con obras de atraque y en navegación libre.

Cabe mencionar que, de acuerdo a la experiencia, los temas aquí tratados son los que se consideran más importantes y de mayor uso, que describen los principios básicos de la similitud del fenómeno, criterios de selección de escalas, procedimientos constructivos y ejemplos de estudios reales.

Confío que este libro será una herramienta útil para aquellos que se inician en el estudio y ejecución de modelos hidráulicos y para quienes cursan estudios de licenciatura y posgrado en ingeniería civil.

Miguel A. Vergara Sánchez

Contenido

1	**Introducción**	**1**
1.1	Generalidades	1
1.2	Modelos matemáticos	4
1.3	Modelos analógicos	7
1.4	Modelos físicos reducidos	7
	Bibliografía	10
2	**Análisis dimensional y similitud**	**11**
2.1	Análisis dimensional	11
2.2	Condiciones de similitud	16
	Bibliografía	21
3	**Consideraciones generales de proyecto de modelos hidráulicos**	**23**
3.1	Planeación experimental	23
3.2	Tipos de modelos	25
3.3	Selección de escalas	26
3.4	Tipo de rugosidades	28
3.5	Material del fondo	32
	Bibliografía	34
4	**Modelos de oleaje con fondo fijo**	**37**
4.1	Introducción	37
4.2	Condiciones de similitud	39
4.3	Selección de escalas	42
4.4	Fronteras del modelo	44
4.5	Efectos de escala	45
4.6	Datos para el diseño de modelos	47
4.6.1	Condiciones del estado del mar y topohidrográficos	47
4.6.2	Arreglo del modelo y condiciones admisibles de operación	47

4.7 Construcción de modelos 47
4.8 Instrumentación y equipo 51
4.9 Operación de los modelos 56
4.9.1 Calibración 56
4.9.2 Verificación 56
4.9.3 Ensayos de alternativas 57
4.10 Ejemplos de estudios 59
4.10.1 Puerto Industrial El Ostión, Ver. 59
4.10.2 Proyecto Cayo Arcas 64
Bibliografía 73

5 Modelos de oleaje con fondo móvil 75
5.1 Introducción 75
5.2 Condiciones de similitud 78
5.2.1 Similitud del flujo 78
5.2.2 Similitud del transporte de sedimento 80
5.3 Selección de escalas 88
5.4 Fronteras del modelo 90
5.5 Construcción 92
5.6 Ensayos 92
5.7 Trazadores en fondo fijo 95
5.8 Ejemplos de estudio 95
5.8.1 Modelo de fondo móvil del litoral de Lázaro Cárdenas, Mich. 95
5.8.2 Modelo de recirculación de agua caliente y transporte de sedimentos de la P.T. Tuxpan, Ver. 100
Bibliografía 104

6 Modelos de fondo fijo con flujo a superficie libre . . 107
6.1 Introducción 107
6.2 Condiciones generales de similitud 107
6.3 Modelos de ríos de fondo fijo 118
6.3.1 Condiciones de similitud y escalas 118
6.3.2 Datos para el diseño de los modelos 120
6.3.3 Fronteras del modelo 121
6.3.4 Construcción de modelos 122
6.3.5 Instrumentación y equipo 124
6.3.6 Operación de los modelos 124
6.3.7 Ejemplos de estudio 129
6.3.7.1 Río Pánuco 129
6.4 Modelos de estructuras hidráulicas 134
6.4.1 Estructuras de control y desvío 134
6.4.2 Estructuras disipadoras 139
6.4.3 Estructura de bombeo 140
6.4.4 Condiciones de similitud 142
6.4.5 Efectos de escala 144
6.4.6 Selección de escalas 146
6.4.7 Fronteras del modelo 146
6.4.8 Datos para el diseño de los modelos 147

6.4.9 Construcción de modelos 147
6.4.10 Instrumentación y equipo 147
6.4.11 Ejemplos de estudios 147
6.4.11.1 Obra de toma del canal del centro 147
6.4.11.2 Obra de toma de la P.H. "Carlos Ramírez Ulloa" 152
6.4.11.3 Optimización de una cámara de bombeo del cárcamo de la P.T. de Manzanillo, Col. 158
6.4.11.4 Vertedor de la Presa Sta. Rosa, Jal. 163
Bibliografía 168

7 Modelos fluviales de fondo móvil 169
7.1 Generalidades 169
7.2 Condiciones de similitud 170
7.2.1 Similitud del flujo 172
7.2.2 Similitud del transporte de sedimento 175
7.3 Selección de escalas 178
7.4 Construcción 178
7.5 Ensayos 179
7.6 Ejemplos de estudio 181
7.6.1 Modelo del río Suchiate 181
Bibliografía 186

8 Modelos de estuarios 189
8.1 Introducción 189
8.2 Condiciones de similitud 190
8.3 Selección de escalas 192
8.4 Efectos de escalas 192
8.5 Fronteras del modelo 192
8.6 Datos de campo 194
8.7 Construcción 196
8.8 Instrumentación y equipo 196
8.9 Ejemplos de estudio 197
8.9.1 Punta Pichos-Pajaritos, Ver. 197
8.9.2 Modelo hidráulico a marea del Puerto de Corinto, Nicaragua, C.A. 209
Bibliografía 215

9 Estabilidad de estructuras portuarias 217
9.1 Introducción 217
9.2 Condiciones de similitud 220
9.3 Selección de escalas 222
9.4 Efectos de escalas 224
9.5 Datos para el diseño de modelos 224
9.6 Construcción de modelos 225
9.7 Instrumentación y equipo 227
9.8 Operación de los modelos 228
9.9 Ejemplos de estudio 231
9.9.1 Estabilidad de los rompeolas del Puerto de "Lázaro Cárdenas" con enrocamiento de alta densidad 231

9.9.2 Protección Costera de la Planta Siderúrgica Lázaro Cárdenas - Las Truchas 235
Bibliografía 241

10 Modelos hidrotérmicos 243
10.1 Generalidades 243
10.2 Condiciones de similitud 243
10.3 Selección de escalas 245
10.4 Construcción 247
10.5 Ensayos 247
10.6 Ejemplos de estudio 248
10.6.1 Sistema de recirculación de flujo de la P.T. de Punta Prieta, B.C.S. 248
Bibliografía 257

11 Modelo de maniobras de embarcaciones libres y atracadas 259
11.1 Generalidades 259
11.2 Condiciones de similitud 260
11.2.1 Modelación hidráulica 260
11.2.2 Modelación de la embarcación 260
11.2.3 Modelación de líneas de amarre y defensas 262
11.3 Selección de escalas 264
11.4 Efectos de escala 264
11.5 Construcción 264
11.6 Instrumentación y equipo 265
11.6.1 Embarcación navegando 265
11.6.2 Embarcaciones atracadas 268
11.7 Ensayos 270
11.7.1 Clasificación de ensayos 270
11.7.2 Ensayos de calibración de la embarcación y sistema de amarre 270
11.7.2.1 Centro de gravedad y momento de inercia del barco 270
11.7.2.2 Coeficiente de elasticidad para el modelo de defensas y líneas de amarre 273
11.8 Ejemplo de estudio 273
11.8.1 Estudios del movimiento del barco atracado en el muelle de la estación mineralera (carbonífera) de Micare en el Puerto de Lázaro Cárdenas, Mich. 273
11.8.2 Estudio de maniobrabilidad para el Puerto Industrial de Altamira, Tamps. 288
Bibliografía 291

Indice 293

1

Introducción

1.1 GENERALIDADES

Muchos de los fenómenos que ocurren en la naturaleza y dentro del campo de la hidráulica son tan complejos que no es fácil tratarlos únicamente con métodos matemáticos. Por lo anterior es conveniente recurrir al empleo de técnicas experimentales, como herramientas en la obtención de soluciones prácticas, aplicadas a problemas de ingeniería, estuarios, fluvial y obras hidráulicas en general. Algunas de estas aplicaciones son: sobre propagación de oleaje, acción de mareas y corrientes, movimiento de sedimentos, estabilidad de estructuras sujetas a la acción del oleaje, efecto de estructuras en la protección de playas, acción del oleaje sobre embarcaciones, atracadas o en movimiento, propagación de mareas, funcionamiento de estuarios, erosión y sedimentación de cauces, control de avenidas, obras de toma, cárcamos de bombeo, vertederos, conducción de agua a presión, difusión térmica y desechos, etc.

Los métodos matemáticos plantean soluciones con modelos matemáticos casi siempre idealizados, lo que permite simplificaciones importantes, que a su vez causan efectos que deben ser valorados mediante ensayos experimentales, a través de modelos físicos a escala reducida o de tipo analógicos.

En hidráulica, el término *modelo* corresponde a un sistema que simula un objeto real llamado prototipo, mediante la entrada de cierta información que se procesa y presenta en forma adecuada para emplearse en el diseño y operación de obras de ingeniería civil.

Por tanto, un modelo físico a escala reducida, que en lo sucesivo se denominará *modelo hidráulico,* representa a escala al objeto real o prototipo, tal como un fenómeno, una estructura o una máquina, y cumple ciertas condiciones matemáticas definidas.

En la actualidad se dispone de técnicas avanzadas en la modelación física de fenómenos hidráulicos que, aunadas al desarrollo de instrumentos de medición y equipos generadores de fenómenos a escala, permiten predecir con alto grado de certidumbre lo que pueda ocurrir en el prototipo y, por tanto, se obtienen

Figura 1.1 Modelo del cruce de la autopista México Querétaro con el río Tepeji. (Instituto de Ingeniería, Universidad Nacional Autónoma de México, UNAM)

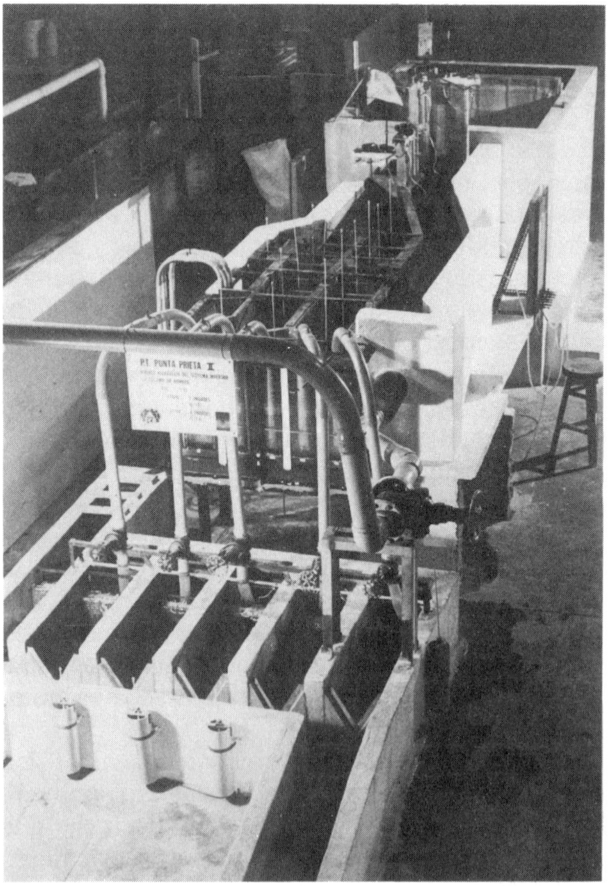

Figura 1.2 Modelo de la obra de toma submarina y cárcamo de bombeo de la planta termoeléctrica Punta Prieta La Paz, B. C. (Laboratorio de Ingeniería Hidráulica; Instituto Politécnico Nacional, IPN)

Figura 1.3 Modelo del puerto El Ostión, Veracruz. (Estudios y Laboratorios; Dirección General de Obras Marítimas, DGOM)

Figura 1.4 Modelo del Río Papaloapan y Laguna de Alvarado, Veracruz. (Laboratorio Hidráulico S.R.H.)

óptimos resultados en los aspectos de funcionalidad, estabilidad y economía de las estructuras por construir. Esto justifica ampliamente la utilización de los modelos hidráulicos.

El empleo de un modelo hidráulico implica establecer un programa definido de investigación experimental sobre todas las variables que intervienen, en forma particular o en grupo. Lo anterior se hace para poder verificar en su caso la validez de las soluciones analíticas de un problema dado, o determinar las leyes de relación entre las diferentes variables que, extrapoladas al prototipo, permitan optimizar la eficiencia de cada uno de los elementos del sistema modelo-prototipo. En ciertas etapas del programa y cuando el problema se puede describir con suficiente detalle utilizando modelos matemáticos, éstos se emplean complementariamente con resultados satisfactorios.

La aplicación de cualquiera de los dos tipos de modelos, físicos o matemáticos, evidentemente tienen sus limitaciones, mismas que van a depender de la complejidad del problema en la intervención de las variables y sus fronteras a tratar, siendo en algunos casos los modelos matemáticos los más apropiados. Tal es el caso de flujos transitorios, sin embargo, es cada vez más interesante el uso combinado de los dos, ya que uno proporciona mejor información que el otro en zonas específicas de la región a estudiar.

1.2 MODELOS MATEMATICOS

El conjunto de hipótesis y relaciones de las variables que describen un fenómeno, constituyen un *modelo matemático* (ecuaciones), que conduce a un problema matemático que es necesario resolver mediante apropiadas técnicas matemáticas.

En la mayoría de los casos las ecuaciones que rigen los fenómenos físicos a considerar no pueden resolverse analíticamente, por lo que es necesario emplear métodos aproximados mediante un proceso de computación, siendo los más utilizados el de *elementos finitos* y el de *diferencias finitas*. El primero hace discreto el medio en el que tiene lugar el fenómeno en estudio utilizando por lo común una red de triángulos, mientras que el segundo utiliza una red de rectángulos, que es menos complicada, y proporciona una descripción suficiente de los contornos. La esencia de este método, de diferencias finitas, es sustituir los sistemas de ecuaciones diferenciales parciales que rigen el fenómeno en estudio, por sistemas de ecuaciones de diferencias (algebraicas) proporcionando valores en los puntos de la malla mediante la solución de métodos explícitos o implícitos.

En los métodos explícitos, fáciles de programar con ciertos problemas de estabilidad de las soluciones, se hace necesario emplear intervalos de tiempo menores que con los métodos implícitos, ya que éstos son más estables que los explícitos y sus intervalos de tiempo se pueden determinar en función de la precisión deseada.

La precisión de los modelos matemáticos está íntimamente ligada a su costo de explotación, por lo que deben tomarse en cuenta los siguientes factores:

a) **Exactitud de los datos iniciales** Tomar en cuenta la discontinuidad de los datos y la magnitud de error de los mismos.
b) **Tipo de fenómeno a estudiar** Dependiendo del fenómeno y su importancia, dependerá su precisión.
c) **Exactitud de las ecuaciones que rigen el fenómeno** Las ecuaciones diferenciales, mediante las que se ha formulado el modelo, pueden determinar un límite a la exactitud con que se podrá describir el fenómeno. Esto puede ser ocasionado por las hipótesis introducidas para simplificar, o bien, por constituir ellas mismas una simple aproximación al no considerar ciertas variables.
d) **Forma de aproximar las ecuaciones** Partiendo de un sistema de ecuaciones diferenciales parciales que se aproximan mediante un sistema de ecuaciones en diferencias con los consiguientes errores de truncamiento, la exactitud puede verse afectada.
e) **Evolución del modelo** Durante el proceso de cálculo, al cambiar el modelo en el espacio y en el tiempo, puede ocurrir que los errores que se producen se vayan transmitiendo o acumulando, con lo cual la precisión obtenida del modelo puede verse limitada.

Por último, hay tres conceptos importantes referentes a los modelos matemáticos que conviene aclarar. Se trata de la consistencia, estabilidad y convergencia de un modelo. Suponiendo que un modelo se ha realizado por el método de diferencias finitas, se dirá que es consistente cuando al tender a cero el tamaño de la malla y el intervalo de tiempo, las ecuaciones en diferencias dan las mismas soluciones que las ecuaciones diferenciales; que es estable si las soluciones obtenidas al hacer variar los parámetros de que depende el modelo permanecen acotadas; y, que es convergente cuando el modelo es a la vez consistente y estable. En la figura 1.5 se presenta la secuencia del proceso de desarrollo de un modelo matemático, mismo que consta de seis etapas y que a continuación se describen.

En la primera etapa se hace una descripción del fenómeno, planteándose las variables que intervienen y las hipótesis del comportamiento del mismo. En la segunda etapa se plantean las ecuaciones diferenciales o integrales que describen matemáticamente el fenómeno (modelo matemático), asimismo, las condiciones de frontera y la variabilidad de solución. La tercera etapa consiste en seleccionar el método de solución del modelo matemático, es decir, la elección del algoritmo de cálculo. En la cuarta etapa se elabora la programación del algoritmo de cálculo para la computadora. La calibración, verificación y validación del modelo corresponde a la quinta etapa; y, por último, la sexta etapa corresponde a la explotación del modelo, es decir, la utilización del mismo con base en datos de campo, de experimentos en laboratorios o de supuestos para obtener predicciones.

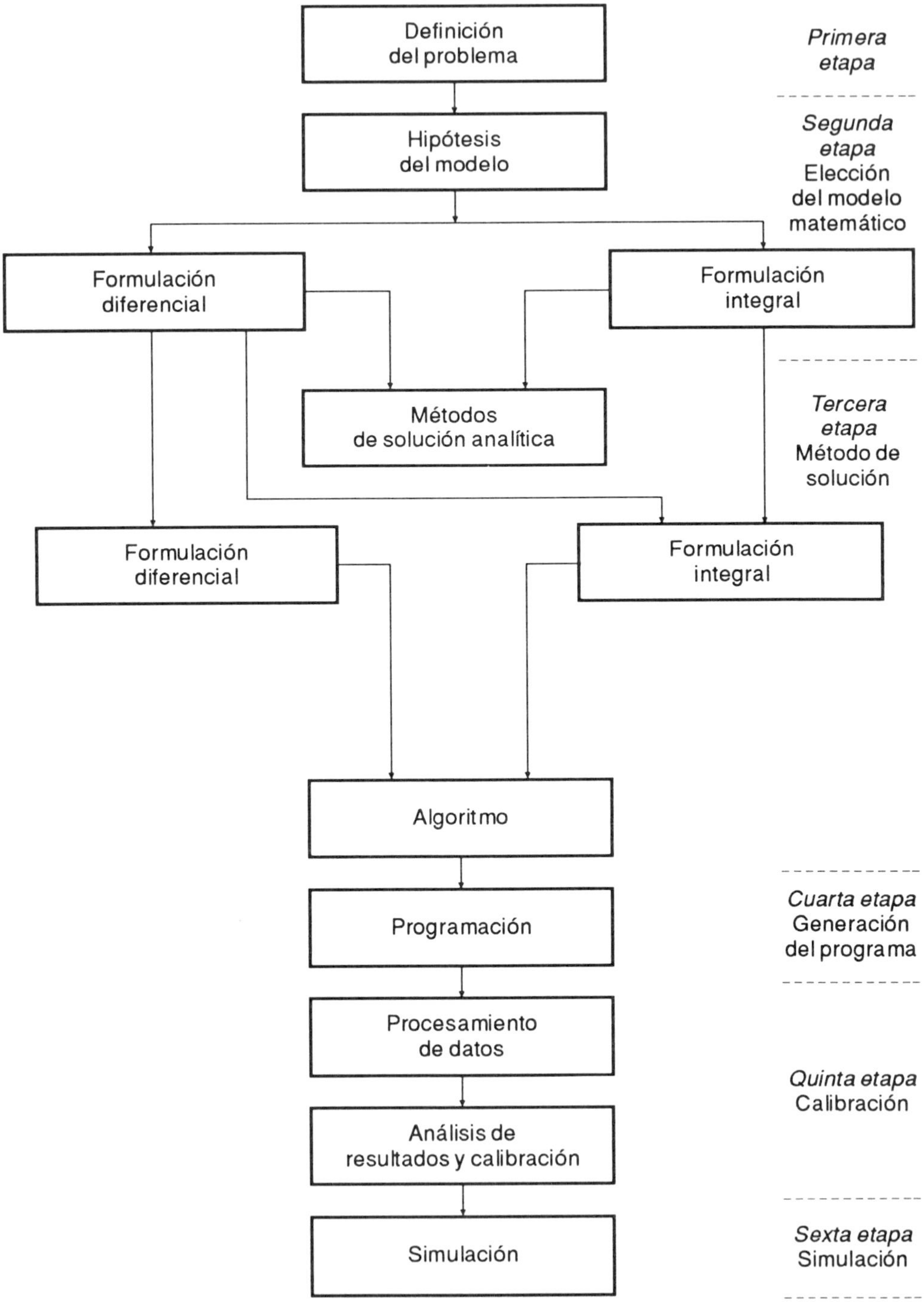

Figura 1.5 Secuencia del proceso de desarrollo de un modelo matemático

1.3 MODELOS ANALOGICOS

Dos fenómenos físicos de diferente naturaleza se llaman analógicos si las ecuaciones que los describen se expresan con formas matemáticas idénticas, aun cuando los símbolos de cada una de ellas tengan significado diferente. Tabla 1.1.

Es común que uno de los dos fenómenos sea de menor dificultad, por lo que éste se emplea para resolver el otro. Lo anterior ofrece una posibilidad de resolver problemas hidráulicos a base de mediciones hechas sobre un fenómeno análogo, siendo entre los más comunes:

a) Analogía entre un flujo a través de medios permeables y flujo laminar en capas delgadas (modelos de Hele-Shaw).
b) Analogía entre un flujo laminar y un flujo turbulento.
c) Analogía entre un flujo a través de medios permeables y la deformación de una placa elástica bajo carga.
d) Analogía eléctrica y otros fenómenos físicos (como hidráulicos, mecánicos, etc.).

1.4 MODELOS FISICOS REDUCIDOS

El uso de los modelos físicos a escala reducida, llamados simplemente modelos hidráulicos, implica que éstos deben ser semejantes al prototipo, para lo cual debe satisfacerse las leyes de similitud Geométrica, Cinemática y Dinámica, que en conjunto relacionan las magnitudes físicas homólogas definidas entre ambos sistemas, el prototipo A_p y el modelo A_m.

En la figura 1.6 se observa que cada rayo de proyección que sale de una fuente hacia un centro homólogo, interseca puntos de ambos sistemas, denominados puntos homólogos, sobre los cuales se definen otras magnitudes, tales como: velocidad, presión, etc. De igual manera se definen lados, superficies y volúmenes homólogos, que a su vez constituyen la similitud geométrica, misma que implica una relación constante, que para cualquier longitud L resulta ser $L_p/\ell_m = E_L$ llamada escala de líneas o de longitudes. Los subíndices p y m se refieren al prototipo y al modelo, respectivamente.

Cuando la comparación de los sistemas A_p y A_m es con respecto a un movimiento, se establece entonces la *similitud cinemática,* y que se cumple cuando la forma de los patrones de flujo homólogos son iguales en cualquier tiempo, es decir, hay similitud de movimiento de los sistemas; por lo que la relación de velocidades de puntos homólogos debe ser constante, o sea, $v_p/v_m = E_v$ y generalizando, $E_v = E_L\, E_t^{-1}$, siendo E_v la escala de velocidades, E_L, la escala de longitudes y $E_T = T_p/T_m$, la escala de tiempos. Como puede observarse, es un requisito que la similitud geométrica se cumpla para que se logre la similitud cinemática.

El movimiento del fluido en el modelo y en el prototipo, para que sea similar en forma completa, no es suficiente que cumpla con las similitudes, geométrica y cinemática, también es necesario tomar en consideración la acción de fuerzas so-

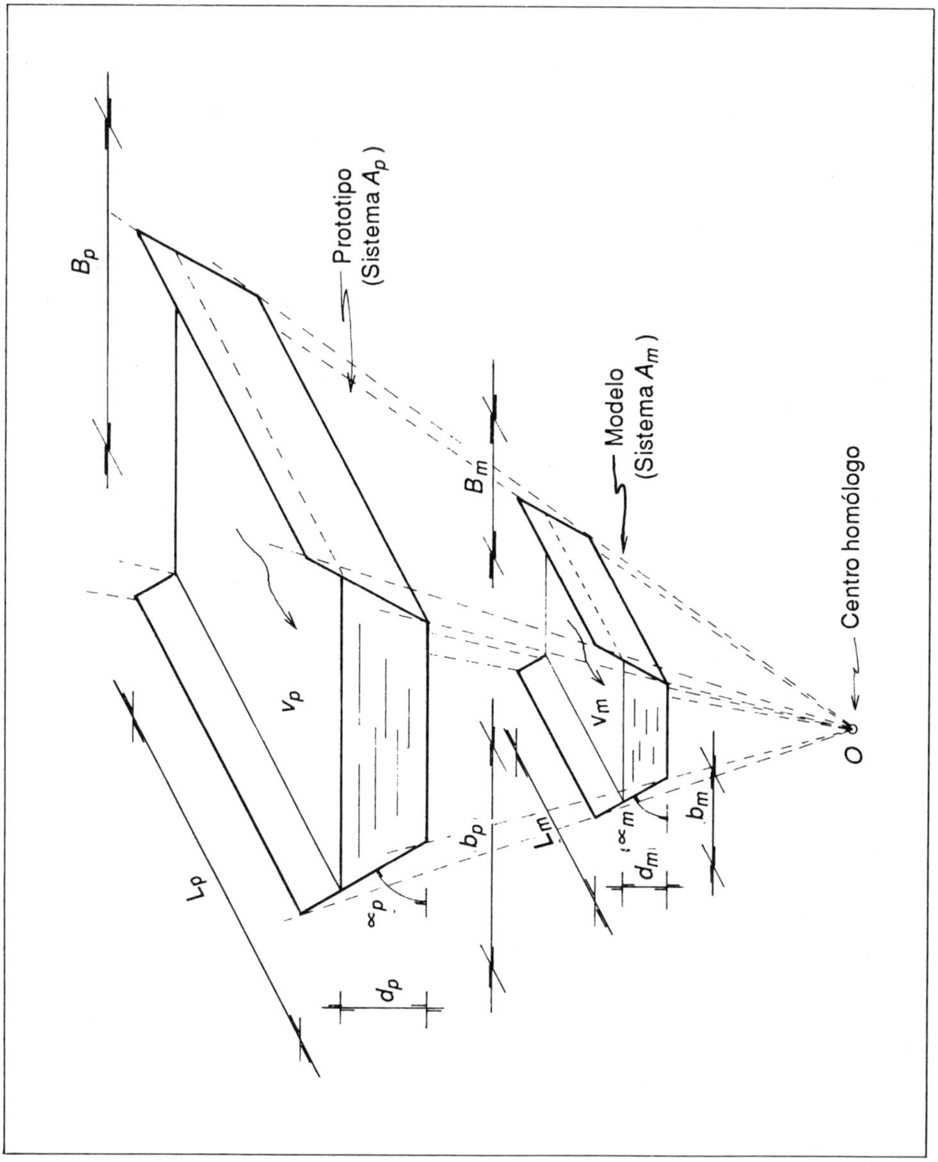

Figura 1.6 Proyección lineal del sistema modelo-prototipo

TABLA 1.1 Algunos fenómenos análogos

FENOMENO HIDRAULICO	FENOMENO ANALOGO
Flujo en medio poroso. $u = -K\dfrac{\partial h}{\partial x}$; $v = -K\dfrac{\partial h}{\partial y}$ $u, v,$ = velocidades en la dirección x, y y, respectivamente. K = coeficiente de permeabilidad del suelo. h = carga hidráulica.	Flujo laminar de espesor delgado. $u = -Kr\dfrac{\partial h}{\partial x}$; $v = -Kr\dfrac{\partial h}{\partial y}$ $u, v,$ = velocidades en la dirección x, y y, respectivamente. kr = coeficiente de permeabilidad entre dos placas planas paralelas. h = carga hidráulica.
Flujo en medio poroso, oscilación en tanques, flujo en redes de tuberías, flujo a superficie libre. $v = -K\dfrac{\partial h}{\partial \ell}$; Ley de Darcy. $\dfrac{\partial^2 \varphi}{\partial x^2} + \dfrac{\partial^2 \varphi}{\partial y^2} + \dfrac{\partial^2 \varphi}{\partial z^2} = 0$; Ec. de Laplace. $\dfrac{\partial u}{\partial x} + \dfrac{\partial v}{\partial y} + \dfrac{\partial w}{\partial z} = 0$; Ec. de continuidad. $Q = \dfrac{K(h_1 - h_2)A}{\ell}$; Ec. del gasto en un flujo en medio poroso. $h = KQ^n$; Ec. de la carga en tuberías de una red. $u, v, w,$ = velocidades en las direcciones x, y, z. φ = potencial de velocidades. K = coef. de permeabilidad del suelo. Q = gasto líquido. A = áreas de la sección transversal. h = carga hidráulica.	Flujo de corriente eléctrica. $I = -r\dfrac{\partial \psi}{\partial \ell}$; Ley de Ohm. $\dfrac{\partial^2 \psi}{\partial x^2} + \dfrac{\partial^2 \psi}{\partial y^2} + \dfrac{\partial^2 \psi}{\partial z^2} = 0$; Ec. de Laplace. $\dfrac{\partial^2 Ix}{\partial x^2} + \dfrac{\partial^2 Iy}{\partial y^2} + \dfrac{\partial^2 Iz}{\partial z^2} = 0$; Ley de Kirchhoff. $i = \dfrac{r(\psi_1 - \psi_2)A}{\ell}$; Ec. de intensidad de corriente. $V = RI^n$; Ley de Ohm. Ix, Iy, Iz, densidad de corriente en las direcciones x, y, z. ψ = potencial electrónico. r = conductividad eléctrica. c = intensidad de corriente. A = del conductor eléctrico. v = voltaje. ℓ = longitud.

bre las partículas del fluido, tales como fricción ($F\tau$), tensión superficial ($F\sigma$), de gravedad o peso (F_g), de inercia (F_I), de Coriolis (F_c), etc. Lo anterior implica que el polígono de fuerzas que actúa sobre puntos homólogos debe ser geométricamente similar, lo que a su vez manifiesta que la relación de fuerzas homólogas sea un factor constante en todo el sistema; es decir, existe similitud dinámica, por tanto

$$F_{\sigma p}/F_{\sigma m} = F_{\tau p}/F_{\tau m} = F_{gp}/F_{gm} = F_{Ip}/F_{Im} = F_{c_1}/F_{c_2} + E_F \qquad \textbf{(1.1)}$$

que, generalizando y tomando en cuenta la segunda Ley de Newton se tiene

$$\frac{F_p}{F_m} = \frac{M_p\, a_p}{M_m\, a_m} = \frac{M_p\, L_p\, T_p^{-2}}{M_m\, L_m\, T_m^{-2}}\, E_M\, E_L\, E_T^{-2}$$

en donde: *M,* es la masa, *a,* la aceleración y E_M la escala de masas.

BIBLIOGRAFIA

1. Aguado, *Modelos físicos y matemáticos,* Vol. II, págs. 1-35. II Curso Iberoamericano de planeación, explotación y dirección de puertos. MOPU-C.E.E.P.Y C. España, 1982.
2. De Vries M., *Scale Models Hydraulic Engineering,* Cap. I. Delf University of Technology. 1977.
3. Juárez León B., *Modelo matemático para la propagación de la onda de marea en Lagunas Costeras,* Cap. 2. Tesis de grado. Sección de Graduados e Investigación, Esc. Superior de Ingeniería y Arquitectura, ESIA, IPN. México, 1989.
4. Lajos Ivicsics., *Hydraulic Models,* Cap. II. Resources Publications. Fort Collins, Colorado, E.U.A., 1980.
5. Mc Dowell D. M. y O'Conner B., *General Lecture on Mathematical and Physical Models for Study of Tidal Problems*. University of Manchester, 1982.
6. Vergara S. M. A., *Notas del curso de Modelos Hidráulicos*. Sección de Graduados e Investigación, ESIA, IPN. México, 1983.
7. Yalin M. S., *Theory of Hydraulic Models*. McMillan, 1971.

2

Análisis dimensional y similitud

2.1 ANALISIS DIMENSIONAL

En un fenómeno físico se puede identificar el conjunto de magnitudes o variables que intervienen en él, y con el análisis dimensional de dichas magnitudes es factible encontrar las relaciones entre las variables, mediante una ecuación que debe ser dimensionalmente homogénea.

En general, las magnitudes físicas se clasifican en dos grupos: las básicas o fundamentales y las derivadas o secundarias. Las del primer grupo son longitud (L), masa (M) y tiempo (T). Las del segundo son área (A), volumen (V), velocidad (v), gastos (Q), fuerza (F), o cualquiera otra (X) en función de las primeras, es decir,

$$[X] = f(L, M, T) \text{ ó } [X] = [L^{x_1} M^{x_2} T^{x_3}] \qquad \textbf{(2.1)}$$

siendo el exponente x_i ($i = 1, 2, 3$) la dimensión de la magnitud fundamental respectiva, por ejemplo:

$$\begin{array}{llll} \text{La velocidad} & [v] = [L\,T^{-1}]\,; & x_1 = 1,\ x_2 = 0,\ x_3 = -1 \\ \text{El peso} & [p] = [L\,M\,T^{-2}]\,; & x_1 = 1,\ x_2 = 1,\ x_3 = -2 \end{array} \qquad \textbf{(2.2)}$$

La representación anterior para cualquier magnitud derivada se llama *ecuación dimensional.*

Una ecuación dimensionalmente homogénea, es aquella donde la dimensión de cada uno de los miembros de la ecuación son iguales y, por tanto, válidos para cualquier sistema de unidades. Por ejemplo, se observa que la ecuación del periodo de oscilación de un péndulo simple $T = 2\pi\ (L/g)^{1/2}$ es válida para cualquier sistema de unidades, puesto que ambos miembros tienen la misma ecuación dimensional $[T] = [L\,T^2\,L^{-1}]^{1/2} = [T]$. Si la misma ecuación se expresa como

$T = 1.111\ (L)^{1/2}$, usando el sistema de unidades inglesas donde el valor de g se mide en pies/s^2, L en pies y T en segundos, lo que se tiene, no es una ecuación dimensionalmente homogénea, y la constante 1.11 tendrá las unidades de s/pies$^{1/2}$.

Buckingham, en su análisis dimensional, establece el llamado *teorema Pi* (π): cuando en un fenómeno físico intervienen $A_1, A_2, A_3, \ldots A_m$ variables, donde cada una de ellas son dependientes de $B_1, B_2, B_3, \ldots B_n$ magnitudes fundamentales, la función homogénea

$$\varphi\,(A_1, A_2, A_3, \ldots, A_m) = 0 \tag{2.3}$$

podrá expresarse como otra función, también homogénea

$$f(\pi) = f(\pi_1, \pi_2, \pi_3, \ldots, \pi_z) = 0 \tag{2.4}$$

donde cada parámetro π_i es adimensional y se define como un producto de la forma

$$\pi_i = A_1^{x_{1i}}\ A_2^{x_{2i}}\ A_3^{x_{3i}} \ldots A_m^{x_{mi}} \tag{2.5}$$

para $i = 1, 2, 3, \ldots z$
siendo z, igual a $m - n$.

La ecuación dimensional de π_i es

$$[\pi_i] = [A_1^{x_{1i}}\ A_2^{x_{2i}}\ A_3^{x_{3i}}, \ldots A_m^{x_{mi}}]$$

o

$$[\pi_i] = [A_1]^{x_{1i}}\ [A_2]^{x_{2i}}\ [A_3]^{x_{3i}} \ldots [A_m]^{x_{mi}} \tag{2.6}$$

Sustituyendo las ecuaciones dimensionales de cada variable A_i, que son función de las magnitudes $B_1, B_2, B_3, \ldots B_n$, se tendrá:

$$[\pi_i] = [B_1^{y_{11}}\ B_2^{y_{21}}\ B_3^{y_{31}} \ldots B_n^{y_{n1}}]^{x_{1i}} \ldots [B_1^{y_{1m}}\ B_2^{y_{2m}}\ B_3^{y_{3m}} \ldots B_n^{y_{nm}}]^{x_{mi}}$$

Ordenando los exponentes de B, se obtiene

$$\begin{aligned}[\pi_i] = {} & [B_1]^{y_{11}x_{1i} + \cdots + y_{1m}x_{mi}} \cdot [B_2]^{y_{21}x_{1i} + \cdots + y_{2m}x_{mi}} \cdot \\ & [B_3]^{y_{31}x_{1i} + \cdots + y_{3m}x_{mi}} \ldots [B_n]^{y_{n1}x_{1i} + \cdots + y_{nm}x_{mi}}\end{aligned} \tag{2.7}$$

Como la condición para que π_i sea adimensional es que los exponentes de cada B sean igual a cero, entonces:

$$\begin{aligned}
&\text{para } B_1;\ y_{11}\,x_{1i} + \ldots + y_{1m}\,x_{mi} = 0\\
&\text{para } B_2;\ y_{21}\,x_{1i} + \ldots + y_{2m}\,x_{mi} = 0\\
&\text{para } B_3;\ y_{31}\,x_{1i} + \ldots + y_{3m}\,x_{mi} = 0\\
&\text{para } B_n;\ y_{n1}\,x_{1i} + \ldots + y_{nm}\,x_{mi} = 0
\end{aligned} \tag{2.8}$$

De este sistema de ecuaciones dimensionales se observa que las únicas incógnitas son las x, dado que las y son las dimensiones de las magnitudes fundamentales y, por tanto, conocidas.

Del sistema anterior de ecuaciones puede ocurrir que m sea menor o igual a n, entonces el sistema será determinado o compatible; en caso contrario será indeterminado o incompatible, siendo el grado de incompatibilidad igual a $m - n$, lo que implica que para resolver dicho sistema habrá que proporcionar valores arbitrarios a $m - n$ incógnitas.

Aplicando el teorema anterior a un problema hidráulico, y para resolver el sistema de ecuaciones tratadas, es conveniente aplicar los siguientes puntos:

a) Todas las variables se clasifican en tres grupos: el primero lo forman las que describen geométricamente las fronteras, el segundo los que describen al flujo y el tercero los que describen al fluido.

b) Cada parámetro π, para ser diferente entre sí, deberá contener cierto número de variables comunes o repetitivas y, por lo menos, otra variable diferente.

c) El número de variables repetitivas será igual a n y $m - n$ variables no repetitivas distribuidas en los $m - n$ parámetros π.

d) Las variables repetitivas deberán ser independientes entre sí e incluir entre todas las n magnitudes fundamentales, así como debe seleccionarse por lo menos una variable de cada grupo.

e) Si es necesario despejar una variable, ésta no deberá seleccionarse como repetitiva.

f) Las variables repetitivas deben conservar su respectivo exponente x y las variables que se distribuyan, denominadas soluciones linealmente independientes, deberán tener exponente con valor igual a la unidad.

Con base en lo anterior y aplicando el teorema π a un flujo cualquiera dentro de un conducto de forma arbitraria, sin considerar transferencia de calor ni las propiedades químicas del fluido, las variables que intervendrán son:

Variables de la frontera
- transversales de la sección, y
- longitudinales del conducto, k_1
- rugosidad, k_2
- otras, k_3

Variables del flujo
- presión, p
- velocidad, v
- aceleración debida a la gravedad, g

Variables del fluido
- dinámica, μ
- tensión superficial, σ

módulo de elasticidad, E
densidad, ρ

Todas estas variables son función de las tres magnitudes fundamentales: longitud (L), masa (M) y tiempo (T); siendo, por tanto, las ecuaciones dimensionales de las variables anteriores las siguientes:

$$[y] = [L] \qquad [k_1] = [L]$$
$$[k_2] = [L] \qquad [k_3] = [L]$$
$$[p] = [L^{-1}\,M\,T^{-2}] \qquad [v] = [L\,T^{-1}]$$
$$[g] = [L\,T^{-2}] \qquad [\mu] = [L^{-1}\,M\,T^{-1}]$$
$$[\sigma] = [M\,T^{-2}] \qquad [E] = [L^{-1}\,M\,T^{-2}]$$
$$[\rho] = [L^{-3}\,M]$$

De acuerdo al teorema, la función homogénea, $\varphi\,(y, k, k, k, p, v, g, \mu, \sigma, E, \rho)$, = 0 se debe transformar en

$$f_1(\pi_1, \pi_2, \pi_3, \pi_4, \pi_5, \pi_6, \pi_7, \pi_8) = 0 \qquad \textbf{(2.9)}$$

ya que $m - n = 8$; dado que $m = 11$ y $n = 3$.

El parámetro π_i general, deberá ser

$$\pi_i = y^{x_{1i}}\,k_1^{x_{2i}}\,k_2^{x_{3i}}\,k_3^{x_{4i}}\,p^{x_{5i}}\,v^{x_{6i}}\,g^{x_{7i}}\,\mu^{x_{8i}}\,\sigma^{x_{9i}}\,E_x^{x_{10i}}\,\rho^{x_{11i}} \qquad \textbf{(2.10)}$$

donde el número de incógnitas x es igual a n, por lo que el grado de indeterminación es ocho, e igual al número de valores arbitrarios que deben proponerse a las incógnitas x, exponentes de las variables no repetitivas, para lo cual es necesario seleccionar dichas variables que, siguiendo las recomendaciones anteriores para el presente problema, resultan ser las siguientes:

Del grupo de las magnitudes geométricas, es y.
Del grupo de las magnitudes del flujo, es v.
Del grupo de las magnitudes del fluido, es ρ.

Con base en lo anterior, los parámetros tendrán la forma:

$$\pi_1 = y^{x_{11}}\,k_1\,v^{x_{61}}\,\rho^{x_{111}}$$
$$\pi_2 = y^{x_{12}}\,k_2\,v^{x_{62}}\,\rho^{x_{112}}$$
$$\pi_3 = y^{x_{13}}\,k_3\,v^{x_{63}}\,\rho^{x_{113}}$$
$$\pi_4 = y^{x_{14}}\,p\,v^{x_{64}}\,\rho^{x_{114}}$$
$$\pi_5 = y^{x_{15}}\,g\,v^{x_{65}}\,\rho^{x_{115}}$$
$$\pi_6 = y^{x_{16}}\,\mu\,v^{x_{66}}\,\rho^{x_{116}}$$
$$\pi_7 = y^{x_{17}}\,\sigma\,v^{x_{67}}\,\rho^{x_{117}}$$
$$\pi_8 = y^{x_{18}}\,E\,v^{x_{68}}\,\rho^{x_{118}}$$

Debe notarse que el valor propuesto para las incógnitas x, de las variables no repetitivas, es la unidad.

Formando ahora el sistema de ecuaciones dimensionales para cada parámetro se tiene:

para el parámetro π_1

$$[\pi_1] = [L]^{x_{11}} [L] [L\,T^{-1}]^{x_{61}} [L^{-3} M]^{x_{111}}$$
$$ó \quad [\pi_1] = [L]^{x_{11}+1+x_{61}-3x_{111}} [M]^{x_{111}} [T]^{-x_{61}} \tag{2.11}$$

que para,
$$[L]\,;\; x_{11} + 1 + x_{61} - 3x_{111} = 0$$
$$[M]\,;\; x_{111} = 0 \tag{2.12}$$
$$[T]\,;\; -x_{61} = 0$$

y al resolver el sistema se llega a:

$$x_{11} = -1\,;\; x_{61} = 0\,;\; x_{111} = 0$$

y, por tanto, $\pi_1 = y^{-1} k_1$

Siguiendo el mismo procedimiento, se tienen las expresiones siguientes

$$\pi_2 = y^{-1} k_2\,;\; \pi_3 = y^{-1} k_3\,;\; \pi_4 = v^{-2} \rho^{-1} p\,;\; \pi_5 = ygv^{-2}$$
$$\pi_6 = y^{-1} v^{-1} \rho^{-1} \mu;\; \pi_7 = y^{-1} v^{-2} \rho^{-1} \sigma;\; \pi_8 = v^{-2} \rho^{-1} E,$$

todas ellas adimensionales, y que al sustituirlas en la función homogénea ésta toma la forma

$$f(\pi) = f_1(k_1/y,\, k_2/y,\, k_3/y,\, p/v^2\rho,\, yg/v^2,\, \mu/yv\rho,\, \sigma/yv^2\rho,\, E/v^2\rho)$$
$$ó \quad f(\pi) = f_2(y/k_1,\, y/k_2,\, y/k_3,\, yv^2\rho/p,\, v^2/yg,\, yv\rho/\mu,\, yv^2\rho/\sigma, v\rho/E) \tag{2.13}$$

denominando los siguientes parámetros como:

$v^2\rho/p$ = número de Euler (E)
v^2/yg = número de Froude (F_r)
$yv\rho/\mu$ = número de Reynolds (R_e) **(2.13a)**
$yv^2\rho/\sigma$ = número de Weber (S)
$v^2\rho/E$ = número de Cauchy (C)

donde cada uno de ellos son independientes entre sí y cuyo significado físico es el siguiente:

- E, relaciona las fuerzas de inercia con las de presión. En trabajos de orden práctico el valor de E se toma como $v/(2p/\rho)^{1/2}$
- F_r, relaciona las fuerzas de inercia con las de gravedad. Se acostumbra tomarlo como el valor de $v/(gy)^{1/2}$
- R_e, relaciona las fuerzas de inercia con las de viscosidad. Se acostumbra usarlo como vy/υ
- W, relaciona las fuerzas de inercia con las de tensión superficial

C, relaciona las fuerzas de inercia con las de elasticidad. Si el módulo de elasticidad volumétrica se asocia a la velocidad, se transforma en v/c, denominándose *número de Mach*.

Independientemente de los parámetros antes mencionados, en otras ocasiones de carácter particular intervienen otras variables en el comportamiento del flujo de un fluido, lo cual da origen además a otros parámetros o números adimensionales, tales como:

R_0 = $v/\Omega r$, *número de Rossby,* relaciona las fuerzas de inercia con las fuerzas de Coriolis (originadas por la rotación de la Tierra; v es la velocidad, Ω el coeficiente, parámetro, de Coriolis y r el radio del paralelo del lugar).

R_i = $gy/v^2(\Delta T/T)$, *número de Richardson,* relaciona fuerzas de inercia con las fuerzas termodinámicas, originadas por el cambio de temperatura ($\Delta T/T$).

S = ny/v, *número de Strouhal,* relaciona la fuerza de inercia con las fuerzas originadas por fenómenos periódicos de frecuencia n dentro del flujo.

K = $\varepsilon v_x/\upsilon$, *número de Karman,* relaciona las fuerzas viscosas con las fuerzas producidas por el fluido al entrar en contacto con la frontera, ε es el tamaño absoluto de la rugosidad v_x, la velocidad de corte es igual a $(\tau_o/\rho)^{1/2}$, υ es la viscosidad cinemática, τ_o es el esfuerzo cortante en la frontera y ρ es la masa específica del fluido.

P_r = $C_p\,\mu/k$, *número de Prandtl,* se utiliza en estudios sobre transferencia de calor, donde C_p es el calor específico a presión constante, μ la viscosidad del fluido y k la conductividad térmica del fluido.

S = ν/D, *número de Schmidt,* frecuentemente se usa en problemas de difusión molecular y relaciona la viscosidad cinemática (υ) y el coefiente de difusión molecular (D).

2.2 CONDICIONES DE SIMILITUD

Con anterioridad se vio que la similitud completa del sistema modelo-prototipo se presenta al cumplirse la similitud dinámica, representando el conjunto de fuerzas que intervienen en el fenómeno mediante ecuaciones, deducidas por análisis dimensional o de tipo diferencial convertidas a formas adimensionales; en ambos casos se puede establecer que la ecuación que rige el comportamiento del flujo de un fluido en un prototipo, debe cumplirse también en el modelo, por ejemplo la ecuación 2.13 y la obtenida por Navier-Stokes, ecuación 2.16.

Observando esta ley, se llegó a la importante conclusión de que, por ejemplo, en la ecuación 2.13 puede considerarse en principio que ningunas otras fuerzas son de verdadero interés, excepto las de inercia y viscosidad, resultando entonces que la función homogénea dependerá únicamente del número de Reynolds (R_e), mismo que por ser un parámetro adimensional deberá ser igual para el prototipo y para el modelo, de modo que:

$$\frac{R_{e_p}}{R_{e_m}} = \frac{(\rho v y / \mu)_p}{(\rho v y / \mu)_m} = 1 \qquad \textbf{(2.14)}$$

de donde

$$E_v = E_\mu \, E_y^{-1} \, E_\sigma^{-1}$$

Con esta consideración se dirá que el sistema modelo-prototipo será tratado bajo condición de Reynolds.

Cuando sólo están presentes las fuerzas de inercia y de gravedad, resultará que, para este caso, el número de Froude (F_r) deberá ser igual para el modelo y el prototipo, obteniéndose

$$\frac{F_{r_p}}{F_{r_m}} = \frac{(v^2/ yg)_p}{(v^2/ yg)_m} = 1 \qquad \textbf{(2.15)}$$

en donde

$$E_v = (E_y \; E_g)^{1/2}$$

y, por tanto, el sistema modelo-prototipo se regirá bajo la condición de similitud de Froude.

De manera semejante, considerando solamente la existencia de las fuerzas de inercia y elasticidad, las de inercia y tensión superficial, las de inercia y presión, el sistema modelo-prototipo se regirá bajo el criterio de Cauchy, de Weber y de Euler, respectivamente, resultando que

$E_v = (E_\rho^{-1} \; E_E)^{1/2}$, para la condición de similitud de Cauchy
$E_v = (E_\rho^{-1} \; E_L^{-1} \; E_\sigma)^{1/2}$, para la condición de similitud de Weber
$E_v = (E_L^{-1} \; E_p)^{1/2}$, para la condición de similitud de Euler.

La ecuación de Navier-Stokes, que expresa con otras palabras el comportamiento del flujo de un fluido incompresible y viscoso, se escribe como

$$\boldsymbol{a} = \left(\boldsymbol{u}\frac{du}{dx} + \boldsymbol{v}\frac{dv}{dy} + \boldsymbol{w}\frac{dw}{dz} \right) = g \; \nabla \; h - \frac{1}{\rho} \; \nabla p + \nu \nabla^2 \boldsymbol{q} \qquad \textbf{(2.16)}$$

siendo

a = aceleración de las partículas fluidas.
g = aceleración debida a la gravedad.
h = potencial de fuerzas de gravedad.
ρ = masa específica del fluido.
p = potencial de presiones.
q = velocidad total de las partículas.
  u = componente de la velocidad q en la dirección x.
  v = componente de la velocidad q en la dirección y.

w = componente de la velocidad q en la dirección z.
∇ = vector diferencial operacional *e* igual a

$$\left(\frac{\partial}{\partial_x} \boldsymbol{i} + \frac{\partial}{\partial_y} \boldsymbol{j} + \frac{\partial}{\partial_z} \boldsymbol{k} \right)$$

Los términos de la ecuación, asociados a una masa unitaria da por resultado lo siguiente:

a = fuerza de inercia por unidad de masa.
$g \nabla h$ = fuerza de gravedad por unidad de masa.
$\frac{1}{\rho} \nabla p$ = fuerza de superficie por unidad de masa.
$\upsilon \nabla^2 q$ = fuerza de viscosidad por unidad de masa.

Dado que esta ecuación, como anteriormente se anotó, debe satisfacerse en el prototipo y en el modelo, y como se hace la consideración de que la fuerza de inercia se asocia principalmente con las fuerzas de gravedad porque las otras no existen, o son suficientemente pequeñas y se pueden dejar de tomar en cuenta, se tiene

$$\boldsymbol{u}\frac{du}{dx} + \boldsymbol{v}\frac{dv}{dy} + \boldsymbol{w}\frac{dw}{dz} = - g \nabla h = g \left(\frac{\partial h}{\partial x}\boldsymbol{i} + \frac{\partial h}{\partial y}\boldsymbol{j} + \frac{\partial h}{\partial z}\boldsymbol{k} \right) \qquad \textbf{(2.17)}$$

Ahora, tomando la componente de esta ecuación en la dirección del eje y orientado verticalmente resulta

$$v\frac{dv}{dy} = - g\frac{\partial h}{\partial y}$$

que dimensionalmente equivale a

$$\left[\frac{v^2}{L}\right] = [\,g\,]$$

Luego, si esto se hace cumplir en el prototipo y modelo se tendrá

$$\frac{\left[\frac{v^2}{L}\right]_p}{\left[\frac{v^2}{L}\right]_m} = \frac{[\,g\,]_p}{[\,g\,]_m} \qquad \text{o bien} \qquad \frac{\frac{v_p^2}{L_p}}{\frac{v_m^2}{L_m}} = \frac{g_p}{g_m}$$

haciendo el siguiente arreglo resulta:

$$\frac{v_p^2}{g_p\,L_p} = \frac{v_m^2}{g_m\,L_m}$$

que, como puede observarse, cada miembro es igual al número de Froude, entonces, el sistema modelo-prototipo se regirá bajo el cumplimiento de la condición de similitud de Froude, resultando por tanto que

$$E_v = (E_g\, E_L)^{1/2} \tag{2.18}$$

De manera semejante, al considerar solamente la asociación de fuerzas de inercia y de viscosidad por una parte, y las de inercia y de superficie por otra, se obtendrá que el modelo se regirá bajo la condición de similitud de Reynolds y de Euler, respectivamente, dando por resultado que

$E_v = E_L^{-1}\, E_\upsilon$, para la condición de similitud de Reynolds.

$E_v = (E_\rho^{-1}\, E_p)^{1/2}$, para la condición de similitud de Euler.

Como se observa, estas condiciones de similitud, son las mismas que se obtienen a través de la ecuación homogénea 2.13. Sin embargo, es obvio para ambos casos preguntarse si estas condiciones deben cumplirse simultáneamente, pues anteriormente se estableció que las ecuaciones 2.13 y 2.16 se satisfacen en su totalidad en el modelo y en el prototipo.

Contestando lo anterior, se procederá a considerar lo que ocurriría al cumplirse simultáneamente las condiciones de similitud de Froude y Reynolds.

Así, igualando las escalas de velocidad respectivas se obtiene:

$$E_v = (E_g\, E_L)^{1/2} = E_L^{-1}\, E_\upsilon$$

Ahora, si se estima que el valor de g_p, es igual a g_m, es decir, que el modelo y el prototipo están en el mismo campo gravitatorio, esto implica que $E_g = 1$, de donde

$$E_L^{1/2} = E_L^{-1}\, E_\upsilon$$

y, por tanto,

$$E_L = E_\upsilon^{2/3} \tag{2.19}$$

lo cual hace ver que, si $E_\upsilon \neq 1$, entonces el fluido en el modelo y el prototipo deberán ser diferentes; de otro modo $E_\upsilon = 1$, $(\upsilon_p = \upsilon_m)$, la escala de líneas es igual a la unidad, por lo que $L_p = L_m$ y, por tanto, no existe modelo.

De lo anterior se puede concluir que, para satisfacerse simultánemente las condiciones de Froude y Reynolds, es necesario que los fluidos tengan viscosidades diferentes.

En forma semejante a lo anterior, a continuación se compara en la tabla 2.1, el comportamiento del sistema modelo-prototipo bajo las condiciones de similitud de Froude, Euler, Weber y Cauchy; concluyéndose que las condiciones de similitud de Froude y Euler se satisfacen simultáneamente cuando en el sistema modelo-prototipo el fluido es el mismo, situación que no es compatible con la condición de similitud de Reynolds, de Weber y Cauchy.

Independientemente de la condición de similitud a cumplir, es importante hacer notar que cualquier escala que se obtenga, puede ser derivada de las escalas básicas E_M, E_L, E_T y, en consecuencia, se tendrá tres grados de libertad. Sin embargo, por razones prácticas de construcción y operación de modelos, podrá considerarse la escala de masas E_M, como una escala derivada en función de la escala de densidades $E\rho$, ya que los fluidos del prototipo se conocen y en los modelos son factibles de seleccionarse, lo que implica que ρ_m y ρ_m también sean conocidos y, en consecuencia, $E\rho$. De modo semejante, al considerarse el mismo campo gravitatorio, o sea, que $g_p = g_m$, se observa que $E_g = 1$ y, por lo tanto, $E_g = E_L E_T^{-2} = 1$, de donde, $E_T = E_L^{1/2}$. Por lo anterior se puede establecer que el sistema se reduce a un solo grado de libertad, E_L.

Es importante indicar que además de las condiciones anteriores, existen otras que no se toman en consideración en las ecuaciones 2.13 y 2.16 y que ejercen una influencia importante. Tal como se señaló al final del inciso 2.4, estableciéndose entonces las condiciones de Rossby, Richardson, Strouhal, Karman, Prandt, Schmidt, etc., condiciones que se tratarán en capítulos posteriores.

TABLA 2.1 Comparación de condiciones de similitud

Condición de similitud de Froude	Condición de similitud de Euler	Condición de similitud de Weber	Condición de similitud de Cauchy
$E_v = (E_g E_L)^{1/2}$	$E_v = (E_\rho^{-1} E_p)^{1/2}$	$E_v = (E_\rho^{-1} E_L^{-1} E_\sigma)^{1/2}$	$E_v = (E_\rho^{-1} E_E)^{1/2}$
Si se considera que $g_p = g_m$; por tanto			
$E_g = 1$			
Si el fluido en el prototipo y modelo son iguales, implica que			
$\rho_p = \rho_m, \upsilon_p = \upsilon_m, \sigma_p = \sigma_m, E_p = E_m$			
y, por tanto, $E_\rho = 1$, $E_\upsilon = 1$, $E_\sigma = 1$, $E_E = 1$ sustituyendo estas condiciones se obtiene			
$E_v = E_L^{1/2}$	$E_v = E_p^{1/2}$	$E_v = E_L^{-1/2}$	$E_v = 1$
Ahora, con base en a las escalas básicas $E_M E_L E_T$, se tiene que:			
	$E_p = E_M E_L^{-1} E_T^{-2}$		
	pero, $E_M = E_\rho E_L^3 = E_L^3$		
	luego:		
$E_v = E_L^{1/2}$	$E_v = (E_L^2 E_T^{-2})^{1/2}$	$E_v = E_L^{-1/2}$	$E_v = 1$
	como $E_g = 1 = E_L E_T^{-2}$		
	y, sustituyendo, resulta que $E_v = E_L^{1/2}$		

(continúa)

TABLA 2.1 Comparación de condiciones de similitud *(continuación)*

Característica (Escala de)	Condición de similitud de Froude	Condición de similitud de Reynolds	Condición de similitud de Weber	Condición de similitud de Cauchy
Longitud (E_L)	E_L	E_L	E_L	E_L
Area (E_A)	E_L^2	E_L^2	E_L^2	E_L^2
Volumen (E_V)	E_L^3	E_L^3	E_L^3	E_L^3
Tiempo (E_t)	$(E_L / E_g)^{1/2}$	$E_L^2 / E\upsilon$	$(E_L^3\, E_\rho / E\sigma)^{1/2}$	$E_L\,(E_\rho / E_E)^{1/2}$
Velocidad (E_v)	$(E_L\, E_g)^{1/2}$	$E\upsilon / E_L$	$(E\sigma / E_L\, E_\rho)^{1/2}$	$(E_E / E_\rho)^{1/2}$
Gasto (E_Q)	$(E_L^5\, E_g)^{1/2}$	$E_L\, E_\upsilon$	$(E_L^3\, E_\sigma / E\rho)^{1/2}$	$E_L^2\,(E_E / E_\rho)^{1/2}$
Fuerza (E_F)	$E_L^3\, E_\gamma$	$E_\rho\, E_\upsilon^2$	E_σ / E_L	$E_E\, E_L^2$
Presión (E_p)	$E_\gamma\, E_L$	$E_\rho\, E_\upsilon^2 / E_L^2$	E_σ / E_L	E_E
Pendiente (E_s)	1	1	1	1

BIBLIOGRAFIA

1. Birkhoff G., *Hydrodynamics,* Cap. IV. Princeton University Press. 1960.
2. Finlayson F. S., *Engineering Experimentation,* Caps. 3 y 4. Worcester Polytechnic Institute. 1973.
3. Novak P. y Cabelka J., *Models in Hydraulic Engineering,* Cap. 2. Pitman Advanced Publishing Program. 1982.
4. Sotelo Avila G., *Hidráulica General,* Vol. I. Edit. Limusa. México, 1984.
5. Trejo Pérez O., *Notas del curso de Modelos Hidráulicos.* Sección de graduados ESIA, IPN. México, 1967.
6. Vergara S. M. A., *Notas del curso de Modelos Hidráulicos.* Sección de graduados e Investigación. ESIA., IPN. México, 1983.

3

Consideraciones generales de proyecto de modelos hidráulicos

3.1 PLANEACION EXPERIMENTAL

Partiendo de la necesidad de ejecutar trabajos experimentales sobre algún problema en particular, es recomendable planear dicha experimentación, en la cual se determinan, ordenan y analizan, en forma adecuada, todos los aspectos que integran esta actividad para cumplir los objetivos en el menor tiempo, con la máxima exactitud y el menor costo. Lo anterior hace posible eliminar, en muchas ocasiones, gastos infructuosos; de otra manera sólo hasta el final el experimentador se da por enterado que los datos no contienen suficiente información, la metodología empleada no fue la apropiada, o bien, algunos factores fueron ignorados.

Puesto que la experimentación es una forma de resolver un problema en forma científica, es por tanto un tipo de investigación y una forma del *Método científico,* cuya definición, según Rosas y Riveros, es el conjunto de reglas que señalan el procedimiento para llevar a cabo una investigación cuyos resultados sean aceptados como válidos por la comunidad científica. Así, la metodología de un trabajo experimental permite establecer relaciones empíricas entre variables, o comprobar la veracidad de una hipótesis, ley o modelo, por medio de un experimento controlado. Es decir, controlar las variables que intervienen en el problema en forma planeada previamente, con la posibilidad de repetir el experimento y, por tanto, reproducir iguales resultados bajo las mismas condiciones.

Para asegurar el mejor resultado de la aplicación del método experimental, deben cumplirse las siguientes reglas:

a) **Identificar y definir el objeto de la investigación o problema** Aquí se establece el conjunto de factores que intervienen en el problema y la forma en que lo hacen: ¿qué factores son constantes y cuáles son variables?, ¿cuáles son sus límites?, ¿se cuenta con la información suficiente y, por supuesto, con el método o criterio apropiado para resolver el problema?, ¿cuál es el alcance del experimento?

b) **Planteamiento de hipótesis de trabajo** Este concepto implica definir el tipo de trabajo a realizar: verificación de una hipótesis, una ley o un modelo; extensión de otro trabajo con la posibilidad de continuar con la misma hipótesis o modificarla.

c) **Decisión del experimento** Este concepto considera el aspecto financiero y su duración; incluyendo la disponibilidad de recursos humanos, instalaciones y equipo que determinarán la decisión de realizar el experimento.

d) **Construcción de las instalaciones** Con base en las variables seleccionadas que intervienen en el problema, establecidos los rangos y exactitud de los valores de los datos de cada variable, tamaño y número de las mediciones, se seleccionará el tipo y tamaño de las instalaciones y equipo de medición para que se construya o adquiera en el mercado. Se especifican los materiales y las normas de seguridad que se deben seguir durante la operación del equipo, así como el control de los registros de datos y del experimento en general.

e) **Realización del experimento** Inicialmente, se procede a calibrar el equipo y a efectuar ensayos de prueba o verificación, efectuándose las modificaciones necesarias, incluyendo el procedimiento y el equipo utilizado. A continuación, se efectúan los programa de ensayos programados y se registra la información generada.

f) **Análisis de la información** Aquí se establecen los métodos de procesamiento de la información y el análisis de los resultados, presentándolos en formatos adecuados, donde la relación entre las variables sea explícita y fácil de utilizar.

g) **Conclusiones** Del análisis de la información procesada se debe dar respuesta a las preguntas originalmente planteadas, indicar si la hipótesis es válida o no, si hay preguntas sin respuestas, o si se crearon nuevas teorías o hipótesis a comprobar.

h) **Informe.** Es la publicación parcial o total de los trabajos sucesivos del experimento terminados puntualmente según lo estimado, conteniendo la definición del problema, procedimiento experimental, resultado y conclusiones. Es importante que el informe se escriba en lenguaje técnico accesible y explícito, sin dar lugar a confusiones.

Tomando como base lo anterior y aplicado a un problema específico, como es el caso de ejecutar un trabajo experimental sobre un modelo hidráulico, a continuación se presentan las consideraciones principales para el diseño del mismo. Se inicia estableciendo en forma amplia el tipo de problema a estudiar y, de acuerdo a las limitaciones de espacio, presupuesto, instalaciones y equipo, materiales y personal, se determina lo siguiente: *tipo de modelo, selección de escalas, tipo de rugosidades* y *material del fondo.*

3.2 TIPOS DE MODELOS

El modelo de un río, canal, puerto, laguna, etc., puede construirse con fronteras fijas o móviles, más comúnmente llamados: *modelos de fondo fijo* o *modelos de fondo móvil*, respectivamente.

Los modelos de fondo fijo se emplean para reproducir fenómenos en donde la variación de niveles y las velocidades del flujo son parámetros determinantes. Este es el caso de proyectos de control de avenidas, de navegación y de irrigación. En otros casos también es importante estudiar fenómenos locales sobre estructuras, y conocer el comportamiento hidráulico de vertedores, compuertas, obras de toma y de descarga, estructuras sumergidas, agitación de oleaje, propagación de mareas, corrientes, etc., en donde el patrón de flujo y niveles del agua son fundamentales.

Los modelos de fondo móvil se emplean para estudiar los problemas relacionados con la estabilización de cauces de ríos o canales y playas. Por este motivo es importante reproducir las variables del flujo combinadas con las del sedimento y la mecánica del transporte.

Cuando en un modelo hidráulico las escalas de magnitudes lineales horizontales, verticales e inclinadas son iguales, se dice que el *modelo es similarmente geométrico*; mientras que, cuando existen por lo menos dos escalas de líneas diferentes, por ejemplo, una para longitudes horizontales (E_x) y otra para longitudes verticales (E_y), el *modelo será distorsionado,* denominándose a la relación E_x/E_y como *distorsión geométrica* Δ, la cual será siempre mayor que la unidad. Ésta distorsión implica, a su vez, otras distorsiones; por ejemplo: que la escala de aceleraciones locales, o convectivas, del flujo en la dirección horizontal y vertical, sean diferentes a la escala de aceleraciones debidas a la gravedad, ya que esta escala debe ser igual a la unidad, puesto que es común considerar que la aceleración debida a la gravedad en el prototipo sea igual a la aceleración debida a la gravedad en el modelo; de otro modo se tendría que construir un equipo especial que modificara dicha aceleración dentro del modelo.

Otro ejemplo se tiene cuando al cumplir con la condición de *similitud de Airy* en la representación del oleaje, la escala de longitudes de ola debe ser igual a la escala de longitudes verticales, cuando debiera ser igual a la escala de longitudes horizontales.

Las causas que ocasionan la distorsión son diferentes, siendo entre otras:

a) **Rugosidad** Cuando la rugosidad necesaria a representar es tan pequeña que físicamente es imposible de conseguirla. Por ejemplo, no es posible proporcionar coeficientes de *rugosidad de Manning* (n) en modelos inferiores a 0.008.

b) **Flujo** Cuando el tipo de flujo en el modelo no corresponda al prototipo. Por ejemplo, si el flujo en prototipo es hidráulicamente rugoso, o muy turbulento, aunque no se cumpla cuantitativa, sí se deberá satisfacer cualitativamente en el modelo.

c) **Por razones de espacio** Es decir, cuando el modelo resulte muy grande con respecto a la superficie disponible, lo que significa aumentar (numéricamente) la escala de líneas, que a su vez implica reducir la escala de las magnitudes verticales, haciendo más fuerte la influencia de otros fenómenos, como es el caso de la tensión superficial que en el prototipo no es de consideración.

d) **Equipo de medición** En caso de disponer o construir equipo de medición, cuyas proporciones no permitan obtener la información correcta. Por ejemplo, si en el modelo de la sección transversal de un río o canal se cuenta con un tirante de 4 cm y se desea medir la velocidad puntual en la superficie y a diferentes profundidades, no será posible hacerlo si se cuenta con un *micromolinete* cuya hélice sea de 2.5 cm de diámetro.

3.3 SELECCION DE ESCALAS

Generalmente la selección de *escalas lineales,* tanto horizontales, E_x, y verticales, E_y, se hace en forma independiente, buscando siempre que el modelo resulte lo más grande posible, siempre y cuando lo permitan el presupuesto, el espacio, el tiempo, la instrumentación, las rugosidades a reproducir así como la alimentación de agua.

En la tabla 3.1 se anotan los rangos de escalas lineales empleados para problemas diversos, así como las distorsiones máximas admisibles, tanto para modelos de fondo fijo como para modelos de fondo móvil.

En la selección de escalas es recomendable tomar en consideración que, durante la operación del modelo, el efecto de escala sea lo más reducido posible.

El efecto de escala se puede definir como la diferencia resultante entre las condiciones del modelo y el prototipo causada por la imposibilidad práctica de lograr que actúen simultáneamente todas las fuerzas en el prototipo. Por ejemplo, cuando un modelo se trabaja con el mismo fluido del prototipo, no es posible cumplir con las condiciones de Froude y de Reynolds (inciso 2.3). Otro ejemplo es cuando, por razones de escalas, la rugosidad de un cauce de un río o canal de un modelo de fondo fijo, resulta ser mayor que la del prototipo, estableciéndose la necesidad, muchas veces, de proporcionar una rugosidad adicional (rugosidad artificial), misma que generará otros fenómenos parásitos que no ocurren en el prototipo.

Cuando las escalas lineales de los modelos son numéricamente grandes, de modo que resultan pequeños los valores de las magnitudes a representar, la acción de la tensión superficial no aumenta proporcionalmente, esta situación no se presenta en el prototipo.

TABLA 3.1 Escalas lineales comunes en modelos hidráulicos

MODELOS DE:	ESCALAS LINEALES	OBSERVACIONES
1. OBRAS HIDRAULICAS		
1.1 Vertedores, tanques, amortiguadores, rápidos y túneles.	de 1:20 a 1:70	Modelos sin distorsión y de fondo fijo.
1.2 Cárcamos de bombeo y compuertas.	de 1:5 a 1:30	
1.3 Conductos cerrados con flujo a superficial libre.	de 1:10 a 1:25	
1.4 Flujo alrededor de estructuras.	de 1:5 a 1:25	
2. PENETRACION DE OLEAJE (AGITACION)		
2.1 Con olas de corto periodo (Oleaje)	de 1:60 a 1:200	Modelos sin distorsión de fondo fijo. Escala recomendable 1:100
2.2 Con olas de periodo intermedio y largo.	1:100	Para modelos sin distorsión de fondo fijo.
	(escala recomendada de 1:50 a 1:100)	Para modelos con distorsión, y valor usual de ésta de 3 a 5 de fondo fijo
3. ESTABILIDAD DE ESTRUCTURAS BAJO LA ACCION DE OLAS		
3.1 A dos dimensiones.	de 1:20 a 1:60	Modelos sin distorsión de fondo fijo.
3.2 A tres dimensiones.	de 1:40 a 1:80	Escala recomendable 1:30. En grandes canales se han empleado escalas de hasta 1:1. Es recomendable usar oleaje irregular.
4. MANIOBRAS DE EMBARCACIONES		
4.1 Atracadas y libres (maniobrabilidad).	de 1:100 a 1:150	Modelos sin distorsión de fondo fijo. Es recomendable usar oleaje irregular.

(continúa)

TABLA 3.1 Escalas lineales comunes en modelos hidráulicos *(continuación)*

MODELOS DE:	ESCALAS LINEALES	OBSERVACIONES
5. TRANSPORTE LITORAL	de 1:60 a 1:50	Modelos de fondo fijo con trazador. Modelos de fondo móvil. Recomendable la distorsión de hasta 5.
6. EROSION LOCAL POR OLEAJE	de 1:100 a 1:80	Modelos de fondo móvil sin distorsión.
7. FLUJO EN RIOS Y CANALES	Ex de 1:250 a 1:1000 Ey de 1:50 a 1:100	Modelos con distorsión de fondo fijo. Distorsión máxima de 10.
8. EROSION LOCAL POR CORRIENTES	de 1:20 a 1:60	Modelos de fondo móvil sin distorsión.
9. TRANSPORTE DE SEDIMENTOS EN RIOS	Ex de 1:100 a 1:500 Ey de 1:50 a 1:100	Modelos de fondo móvil, con distorsión recomendable de 5.
10. ESTUARIOS	Ex de 1:200 a 1:2000 Ey de 1:50 a 1:100	Modelos distorsionados con fondo fijo. Distorsión máxima admisible 10 y de 5 para modelos de fondo móvil.

Otro efecto de escala se presentaría debido a los límites del modelo, si bien éstos no pueden evitarse, sí deberán ubicarse de tal forma que su efecto sea mínimo; por ejemplo, en el caso de modelos marítimos, los *fenómenos parásitos* de reflexión y de fricción pueden ser importantes.

Evidentemente, los efectos de escala causan cierta incertidumbre sobre la información obtenida de los modelos, lo cual obliga a que los datos sean cuidadosamente interpretados y corregidos si es necesario, para hacer una predicción correcta al prototipo. En los incisos subsecuentes se darán recomendaciones sobre cómo tratar los efectos de escala.

3.4 TIPO DE RUGOSIDADES

Cuando hay necesidad de establecer en el modelo la condición de similitud de fricción entre el fluido en movimiento y las fronteras sólidas del flujo, deberán tomarse en cuenta las rugosidades de la superficie de dichas fronteras. El factor de rugosidad es una cantidad que depende del tamaño, de la forma y la distribución de la propia rugosidad, de manera que es variable para cada sección, siendo

Figura 3.1 Rugosidad artificial en un cauce a base de placas.

Figura 3.2 Rugosidad artificial en una llanura de inundación a base de grava.

realmente difícil de reproducir en el modelo, así como el valor respectivo del factor de fricción que puede representarse con un coeficiente; ya sea el de Chezy, Manning u otro.

Generalmente el incremento de rugosidad en los modelos consiste en colocar elementos discretos de tamaño, forma y distribución específica, los cuales constan de pequeños elementos de distinta forma (sección rectangular, circular), malla de alambre, placas, grava y arena entre otros. Véanse las figuras 3.1 y 3.2.

Normalmente se procede a colocar sobre el fondo del modelo los elementos seleccionados, y durante la calibración se colocan o se retiran los necesarios; operación que puede ser tardada si antes no se conoce con bastante aproximación el número de elementos necesarios. A continuación se presenta un criterio que permite determinar, con un grado de aproximación amplio, el número de elementos para satisfacer la rugosidad artificial. Véanse las figuras 3.3 y 3.4.

Considérese que en el modelo se necesita satisfacer un coeficiente de fricción C_m (coeficiente de Chezy), obtenido del cociente C_p/E_c (C_p es el coeficiente de fricción de Chezy en prototipo y E_c la escala de *coeficiente de fricción*). Si el coeficiente de fricción, C'_m, del acabado de la superficie del modelo es menor que C_m, entonces habrá necesidad de incrementar C'_m en una cantidad C''_m para satisfacer C_m. Por tanto, se puede establecer que la fuerza de fricción del flujo (F_m) asociada a C_m, es igual a la suma de las fuerzas de fricción respectivas del flujo asociadas a C'_m y C''_m

$$F_m = \frac{\rho_m \, g_m \, V_m^2}{(C_m)^2} = \frac{\rho_m \, g_m \, V_m^2}{(C'_m)^2} + \frac{\rho_m \, g_m \, V_m^2}{(C''_m)^2} \tag{3.1}$$

de donde

$$C''_m = \left[(C_m)^2 - (C'_m)^2 \right]^{1/2} \tag{3.2}$$

Por otra parte, al colocarse la rugosidad artificial quedará expuesta a una fuerza de arrastre

$$F_D = \frac{1}{2} \, N \, \rho_m \, C_D \, A_m \, V_m^2 \tag{3.3}$$

donde:

C_D = es el coeficiente de arrastre (adimensional) que dependerá de la forma y orientación del elemento.
A = es el área del elemento proyectada normal al flujo (m^2).
N = es el número de elementos por m^2.

Igualando esta fuerza F_D, con la fuerza de fricción que el flujo generaría al incrementar la rugosidad natural del acabado de la superficie del modelo, se tiene:

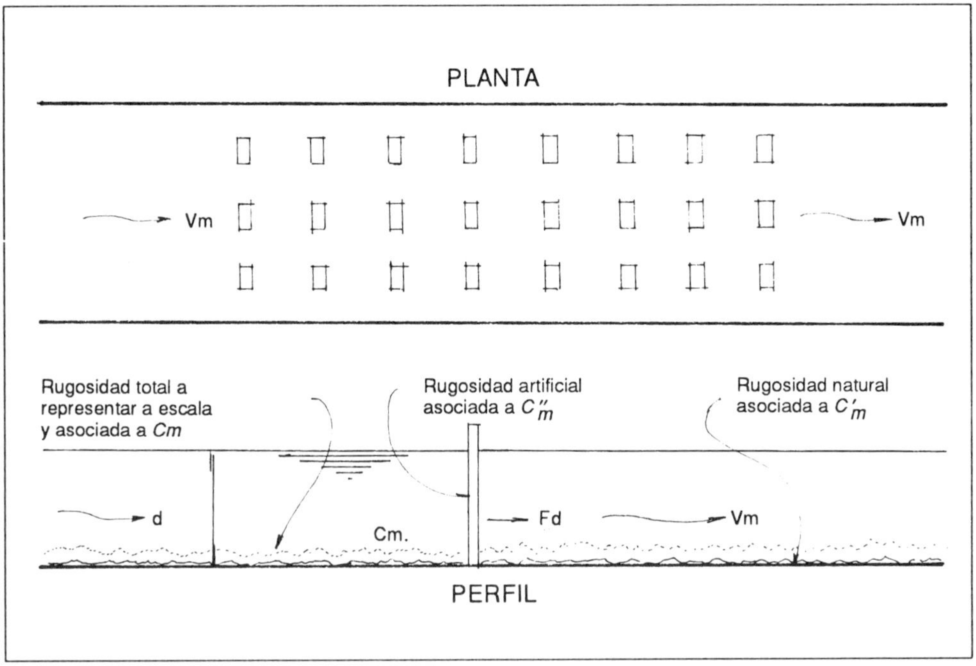

Figura 3.3 Rugosidad artificial con placas.

Figura 3.4 Distribución de rugosidad con placas en el fondo. (DGOM)

$$F_D = \frac{\rho_m \, g_m \, V_m^2}{(C''_m)^2} = \frac{1}{2} \, N \, \rho_m \, C_D \, A \, V_m^2 \tag{3.4}$$

de donde

$$N = \frac{2g}{C_D A} \, \frac{1}{\left[(C_m)^2 - (C'_m)^2\right]} \tag{3.5}$$

Otro método es el empleado en el Laboratorio Hidráulico de Delf que con base en las figuras 3.5a, 3.5b y 3.5c, (obtenidas experimentalmente), se determina la cantidad de elementos por metro cuadrado, de tipo bloque cúbico, piramidal y grava, para un coeficiente

$$C''_m = 18 \log \frac{12d}{K} \tag{3.6}$$

donde:

d = es la profundidad (m)
K = tamaño de la rugosidad (m)

3.5 MATERIAL DEL FONDO

Para modelos de fondo móvil es importante emplear material que se comporte similarmente al material del prototipo, (de no ser el mismo material del prototipo), para lo cual se seleccionan condiciones de similitud específicas, tamaños y dis-

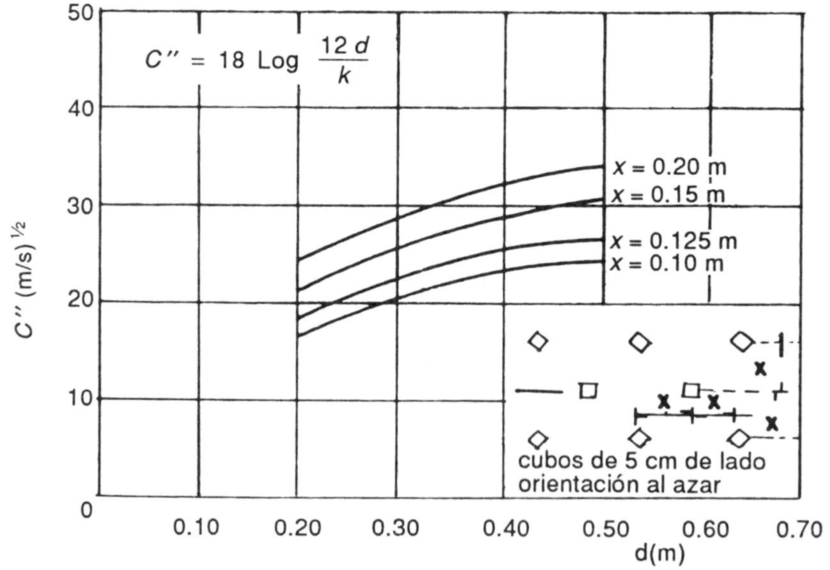

Figura 3.5a Rugosidad artificial de bloques cúbicos de concreto sobre fondo de concreto (Delf Hydraulics Laboratory).

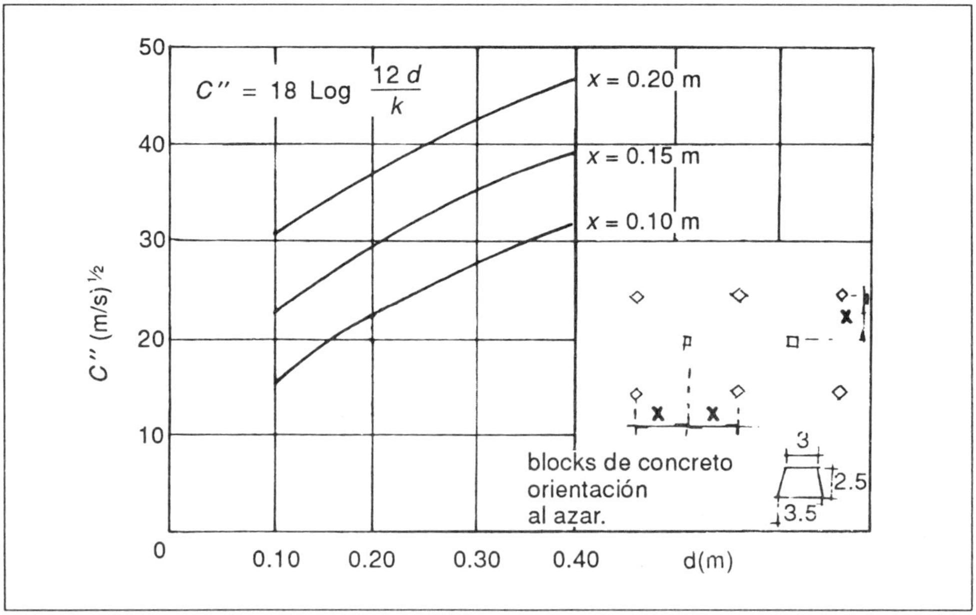

Figura 3.5b Rugosidad artificial de bloques piramidales de concreto sobre fondo de concreto (Delf Hydraulics Laboratory).

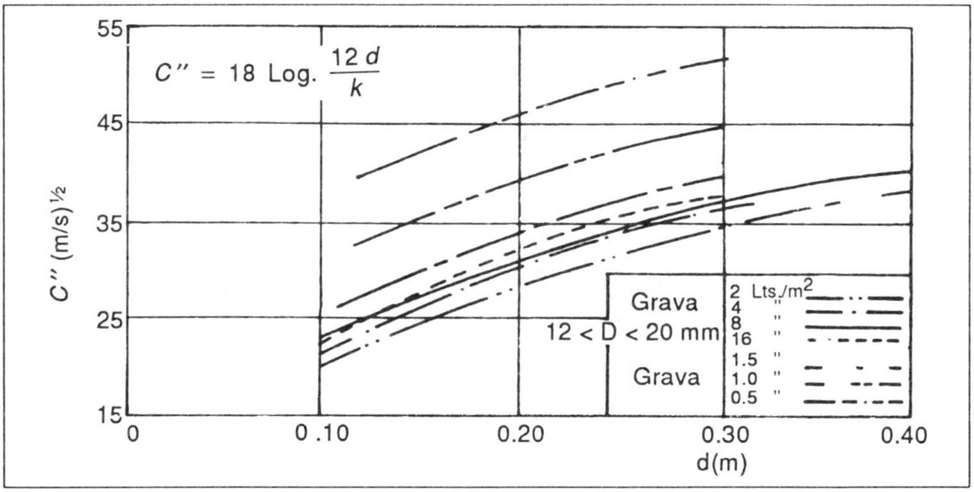

Figura 3.5c Rugosidad artificial con grava sobre fondo de concreto (Delf Hydraulics Laboratory).

tribución de granos, así también como densidades específicas del material. La selección debe facilitar el manejo y control durante la operación normal del modelo, la disponibilidad en cantidad suficiente y al menor costo.

Independientemente de emplear el mismo material del prototipo, se usan otros, como: arena, carbón, baquelita, aserrín, cáscara de nuez y plásticos.

En general los materiales para fondo móvil se clasifican en *a) material muy ligero, b) material ligero* y *c) arenas,* sobre los cuales se pueden hacer los siguientes comentarios.

a) **Material muy ligero;** como es el poliestireno ($\gamma_s \approx 1\,050$ Kg/m^3), comúnmente es de tamaño uniforme, por tanto, su uso es restringido cuando es necesario reproducir un rango importante del diámetro del material del prototipo; en caso que la velocidad al corte esté de acuerdo con la condición de Froude, es de gran utilidad.

En la operación del modelo este material por su diferencia de densidad, muy pequeña con la del agua, presenta problemas en su recuperación, además de usar equipos especiales para separar el agua y el poliestireno, así como para efectuar el levantamiento de la configuración del fondo.

En general, el empleo de este material resulta costoso debido al equipo necesario para operar el modelo.

b) **Material ligero;** por ejemplo, la baquelita, carbón de piedra, *arena pumítica* entre otros, de $\gamma_s \approx 1\,200$ a $1\,600$ Kg/m^3, proporcionan una buena solución en varios casos y en contra a los materiales muy ligeros no necesitan equipo sofisticado en la operación del modelo. Sin embargo, aunque el costo de estos materiales no es muy alto, podría ser mayor si fuera necesaria una amplia distribución granulométrica.

Para usar la baquelita se recomienda que todos los granos tengan casi la misma densidad (la baquelita plana, café y negra, son de diferentes densidades); para el carbón de piedra se recomienda que éste sea duro para evitar que el tamaño de los granos se reduzcan durante la operación y el agua se ennegrezca.

Cuando se emplea cáscara de nuez u otro material vegetal duro, deberá ser tratado para evitar que absorba agua y cambie su densidad, además de que se pudra y el agua cambie sus características. Durante el tratamiento hay que evitar la formación de grumos. En general, este material resulta de bajo costo. Cuando se use arena pumítica, se recomienda tomar en cuenta el tamaño del grano y su densidad, porosidad.

c) **Arena,** en modelos de fondo móvil de ríos se utiliza bastante la de peso específico mayor a 2200 kg/m^3; este material es de bajo costo, a menos que las condiciones de distribución granulométrica tenga especificaciones especiales, esto obliga a emplear equipo especial.

BIBLIOGRAFIA

1. De Vries M., *Scale Models in Hydraulic Engineering.* International Institute for Hydraulic and Enviromental Engineering Delf, mayo 1977.

2. Gutiérrez Aranzeta C., *Introducción a la metodología experimental,* Cap. 3. IPN Limusa. México, 1986.
3. Holman J. P., *Experimental Methods for Engineers,* Cap. 3. McGraw Hill Kogakusha Ltd., 1966.
4. Maza J. A., Franco V., *Manual de diseño de obras civiles A. 2-15,* pág. 23. Técnicas experimentales., CFE. México, 1983.
5. Vergara S. M. A., *Rugosidad artificial en modelos hidráulicos de fondo fijo,* Vol. IV. IV Congreso Nacional de Hidráulica. Acapulco, México, oct. 1976.
6. Vergara S. M. A., *Notas del curso de Modelos Hidráulicos,* Sección de graduados e investigación. Escuela Superior de Ingeniería y Arquitectura (ESIA), IPN. México, 1983.
7. Yalin M. S., *Theory of Hydraulic Models,* MacMillan, 1971.

4

Modelos de oleaje con fondo fijo

4.1 INTRODUCCION

Un puerto contiene un área de agua protegida de la acción del oleaje para asegurar que las embarcaciones realicen adecuadamente sus maniobras de entrada y salida, de anclaje y operaciones de carga y descarga. Para lo anterior, es necesario determinar el lugar más adecuado, considerando las obras exteriores, su alineamiento y dimensiones. Asimismo, determinar la mejor orientación y las dimensiones de la entrada al puerto, y también la ubicación y dimensiones de las obras auxiliares de disipación de energía del oleaje.

La disposición de las obras del puerto, en su conjunto, definen la geometría del mismo, lográndose el proyecto óptimo mediante el uso de los modelos físicos. En éstos se hacen las mediciones de la *agitación residual*, producto de la superposición del oleaje de corto periodo que entra al puerto. Se debe tomar en cuenta la *refracción, reflexión* y *difractación,* haciendo las modificaciones necesarias de dicha geometría para reducir la altura de las olas al nivel de aceptación para las operaciones de carga, descarga, entrada y salida de las embarcaciones medianas y pequeñas.

Por otra parte, es necesario reducir la magnitud del cabeceo, balanceo, vaivén, deriva, guiñada y arzada de embarcaciones grandes, atracadas o en maniobra; debido a las olas de largo periodo, medidas en términos de periodos resonantes de las oscilaciones de las masas de agua. Lo anterior implica seleccionar las olas contra las cuales se va a proteger el puerto y conocer las características de las embarcaciones que arribarán. Las olas pueden clasificarse de acuerdo a su periodo en:

a) olas de corto periodo con valores que van de un segundo a dos minutos y alturas de hasta 12 m,

b) olas de largo periodo, de dos minutos a una hora.

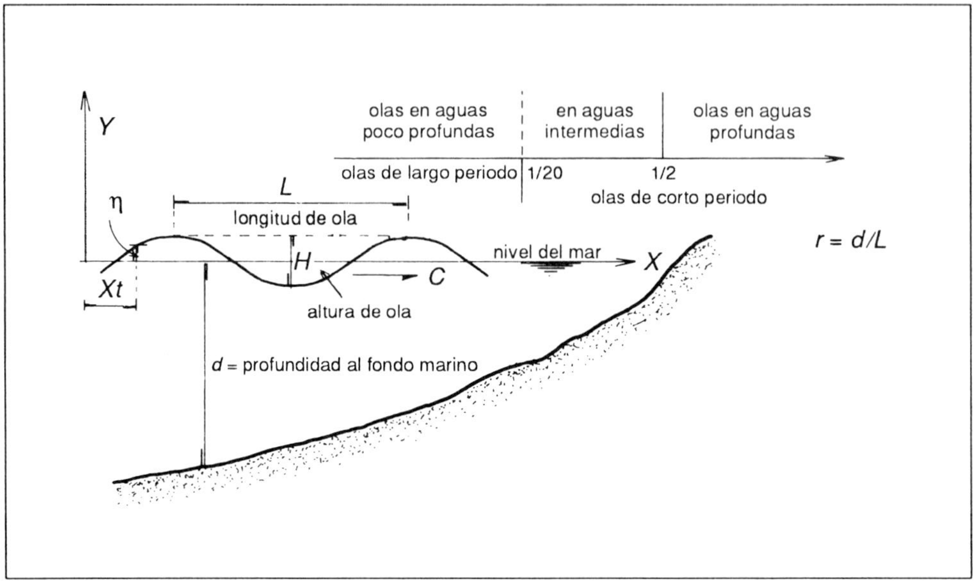

Figura 4.1 Clasificación de olas de acuerdo a la profundidad relativa $r = d/L$

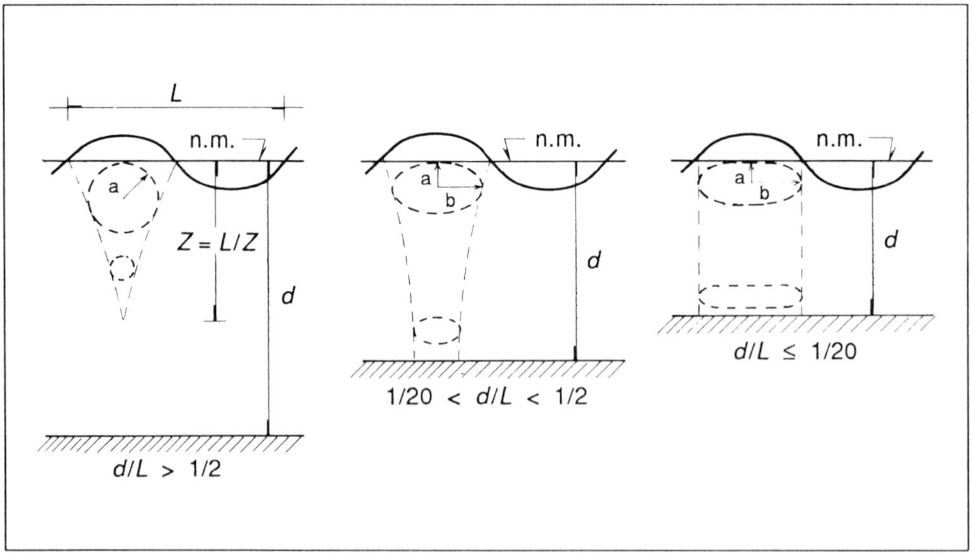

Figura 4.2 Movimiento orbital de las partículas del agua

Por otra parte, en relación con la profundidad y, de acuerdo a Eagleson y Dean (figura 4.1), las olas se clasifican en:

a) olas en aguas poco profundas, cuando la relación de la profundidad relativa d/L (d es la profundidad y L la longitud de la ola) es menor que 0.05;
b) olas en aguas con profundidad intermedia, cuando $0.05 < d/L < 0.5$; y
c) olas en aguas profundas si $d/L > 0.5$.

Las olas en aguas profundas se caracterizan porque las trayectorias de las partículas fluidas no les afecta el fondo, resultando circulares, con radio decreciente hasta el valor cero a la profundidad $Z = L/2$. Para olas en aguas intermedias, las trayectorias son elípticas, decreciendo los radios a y b de la superficie del agua hacia el fondo; en tanto que en aguas poco profundas el radio a de las olas disminuye y el b se mantiene constante, comportándose como una onda de traslación, es decir, un movimiento uniforme de la masa de agua desde la superficie hasta el fondo. Véase la figura 4.2.

4.2 CONDICIONES DE SIMILITUD

La refracción del oleaje se refiere a un cambio de la dirección de propagación de los frentes de ola, así como a la variación de la altura de las mismas, debido a la modificación de la velocidad de propagación (celeridad) causada por el efecto del fondo marino sobre el movimiento de las partículas. De acuerdo a la teoría del oleaje de amplitud finita, esta celeridad (C) y la variación del nivel de agua (η) se define para cualquier profundidad como

$$C = \frac{L}{T} = \left(\frac{gL}{2\pi} \tan h \; 2\pi \, \frac{d}{L} \right)^{1/2} \tag{4.1}$$

(llamada ecuación de Airy) y

$$\eta_1 = \frac{H}{2} \operatorname{sen} (\sigma t - kx) \tag{4.2}$$

siendo

g = la aceleración debida a la gravedad.
$\sigma = 2\pi/T$
$k = 2\pi/L$.
T = periodo del oleaje.

Las otras variables se definieron en la figura 4.1.

En cuanto a la difracción, que consiste en una transferencia de energía lateral a la dirección de propagación del oleaje, su efecto consiste en *generar un nue-*

vo oleaje atrás de una estructura (rompeolas, isla, etc.), al ser rebasada ésta en su extremo por el oleaje incidente. En este caso de acuerdo a la teoría lineal del oleaje, la variación del nivel de la superficie del agua queda expresada para cualquier instante como

$$\eta_2 = \left(\frac{H}{2} i \; k \; C/g\right) e^{ikCt} \cdot \cos h \; kd \; F(r/L, \theta) \qquad \textbf{(4.3)}$$

siendo

(r, θ) = coordenadas cilíndricas del punto donde se desea conocer el nivel η, en el instante t.
i = $\sqrt{-1}$ sin embargo, únicamente se toma la parte real.
F = función.

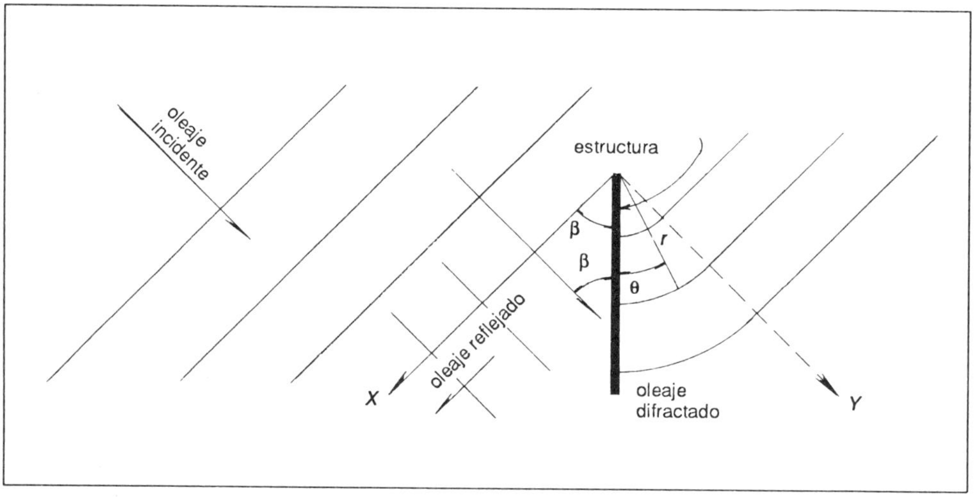

Figura 4.3 Diagrama de difracción y reflexión del oleaje

La reflexión del oleaje consiste en un cambio de dirección y altura del oleaje incidente sobre una estructura, dando origen al llamado oleaje reflejado; cuando el oleaje incidente no rompe sobre la estructura se genera una superposición de ambos oleajes, dando origen a una nueva variación del nivel de la superficie del agua, que de acuerdo a la teoría lineal del oleaje se expresa de la siguiente forma

$$\eta_3 = H \text{ sen } \sigma t \cos kx \qquad \textbf{(4.4)}$$

siendo

T = periodo del oleaje.
x = distancia al origen del punto al cual se desea conocer la elevación η.

Tomando en cuenta que la agitación es el resultado de la superposición de los tres fenómenos antes citados, esto indica que en el modelo deberá cumplirse la condición de similitud de deformación del oleaje debido a cada uno de dichos fenómenos, así como las ecuaciones que los representan, por lo que, del análisis de éstas, se concluye lo siguiente:

a) la refracción del oleaje es función de la profundidad relativa d/L.
b) la difracción es función de la relación r/L.
c) la reflexión es función de la relación x/L.

Para que exista una escala única de η ($E_\eta = \eta_p / \eta_m$), debe cumplirse que la escala de longitud de ola E_L y la escala de profundidades E_d sean iguales a la escala de longitudes horizontales E_x e igual a E_r, resultando en consecuencia que E_η es igual a E_x y del mismo modo E_H igual a E_x, es decir, las escalas de las magnitudes verticales son iguales a la escala de magnitudes horizontales e igual a la única escala de longitudes que es E_x, por lo que no existe distorsión.

Adicionalmente, considerando que en la naturaleza la propagación del oleaje se debe básicamente a la acción de la fuerza de gravedad, y siendo prácticamente nula la influencia de la fuerza, viscosa y de tensión superficial, la condición de similitud que debe cumplirse es la de Froude, lo que indica que el régimen de flujo es turbulento, por lo que de acuerdo a la ecuación 2.18, y suponiendo que la aceleración debida a la gravedad es la misma en el modelo y el prototipo ($E_g = 1$), se tiene que

$$E_v = E_L^{1/2} = E_x^{1/2}$$

como la celeridad, en rigor es una velocidad, se tiene entonces que

$$E_v = E_C = \frac{E_L}{E_T} = \frac{E_x}{E_T} = E_x^{1/2} \tag{4.5}$$

de donde E_T (escala de periodos) resulta ser igual a $E_x^{1/2}$

Empleando la ecuación 4.1 en el modelo y el prototipo (criterio de Airy) se tiene que

$$E_C = \frac{C_p}{C_m} = \frac{\left(\dfrac{gL}{2\pi}\tan h\, 2\pi\,\dfrac{d}{L}\right)_p^{1/2}}{\left(\dfrac{gL}{2\pi}\tan h\, 2\pi\,\dfrac{d}{L}\right)_m^{1/2}} = (E_g\, E_L)^{1/2}\,\frac{\left(\tan h\, 2\pi\,\dfrac{d}{L}\right)_p^{1/2}}{\left(\tan h\, 2\pi\,\dfrac{d}{L}\right)_m^{1/2}} \tag{4.6}$$

Como d y L en el modelo están reducidas a la misma escala E_x, entonces el valor del argumento de la tan h es el mismo en el modelo y el prototipo, por lo que el valor de dicha función también es el mismo en el modelo y el prototipo, resultando

$$E_C = E_g\, E_L^{1/2} = E_x^{1/2} \qquad \text{ya que } E_g = 1.$$

En el caso de que el estudio implique que se tiene que hacer principalmente bajo el efecto de la refracción, el modelo puede ser distorsionado geométricamente ($\Delta = E_x/E_y \neq 1$). La condición de similitud de deformación del oleaje a cumplir la describen las ecuaciones 4.1 y 4.2, lo cual implica que el valor de las funciones trigonométricas e hiperbólicas deben ser iguales tanto en el modelo como en el prototipo, es decir,

$$\frac{(\tan h \; 2\pi d/L)_p^{1/2}}{(\tan h \; 2\pi d/L)_m^{1/2}} = 1 \tag{4.7}$$

y

$$\frac{(\text{sen } 2\pi(t/T - x/L)_p}{\text{sen } 2\pi(t/T - x/L)_m} = 1 \tag{4.8}$$

Analizando la ecuación 4.7, y expresando las magnitudes lineales del modelo en función de las homólogas en el prototipo y sus escalas respectivas, se tiene

$$\frac{(\tan h \; 2\pi d/L)_p^{1/2}}{(\tan h \; 2\pi d/L \cdot E_d/E_L)_p^{1/2}} = 1 \tag{4.9}$$

Como E_L debería ser igual a E_x , y E_d a E_y , resulta que la relación $E_d/E_L \neq 1$, por lo que el denominador de la ecuación anterior es diferente al numerador y, por tanto, no se cumple la similitud. Sin embargo, para obligar a su cumplimiento se puede admitir que E_L sea igual a E_d y ésta a E_y, lo cual marcará adicionalmente una segunda distorsión, ya que la longitud de la ola en el modelo se determinará en función de la escala de longitudes verticales. Esto último implica que la distancia x en el modelo, correspondiente a una elevación η (ecuación 4.2) de la ola, se determina a través de E_y, resultando que la ecuación 4.8 sea igual a

$$\frac{\text{sen } 2 \; (t/T - x/L)_p}{\text{sen } 2 \; (t/T - x/L \cdot E_x/E_y)_p} = 1 \tag{4.10}$$

En la tabla 4.1 se presenta en términos generales las escalas obtenidas para modelos sin y con distorsión, estimando conocidas las escalas de longitudes $E_x = E_y$ para el primer caso y $E_x \neq E_y$ para el segundo.

4.3 SELECCION DE ESCALAS

Como vimos al estudiar la agitación del oleaje, debe haber similitud en la refracción, reflexión y difracción, lo cual implica que el modelo debe ser sin distorsión. La elección de la escala de longitudes debe ser tal que las fuerzas viscosas y de tensión superficial sean insignificantes con respecto a la gravitatoria. Es necesario reproducir completo el puerto en estudio, incluyendo una zona de mar abierto

TABLA 4.1 Escalas derivadas para olas de corto periodo.

MAGNITUD	MODELO SIN DISTORSION Escala seleccionada $E_x = E_y$	MODELO CON DISTORSION Escala seleccionada $E_x \neq E_y$
Distorsión	$\Delta = E_x / E_y = 1$	$\Delta = E_x / E_y > 1$
a) De frontera		
Longitud horizontal	E_x	E_x
Longitud vertical	$E_y = E_x$	$E_y < E_x$
Area perpendicular al flujo	$E_A = E_x^2$	$E_A = E_x E_y$
Volumen	$E_V = E_x^3$	$E_V = E_x E_y^2$
b) Del fluido		
Densidad	$E_\rho = 1$	$E_\rho = 1$
Tensión superficial	$E_\sigma = 1$	$E_\sigma = 1$
Viscosidad	$E_\nu = 1$	$E_\nu = 1$
c) Del flujo		
Aceleración de la gravedad	$E_g = 1$	$E_g = 1$
Longitud de ola	$E_L = E_x$	$E_L = E_y$
Altura de ola	$E_H = E_x$	$E_H = E_y$
Periodo de ola	$E_T = E_x^{1/2}$	$E_T = E_y^{1/2}$
Tiempo	$E_t = E_x^{1/2}$	$E_t = E_x / E_y^{1/2}$
Celeridad de ola	$E_c = E_x^{1/2}$	$E_c = E_y^{1/2}$
Velocidades horizontales	$E_v = E_x^{1/2}$	$E_v = E_y^{1/2}$
Fuerza	$E_F = E_x^3$	$E_F = E_x E_y^2$
Peso	$E_p = E_x^3$	$E_p = E_x E_y^2$

suficiente para reproducir correctamente la propagación del oleaje desde el generador hasta las obras. En la tabla 3.1 se muestra el rango de escalas recomendables de acuerdo a lo anterior y a factores correspondientes al tamaño del puerto, calados, alturas de olas incidentes y recursos físicos disponibles en el Laboratorio entre otros.

Para el estudio con olas de periodos largos es necesario recurrir a modelos distorsionados, debido a grandes longitudes y pequeñas alturas de ola que intervienen, de otra manera los modelos serían extremadamente grandes. Estos tipos de modelos son frecuentemente auxiliados con modelos matemáticos.

El uso de modelos distorsionados para oleaje que se propaga en aguas intermedias, permite representar los patrones de refracción correctamente, sacrificándose la reproducción exacta de la difracción y las condiciones de resonancia.

La mayoría de las veces se emplean como modelos auxiliares, resultando que la escala de periodos es $E_T = E_y^{1/2}$, ya que de acuerdo a la escala de longitudes de la ola $E_L = E_y$, tal como se trató en el inciso anterior. Sin embargo, para la propagación en aguas poco profundas los patrones de refracción y difracción son reproducidos con exactitud, pues el comportamiento del oleaje es semejante al de olas de largo periodo donde la celeridad es

$$C = \frac{L}{T} = (gd)^{1/2} \qquad \textbf{(4.10a)}$$

resultando que la escala de periodos es $E_T = (E_x \Delta)^{1/2}$, dado que la escala de longitudes de ola $E_L = E_x$. Las cuales para modelos distorsionados también se muestran en la tabla 4.1.

4.4 FRONTERAS DEL MODELO

La disposición en planta de las fronteras deben conformar un tanque que incluya la región marítima y terrestre importante a representar, así como las obras e instalaciones a estudiar y los equipos generadores de los parámetros hidráulicos o meteorológicos en su caso. Hacia el lado terrestre basta con colocar la frontera que coincida con la traza del agua a sus niveles más altos, sin embargo, es recomendable dejar espacios para tránsito, colocación de equipo, o cuando el proyecto lo admitiera, para modelar instalaciones terrestres. Por el lado marítimo el fondo es fijo y las fronteras (muros) se ubican a la distancia suficiente para representar los patrones de oleaje y alojar los generadores para direcciones y longitudes de frentes de oleaje seleccionados; esto último asociado a la *batimetría*, misma que se limitará a la profundidad donde el frente de ola saliente del generador pueda ser corregido adecuadamente.

La ubicación del generador de oleaje, para una cierta dirección incidente, debe hacerse mediante el uso de los diagramas de refracción, buscando que la longitud del generador sea ligeramente superior al frente del canal de energía en aguas profundas, con el propósito de absorber las deformaciones que sufre el oleaje en las cercanías de las paredes guías (que materializa a las líneas ortogonales del oleaje). La distancia del generador de oleaje, batidor, con respecto al punto más cercano de la obra en estudio, debe ser lo suficientemente grande para reducir la reflexión del oleaje sobre el batidor. La reflexión crece al aumentar el periodo cuando el oleaje es de tipo monocromático. Para fines prácticos se recomienda que la distancia mínima sea de 7 veces la longitud de la ola de periodo máximo a representar. Véase también el inciso 4.5.

Debido a la necesidad de contar con una profundidad de agua suficiente para generar la altura de ola máxima (inciso 4.8) y a la necesidad de una superficie horizontal sobre la cual estará el generador, es común que dicha profundidad sea superior a la correspondiente de la última línea batimétrica por representar. Para lograrlo debe construirse una rampa de pendiente 1:10 y paralela al batidor.

Para dar mayor veracidad a las mediciones de las características de las olas en el modelo, es necesario abatir la influencia de las olas reflejadas en los muros frontera, por lo que es recomendable colocar *playas amortiguadoras* o pacas, de viruta o fibra sintética.

4.5 EFECTOS DE ESCALA

La imposibilidad de conseguir la semejanza dinámica total entre el modelo y prototipo (inciso 2.5), y la dificultad de efectuar las mediciones cuando se construye el modelo a una escala demasiado pequeña (valor numérico grande), causan errores que se denominan en conjunto efectos de escala (inciso 3.3). Siendo los más importantes para oleajes de periodos cortos los debidos a la tensión superficial, a la fricción interna y a la fricción con el fondo en la capa límite, mismos que tienden a amortiguar el oleaje.

El efecto de la tensión superficial se manifiesta en la celeridad de las olas con el consiguiente error en la reproducción de la refracción del oleaje. La celeridad es dada por

$$C = \left(\frac{2\pi\sigma}{\rho L} + \frac{gL}{2\pi} \tan h \; 2\pi \frac{d}{L} \right)^{1/2} \qquad \textbf{(4.11)}$$

advirtiéndose que ésta resulta ser mayor que la celeridad, producida exclusivamente por la acción gravitatoria, ecuación 4.1.

Para que en el modelo la influencia de la tensión superficial sea mínima, se requiere que

$$gL/2\pi >> \frac{2\pi\sigma}{\rho L} \text{ ó } L >> (4\sigma/\rho)^{1/2} \qquad \textbf{(4.12)}$$

que, de acuerdo a R. Bonnefille, el valor mínimo del periodo prácticamente admisible en los modelos es de 0.33 seg, equivalente a una longitud de ola de 17 cm. Por su parte Le Méhauté recomienda una profundidad mínima de 2 cm en cualquier punto.

El efecto entre la fricción interna y el fondo se manifiesta en la reducción de la altura de la ola. Así, para el primer caso, y de acuerdo a Keulegan, la expresión de la altura de la ola con respecto al tiempo es

$$\frac{H_t}{H_{t=o}} = e^{-8\pi^2 \nu t / L^2} \qquad \textbf{(4.13)}$$

siendo t, el tiempo al cual se desea conocer el valor de la altura de ola (H_t) después de haber recorrido una distancia x en relación con la altura de ola en el tiempo $t = 0$ y $x = 0$.

Por ejemplo, si se considera que T, el periodo mínimo a representar, es de 0.33 s., y la máxima reducción admisible entre la ola a la salida del generador colocado en aguas profundas y la altura de la ola a la profundiad relativa d/L = 0.20, sea del 5%, para un valor de $\nu = 1.013 \times 10^{-6}$ m²/s (agua a 20 °C), el tiempo *t* será de 13.3 s. En términos del periodo será de 40 T, equivalentes a una distancia *x* entre ambos puntos, de 40 veces la longitud de ola en aguas profundas (L_0), que para este caso es de 0.17 m y, por tanto, *x* = 6.80 m.

Para el caso de canales rectangulares de sección uniforme, según Keulegan, se obtiene

$$\frac{H_2}{H_1} = e^{-\alpha x} \tag{4.14}$$

Siendo

H_1, la altura de la ola en $x = 0$.
H_2, la altura de la ola después de viajar una distancia *x* en una profundidad *d*.

$$\alpha = \frac{5\pi^{1/2}\, \nu^{1/2}\, T^{1/2}}{L^2 \left(\operatorname{sen} h \dfrac{4\pi d}{L} + \dfrac{4\pi d}{L} \right)}$$

Adicionalmente a los efectos de escala tratados, conviene advertir que si se reproducen estructuras permeables, la reflexión y transmisión del oleaje resulta para la primera mayor que en el prototipo, y menor para la segunda. En tal caso la reflexión puede reducirse satisfactoriamente, colocando playas amortiguadoras u otros disipadores a lo largo de las fronteras del modelo en la zona marítima. El enrocamiento de coraza de las estructuras debe modelarse a la escala de longitudes E_L, y el material del núcleo en el modelo mediante la expresión siguiente:

$$D_m = \frac{D_p K}{E_x} \tag{4.15}$$

siendo D_p, el diámetro del material del núcleo en el prototipo, *K* un coeficiente, cuyo valor debería obtenerse experimentalmente, sin embargo para fines prácticos se recomienda: $K = 4$ para $E_x = 60$, $K = 6$ para $E_x = 100$, y $K = 10$ para $E_x = 150$.

Para modelos distorsionados los efectos de fricción con el fondo son menores que sin distorsión debido al incremento de la profundidad, mientras que la reflexión crece por el aumento de las pendientes del fondo y taludes de las estructuras. Esta situación es común para modelos con olas de largo periodo. La disminución de la reflexión puede lograrse al aumentar las alturas de ola en relación con las deducidas en la escala de longitudes verticales, lo que permite aumentar la relación de esbeltez ($\gamma = H/L$) y, por tanto, la disminución del coeficiente de reflexión.

4.6 DATOS PARA EL DISEÑO DE MODELOS

La información necesaria para el diseño de los modelos se presenta en dos grupos; el primero, relativo a las condiciones del estado del mar y topohidrográficos; y el segundo, al arreglo del puerto y condiciones admisibles de operación de las embarcaciones a las que se les dará el servicio.

4.6.1 Condiciones del estado del mar y topohidrográficos

a) Regímenes estadísticos y espectrales del oleaje, en la zona a estudiar, que muestren la distribución de alturas y periodos para diferentes direcciones y estaciones (mensual, anual y extremal). Los valores de alturas y periodos significativos normalmente se emplean para ejecutar los ensayos.
b) Información sobre la existencia de ondas de largo periodo, en cuanto a su altura, periodo y frecuencia.
c) Información de las mareas, relativa al tipo de las mismas, alturas y niveles.
d) Levantamientos topográficos de la zona terrestre que muestren a diferentes escalas el relieve de la costa.
e) Levantamientos hidrográficos (batimetrías) a diferentes escalas, que describan en lo general y en detalle las profundidades del fondo marino. Se emplean en la construcción de diagramas de refracción y para colocar los generadores de ola de acuerdo a las direcciones seleccionadas de oleaje.

4.6.2 Arreglo del modelo y condiciones admisibles de operación

a) Planos detallados del arreglo en planta de las obras exteriores: playas, zonas de atraque, de maniobras, canales de navegación y todos aquellos que sean necesarios reproducir, incluyendo los dragados a ejecutar.
b) Etapas de construcción, indicando los arreglos respectivos de las obras.
c) Alturas de olas máximas admisibles en función del periodo de la ola y del tipo de embarcaciones.
d) Periodos de resonancia de las embarcaciones grandes que usarán el puerto en función del tipo de amarre por emplear.

4.7 CONSTRUCCION DE MODELOS

Cuando no se cuenta con una grúa viajera se recomienda que el piso de desplante del modelo sea una losa plana y horizontal, de concreto suficientemente resistente para soportar el tránsito de los vehículos que se utilizan para mover los

a) Losa de desplante, trazo, materialización de curvas de nivel y relleno durante la construcción del modelo.

b) Configuración de la superficie del fondo con regla apoyada en las curvas de nivel.

Figura 4.4 Detalles del proceso de construcción de modelos marítimos materiales y equipo. Esta losa deberá estar apoyada en terreno bien compactado para evitar asentamientos y fisuras que permitan filtraciones en la misma .

Las fronteras laterales del modelo son normalmente muros de tabique con un aplanado fino e impermeabilizado. A todo lo largo de la unión de éstos con la losa, y por la parte interior, es conveniente construir un chaflán, así como por la parte exterior un canal en el que reciba el agua que pueda filtrarse.

En el tanque en el que se alojará el modelo, se traza sobre la losa el sistema de coordenadas correspondiente a los planos topohidrográficos. A continuación se dibujan las curvas del nivel de igual profundidad (batimétricas) y el trazo del arreglo de las obras que integran el puerto.

A continuación, auxiliándose con "maestras" de mortero de cemento o con *escantillones fijos* o móviles, colocados sobre las batimétricas dibujadas y espaciadas a cada 50 cm, o más cercanas si es necesario, debidamente nivelados a la batimétrica correspondiente y referida a un banco de nivel previamente establecido. En el caso de escantillones fijos se recomiendan varillas metálicas de 6 mm de diámetro que quedarán ahogadas en el modelo, y en el caso de *escantillones móviles,* normalmente éstos son de madera con pinzas móviles que sujetan una cinta metálica (fleje) que al subir o bajar la parte superior del fleje coincida con la elevación respectiva de la batimetría. Posteriormente se fija el fleje con mortero de cemento para retirar el escantillón. Véase la figura 4.4 a.

En los casos de construcción de rompeolas de sección trapecial u otras obras de geometría especial, o cauces de ríos y canales, o perfiles de playas con muchas irregularidades, es recomendable emplear escantillones de lámina delgada alineada a un eje establecido.

Materializada la batimetría con escantillones se llenan los espacios por capas con material de desperdicio, grava, arena, tierra (tepetate), compactándose dichas capas en espesores de no más de 15 cm hasta una altura que quede 3 cm abajo del nivel de las batimétricas; este espesor se rellenará de concreto elaborado con arena -cemento y granzón- para un f_c' de 100 kg /cm^2 . Apoyándose en las batimétricas materializadas, con una regla se enrasa para lograr la configuración del fondo marino, mismo que debe tener un acabado fino para disminuir el efecto de escala por fricción en el fondo. Véase la figura 4.4 b.

Para la construcción del enrocamiento de los rompeolas, se procederá como se explicó en el inciso de efectos de escala (4.5).

Los amortiguadores de energía que se instalen en las fronteras del lado del mar para reducir las reflexiones parásitas, pueden ser paquetes de viruta o de fibra de plástico de 15 cm de espesor; se ha demostrado que para el mismo fin, las playas amortiguadoras son más confiables, y en su diseño debe tomarse en cuenta la relación ($\gamma = H/L$) de esbeltez del oleaje, la pendiente de la obra "i ", material que constituya la obra, el periodo y el ángulo de incidencia del oleaje. Para estas playas se recomienda emplear grava gruesa, de preferencia de tezontle y pendiente 1:2.5, figura 4.5. En la figura 4.6, del Laboratoire National d'hydraulique, Francia, se muestran los coeficientes de reflexión (K = altura de ola reflejada/altura de ola incidente), para gravas.

Figura 4.5 Material para formación de playas amortiguadoras, filtros

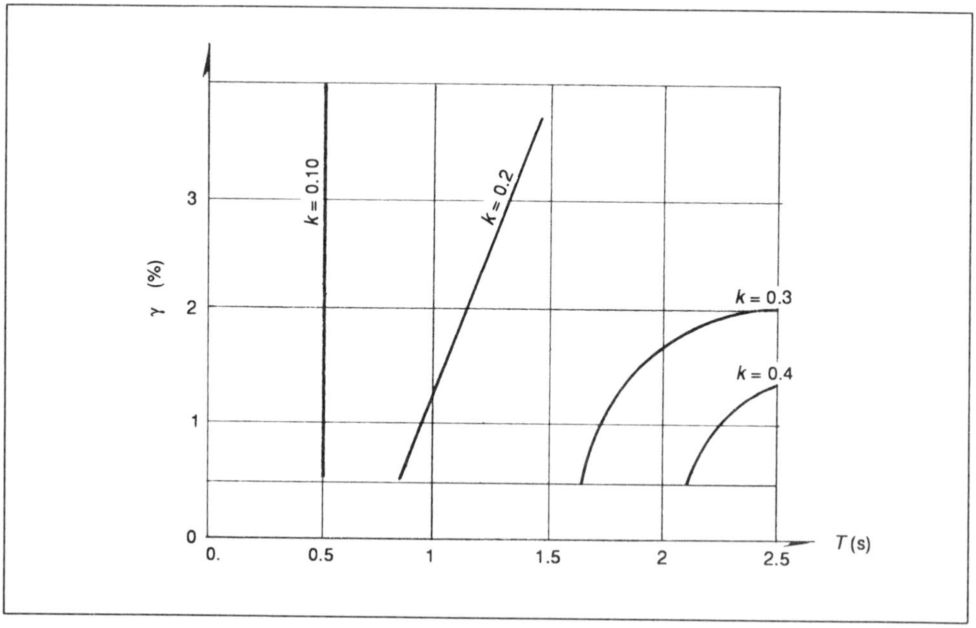

Figura 4.6 Coeficientes de reflexión para playas de grava gruesa, $20 < D < 40$ mm y talud 1:25 (Garderit 1968)

La construcción de las ortogonales que forman el canal de energía correspondiente al frente de ola salido del generador, evita la transferencia de energía lateral en los límites de dicho canal. Estas son pantallas de madera o bloques de cemento lisos que se apoyan en el fondo y sobresalen de la superficie del agua; en ambos casos se desmontan con facilidad para usarse en otras direcciones. Véase la figura 4.7 a.

Para proteger el modelo contra factores atmosféricos que puedan afectar su operación, y en particular el viento que incida sobre la superficie del agua no produzca olas que afecten a las mediciones, que pueden alcanzar alturas del mismo orden que las previstas, es recomendable cubrir los modelos y al mismo tiempo aprovechar la cubierta para tomar fotografías de los patrones de propagación del oleaje. De preferencia la altura de la cubierta debe ser superior a los 7 metros.

Además de lo anterior, es necesario tomar en cuenta la construcción de las instalaciones de servicio, tales como alimentación de agua y drenaje, energía eléctrica y accesos. Véase la figura 4.7 b.

4.8 INSTRUMENTACION Y EQUIPO

El instrumental de medición a emplear en estos modelos consta principalmente de *limnímetros* para medir los niveles del agua, así como sondas eléctricas que funcionan bajo el principio de resistividad para medir las características de las olas (alturas y periodos); ambos conectados a registradores de tipo gráfico o digital.

Usualmente los estudios de agitación en modelos hidráulicos se llevan a cabo con *oleaje regular (monocromático).* Sin embargo, con el progreso de las técnicas experimentales, actualmente es posible simular *trenes de olas* reales o espectros de energía (oleaje irregular) de prototipo.

Las olas se producen mecánicamente por el desplazamiento del agua bajo movimiento periódico del generador que, de preferencia, puede ser de batidor articulado o de pistón, ya que tienen la ventaja de simular con mayor exactitud el movimiento circular de las partículas de agua para un oleaje de tipo senoidal.

Empleando las figuras 4.8 y 4.9 de la Estación de Investigación de Hidráulica de Wallingford, se puede determinar la profundidad de agua frente el batidor para generar la altura máxima de ola, usando los parámetros adimensionales

$$G = \frac{H/2}{s} \quad \text{y} \quad \eta = d/gT^2,$$

siendo H la altura de la ola, s el desplazamiento del batidor, g la aceleración debida a la gravedad y T el periodo de la ola. Las figuras 4.10 a, 4.10 b y 4.10 c muestran diferentes tipos de generadores de oleaje.

a) Ortogonales del frente de olas.

b) Modelo hidráulico cubierto para protección contra fenómenos atmosféricos.

Figura 4.7 Estructuras e instalaciones de servicio

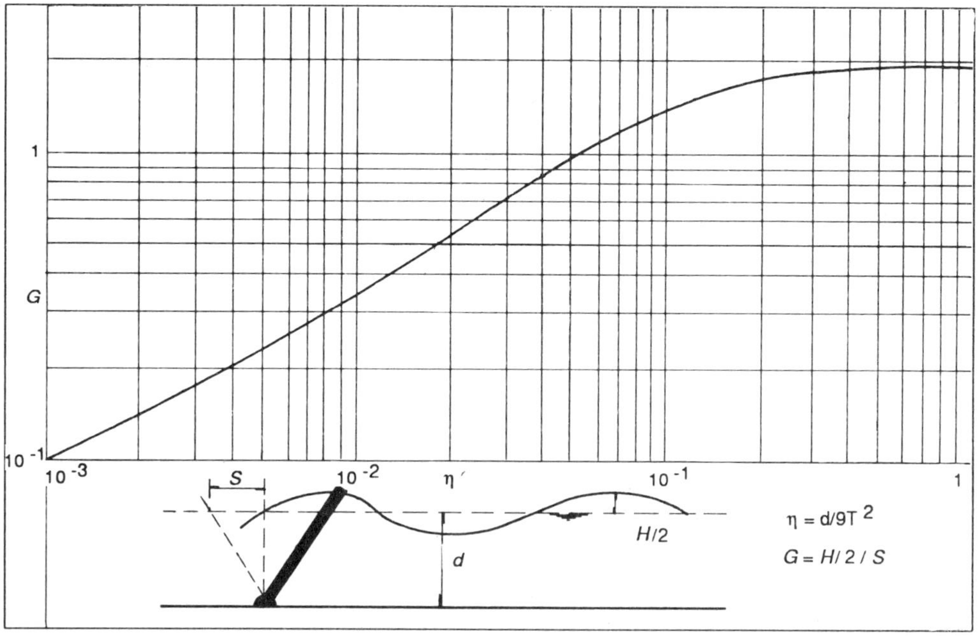

Figura 4.8 Batidor articulado (Gilbert - Thompson - Brewer 1970)

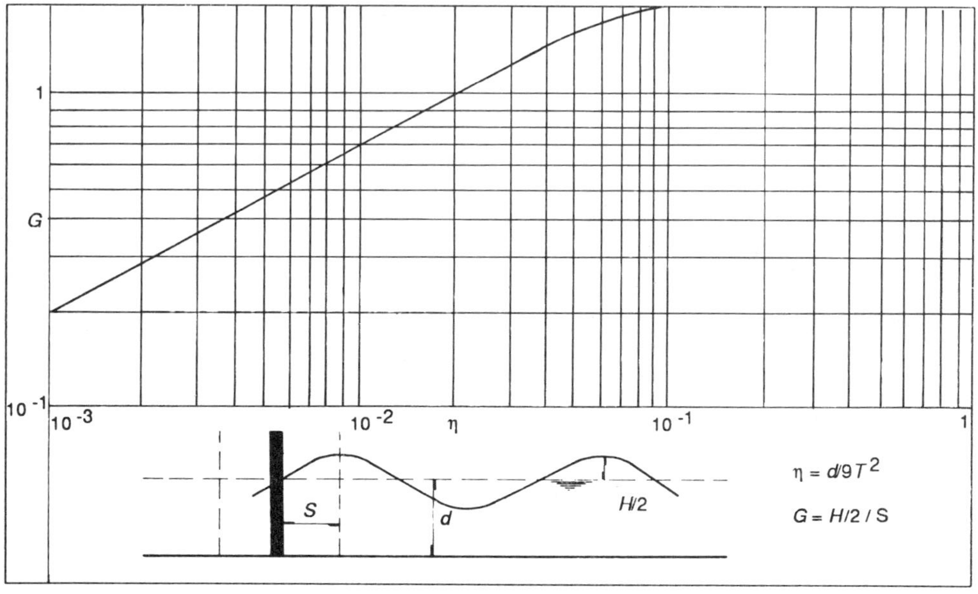

Figura 4.9 Batidor de pistón (Gilbert - Thompson - Brewer 1970)

Figura 4.10 a Generador de oleaje regular con batidor articulado

Figura 4.10 b Generador de oleaje regular con batidor de pistón

Figura 4.10 c Generador de oleaje irregular con batidor de pistón

4.9 OPERACION DE LOS MODELOS

Son tres las etapas de operación de los modelos: calibración, verificación y ensayos de alternativas.

4.9.1 Calibración

Esta se refiere al ajuste de los instrumentos de medición y equipos de generación, así como al propio modelo con base en mediciones prototipo.

Los instrumentos de medición deben ser ajustados en todas sus cualidades para aumentar la veracidad de sus mediciones, tales como la fidelidad, sensibilidad, exactitud y respuesta. En el caso de los limnímetros, se fija la lectura de referencia con un vernier respecto al banco del nivel maestro establecido.

Para el equipo de generación deben conocerse las características del oleaje frente al batidor para los diferentes niveles del mar seleccionados, velocidades del motor y desplazamiento del batidor.

Por lo que respecta a la calibración del propio modelo, primero debe verificarse la batimetría construida; para hacerlo se llena de agua el modelo hasta el nivel del mar de referencia previamente fijado en el vernier de los limnímetros. Después se vacía lentamente, y con la traza del agua sobre el fondo del modelo se marcan las curvas correspondientes a los niveles deseados. Con estas curvas se elabora un plano de campo que, superpuesto con el original, se observará si existen variaciones, mismas que serán evaluadas para efectuar las correcciones necesarias.

Para calibrar los patrones de refracción del oleaje, para las direcciones y periodos seleccionados, se emplean los diagramas de refracción o fotografías aéreas de los patrones de oleaje respectivos en el modelo, haciéndose las correcciones mediante cambios en la batimetría, aumentando la rugosidad del fondo o instalando filtros en las zonas donde se necesiten. Es oportuno decir que todo el frente de ola a la salida del batidor debe tener la misma altura y se deben colocar los filtros necesarios en o frente a dicho batidor para reducir las reflexiones, así como en las fronteras laterales del modelo.

La agitación del oleaje dentro del puerto puede ser influida por la variación de niveles del agua y corrientes correspondientes a las mareas, si éstas son de magnitud importante, de otra forma se seleccionan niveles del ciclo de marea para que el estudio se efectúe en régimen permanente. Si las condiciones de llenado o vaciado del vaso portuario se estiman de fuertes efectos sobre el patrón de corrientes, éstas se deben reproducir para observar su influencia sobre la refracción del oleaje.

4.9.2 Verificación

Esta implica reproducir un fenómeno bien conocido bajo mediciones de campo, o comparar las del modelo con otros valores estimados de experiencias semejantes. Logrado esto, el modelo está a punto y, por tanto, la confiabilidad de las mediciones para la siguiente fase es mayor.

4.9.3 Ensayos de alternativas

El programa de ensayos debe considerar el arreglo del puerto en sus fases constructivas y de servicio, con el propósito de optimizar dicho arreglo para las condiciones de operatividad y permanencia de las embarcaciones bajo la acción de los regímenes de oleaje seleccionados y niveles de marea, que de preferencia serán los más altos. En la tabla 4.2 se presentan los valores admisibles de operación y permanencia para diferentes tipos de embarcaciones, de acuerdo al criterio del Laboratorio Hidráulico de Delf.

La elección del número de estaciones de medición se define en función de la profundidad con que se desee conocer la variación del oleaje en las zonas de interés, así como la influencia de fenómenos parásitos. En algunos casos las *sondas* (sensores) de medición de oleaje se fijan en las estaciones seleccionadas y, en otras, éstas se colocan en un dispositivo móvil a velocidad constante. En ambos casos con la información recogida se elaboran los planos de coeficientes de agitación (igual al cociente de la altura de ola en un punto dividido entre la altura Hi de la ola incidente, H/Hi), pudiéndose trazar las *curvas de isoagitación*. Véase la figura 4.11.

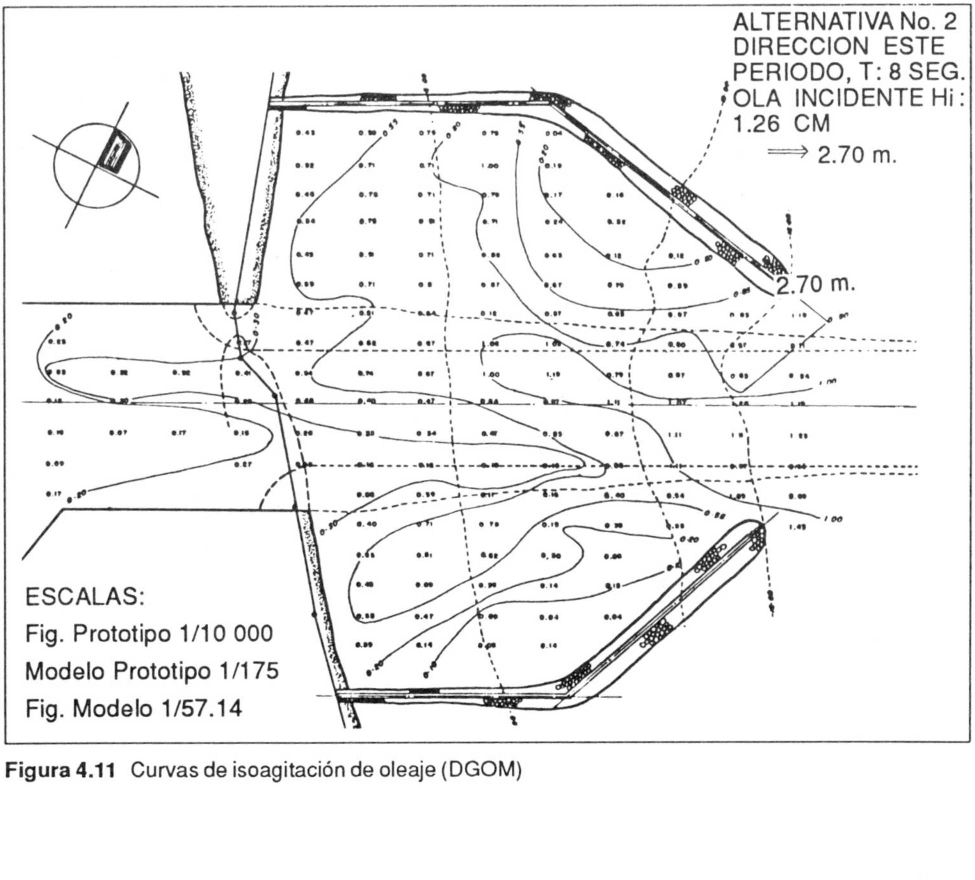

Figura 4.11 Curvas de isoagitación de oleaje (DGOM)

TABLA 4.2. Oleajes permisibles para operatividad y permanencia de embarcaciones (Strating J. 1982.)

TIPO DE OPERACION	DIMENSION DEL BARCO EN TPM	ALTURA Y PERIODOS MAXIMOS DE OLA			
		Condiciones de operatividad		Condiciones de permanencia	
		H_s (m)	T_s (seg)	H_s (m)	T (seg)
Contenedor	Hasta 20 000	0.3	Hasta 6.0	0.75	Hasta 7.0
Carga General	Hasta 20 000	0.5	Hasta 7.0	0.75	Hasta 7.0
Rollon Roloff	Hasta 20 000	0.5	Hasta 7.0	0.75	Hasta 7.0
Descarga de graneles secos	Hasta 20 000	0.5	Hasta 7.0	0.75	Hasta 7.0
	20 000 - 60 000	0.75	Hasta 8.0	1.0 - 1.5	Hasta 8.0
	60 000 - 120 000	1.00	Hasta 9.0	1.5 - 2.0	Hasta 9.0
	> 120 000	1.25	Hasta 9.0	2.0 - 2.5	Hasta 10.0
Carga de graneles secos	< 20 000	0.5 - 0.75	Hasta 7.0	0.5 - 0.75	Hasta 7.0
	20 000 - 60 000	1.0 - 1.5	Hasta 8.0	1.0 -1.5.	Hasta 8.0
	60 000 - 120 000	1.5 - 2.0	Hasta 9.0	1.5 - 2.0	Hasta 9.0
	> 120 000	2.0 - 2.5	Hasta 10.0	2.0 - 2.5	Hasta 10.0
Carga/Descarga de graneles líquidos	< 20 000	0.5 - 0.75	Hasta 7.0	0.5 - 0.75	Hasta 7.0
	20 000 - 60 000	1.0 - 1.5	Hasta 8.0	1.0 -1.5	Hasta 8.0
	60 000 - 120 000	1.5 - 2.0	Hasta 9.0	1.5 - 2.0	Hasta 9.0
	> 120 000	2.0 - 2.5	Hasta 10.0	2.0 -2.5	Hasta 10.0
Buque Tanque para LNG	130 000 m^3	1.7 - 2.5	Hasta 8.5	1.7 - 2.5	Hasta 8.5
		1.2 - 1.9	8.5 - 10	1.2 - 1.9	8.5 - 10
		0.6 - 1.2	10 - 12	0.7 - 1.2	10 - 12
		0.3 - 0.7	12 - 15.5	0.4 - 0.7	12 - 15.5

Con apoyo en fotografías aéreas del modelo y mediciones en puntos muy específicos, también es recomendable efectuar ensayos preliminares que, en general, ayudan a seleccionar la serie final de ensayos de alternativas.

4.10 EJEMPLOS DE ESTUDIOS

4.10.1 Puerto Industrial El Ostión, Ver.

Este estudio se llevó a cabo en el Departamento de Estudios y Laboratorio de la Secretaría de Comunicaciones y Transportes de México, en el año de 1982.

El Puerto Industrial El Ostión, Ver. estando en proyecto, necesitaba de estudios de agitación con el propósito de optimizar el arreglo portuario para condiciones del 95% de operatividad y permanencia de las embarcaciones en la fase final de construcción.

El puerto se localiza en las proximidades de la laguna del Ostión, al oeste del Puerto de Coatzacoalcos, Ver., en el Golfo de México. El arreglo general inicial del puerto se muestra en la figura 4.12.

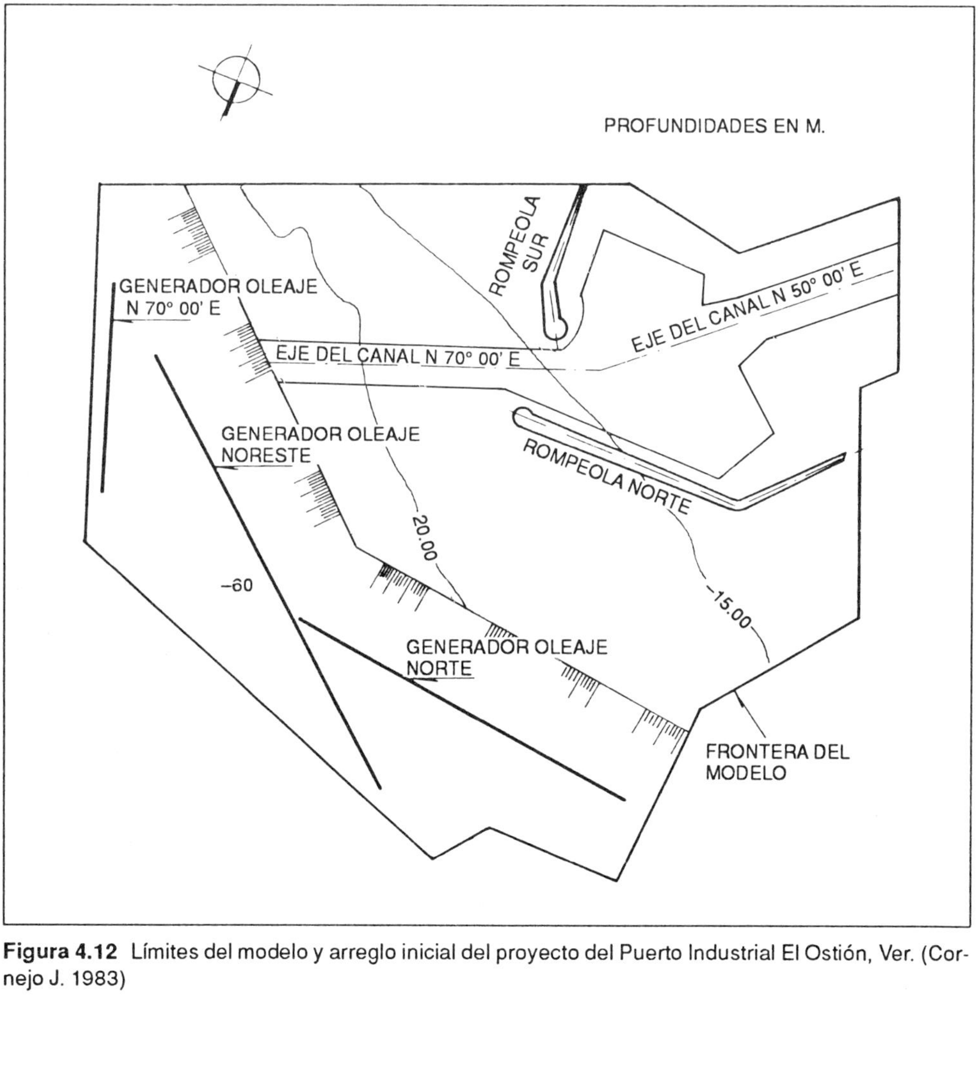

Figura 4.12 Límites del modelo y arreglo inicial del proyecto del Puerto Industrial El Ostión, Ver. (Cornejo J. 1983)

El modelo se construyó con fondo fijo y sin distorsión, con escala de longitudes de 1:100 y cumpliendo el criterio de similitud de Froude. Ocupa un área de 1 800 m^2. Se equipó con tres generadores de oleaje monocromático para representar las direcciones N 70° 00'E, N 45° 00'E y Norte con régimen medio anual y extremal. El primero empleado para los estudios de operatividad y permanencia con nivel al 95%, y el segundo para obtener valores de diseño de las rompeolas con periodos de retorno de 50, 100, 250 y 500 años. En función de la zona del puerto, el tamaño y tipo de barco, los oleajes máximos admisibles de operación y permanencia para este puerto aparecen en la tabla 4.3.

TABLA 4.3. Oleaje admisible en Diferentes zonas del Puerto Industrial El Ostión, Ver. (Cornejo J. 1983).

ZONA	ESTADO	BARCO	ALTURA DE OLA (m)
Canal de acceso	Entrada	Mineralero	4.0
		Granelero	4.0
		Petroquímico	3.0
		Contenedor	3.5
	Salida	Mineralero	4.0
		Granelero	4.0
		Petroquímico	4.0
		Contenedor	4.0
Area de maniobras	Entrada	Mineralero	2.0
		Granelero	2.0
		Petroquímico	1.5
		Contenedor	1.5
	Salida	Mineralero	2.5
		Granelero	2.5
		Petroquímico	2.0
		Contenedor	2.0
Atraques	Operación	Mineralero	1.0
		Petroquímico	1.2
	Permanencia	Mineralero	2.0
		Petroquímico	1.5
Canal interior	Entrada	Granelero	1.5
		Contenedor	1.0
	Salida	Granelero	2.0
		Contenedor	1.5

Figura 4.13 Modelo del Puerto Industrial El Ostión, Ver. (Cornejo J. 1982)

Los ensayos se ejecutaron sobre dos fases de desarrollo del puerto; la de arreglo final y la intermedia, efectuándose mediciones en 21 puntos, en el primer caso, para los ensayos de optimización de operación y permanencia, y en 25 con oleaje extremal. Para la fase intermedia sólo se efectuaron ensayos de operación y permanencia, haciéndose mediciones en 23 puntos.

La ejecución cronológica de los ensayos se inició con los de optimización del arreglo final, para el oleaje de la dirección N 70° 00'E, después de la dirección N 45° 00'E y finalmente con la dirección Norte, haciéndose en cada caso las modificaciones necesarias y ensayos respectivos, hasta llegar al arreglo, mostrado en la figura 4.14. Con este último arreglo en los ensayos con oleaje extremal se encontró que la máxima concentración de oleaje en los morros de los rompeolas es en la dirección N 70° 00'E, alcanzando alturas de hasta 13.4 m para el rompeolas norte y 6.80 m para el sur, ambos casos con periodos de 15 s.

Los ensayos de la fase intermedia, figura 4.15, permitieron obtener los porcentajes de operatividad para diferentes zonas del puerto y longitudes del rompeolas norte, mismas que resultaron ser: 1 100 m si se desea el 80% de operatividad, 1 600 m si es el 85%, 2 500 m si es del 90% y 2 350 m si es del 95%. El Puerto de servicio necesitará una longitud mínima de rompeolas norte de 600 m, si se desea que la operatividad de éste sea del 85%, misma que puede incrementarse a 950 m y 1 400 m si los porcentajes llegaran a ser del 90% y 95%, respectivamente.

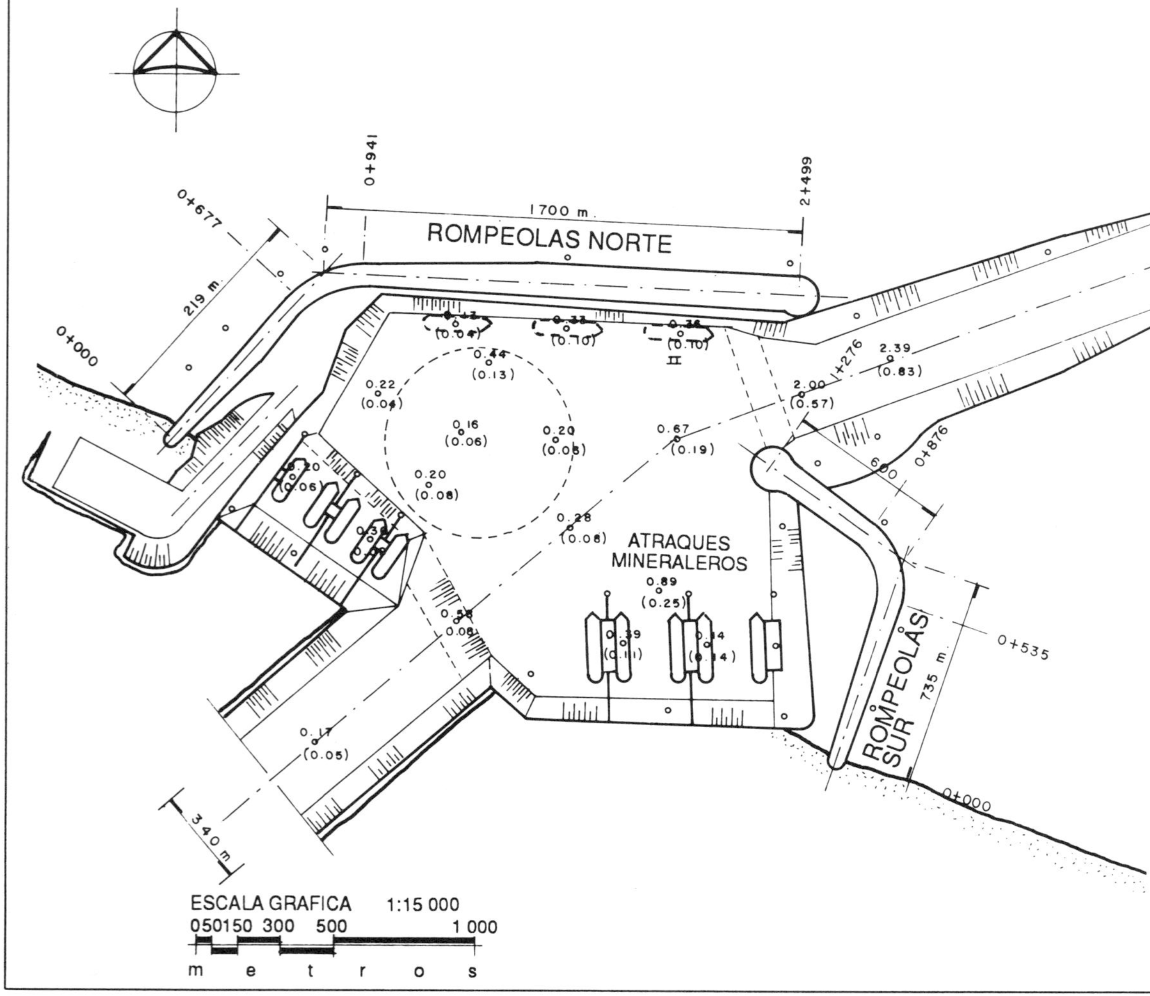

OBJETIVO DEL ENSAYO
OPTIMIZACION DEL ARREGLO

RESULTADOS DE ENSAYOS

ENSAYO No.	C-1
DIRECCION DE OLEAJE	NORTE
ALTURA DE OLA INCIDENTE	3.50 m
PERIODO	7.7 s
PORCENTAJE DE OPERATIVIDAD	97.79 %
ARREGLO No.	3.1
PORCENTAJE DE PRESENTACION	1.0 %

NOTAS

1. 1.15 ALTURAS DE OLA EN METROS
2. (0.52) COEFICIENTE DE REDUCCION
3. LOS COEFICIENTES DE REDUCCION PARA OTRAS DIRECCIONES FUERON:
   - DE LA DIRECCION N 70°00'' E Y N 45°00'' E DE LOS OBTENIDOS EN EL MODELO
   - LAS DIRECCIONES RESTANTES DEL ANALISIS DE GABINETE
4. ROMPEOLAS SUR MODIFICADO Y PROLONGADO 100 m
5. ACOTACIONES EN METROS

Figura 4.14 Arreglo final del Puerto Industrial El Ostión, Ver., después de los estudios de optimización en el modelo (Cornejo J. 1983)

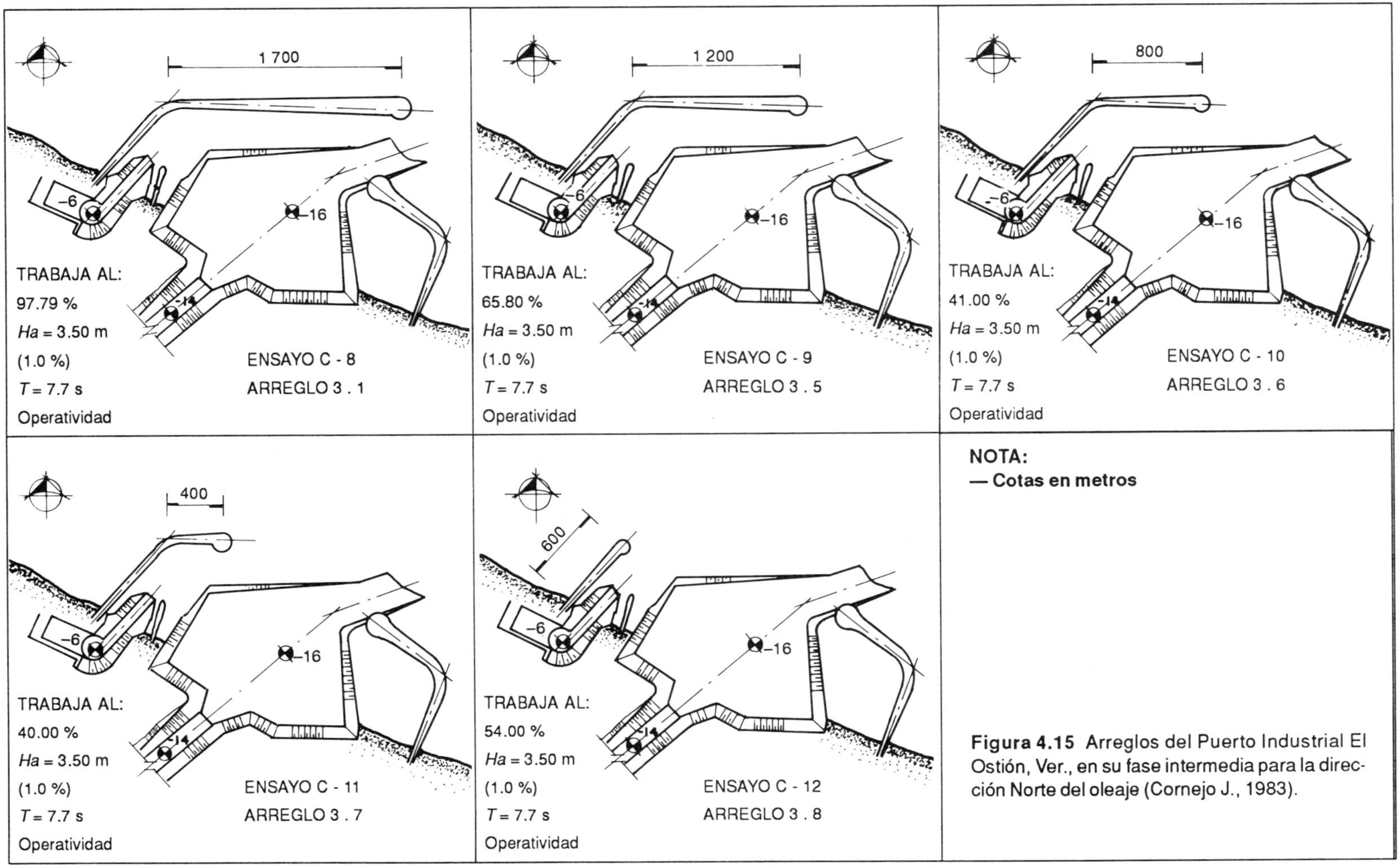

Figura 4.15 Arreglos del Puerto Industrial El Ostión, Ver., en su fase intermedia para la dirección Norte del oleaje (Cornejo J., 1983).

4.10.2 Proyecto Cayo Arcas

El trabajo experimental se desarrolló en el Laboratorio de Ingeniería Hidráulica (LIH) del Instituto Politécnico Nacional, para el Instituto Mexicano del Petróleo (IMP) en 1982.

El IMP llevó a cabo los estudios de factibilidad y de ingeniería para instalar un centro de exportación de crudo en los arrecifes coralíferos de Cayo Arcas, figura 4.16, situados a 200 km al norte de la costa de Ciudad del Carmen, Campeche, en el Golfo de México. En este centro se colocaron cinco monoboyas, un tanque de almacenamiento, una plataforma de procesamiento y otra habitacional, y dos posibles sitios para muelles destinados a embarcaciones menores.

Considerando la región sobre la cual se situaron las instalaciones anteriores, que muestran una batimetría muy irregular y accidentada, el tamaño de los Cayos y el tamaño de las embarcaciones que operarían en la zona de hasta 250 000 T.P.M., se planteó la necesidad de conocer el amortiguamiento del oleaje procedente de aguas profundas y de diferentes direcciones, que inciden sobre los sitios o puntos antes señalados. Para lo anterior se decidió construir un modelo sin distorsión con similitud de Froude y Airy cuya escala de líneas (E_x) fue de 1:200.

En la figura 4.17 se muestra el arreglo general del modelo, dentro de un tanque de olas de 30 m por 35 m y profundidad de 0.70 m, suficientemente grande para evitar la influencia de las fronteras sobre los puntos en estudio. La batimetría modelada se limitó hasta – 44 m, mientras que el fondo sobre el cual se instaló el generador de oleaje fue de – 60 m. Se seleccionaron cuatro direcciones de oleaje, Este, Noreste, Norte, Noroeste; las tres primeras fueron las más críticas en cuanto a su frecuencia (oleaje reinante), limitándose la longitud de los generadores al efecto de protección que los Cayos pudieran presentar, mientras que la dirección Noroeste corresponde al oleaje dominante y de franca incidencia sobre todos los puntos seleccionados. Con respecto a estos últimos, se representaron los que mostraron estar influidos por el oleaje que rebasaron los cayos, resultando ser los correspondientes a los puntos P_1 y P_2 (monoboyas), P_7 (torre fija), P_8 y P_9 (muelles para embarcaciones menores) y P_{10} (tanques de almacenamiento, plataformas de proceso y habitacional).

El modelo se construyó con fondo fijo y superficie suficientemente lisa, a base de asfalto y pintura de aluminio, para evitar filtraciones y disminuir la fricción del fondo sobre la propagación del oleaje. La configuración de los arrecifes alrededor de los Cayos se logró con grava de 5 mm de diámetro. Para disminuir las reflexiones sobre las fronteras del modelo se construyeron playas amortiguadoras cuyas características se determinaron mediante ensayos en un canal de olas del LIH, con una pendiente de 1:2.5 con grano de tezontle de 2 a 5 cm de diámetro, con un valor medio del coeficiente de reflexión del 15% para un rango de la relación de esbeltez de 0.005 a 0.05. Véase la figura 4.18.

El equipo empleado consistió en un generador de oleaje de tipo articulado de 20 m de longitud para reproducir oleaje regular, monocromático, cuyas alturas de

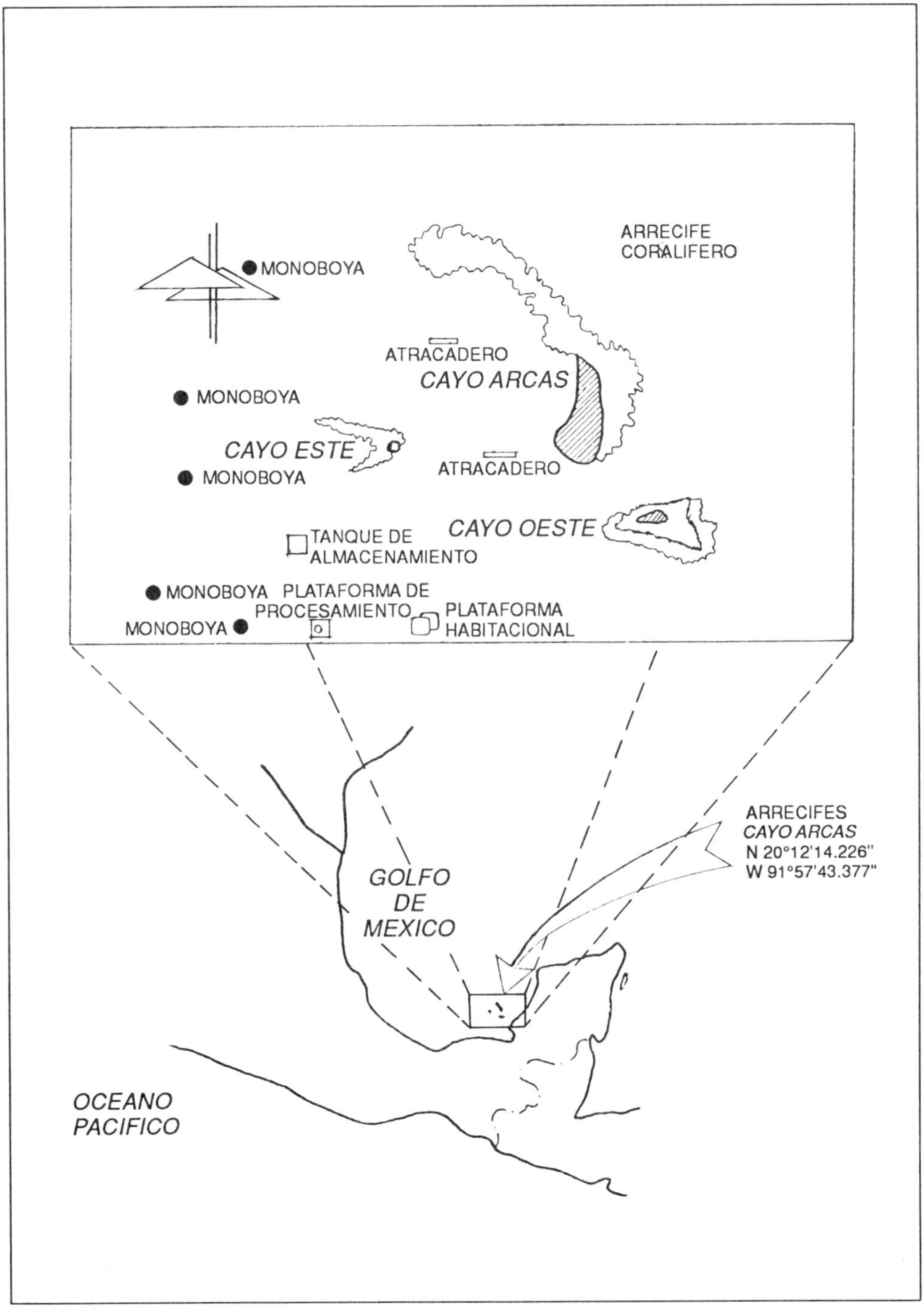

Figura 4.16 Ubicación de la región de Cayo Arcas (LIH-ESIA-IPN)

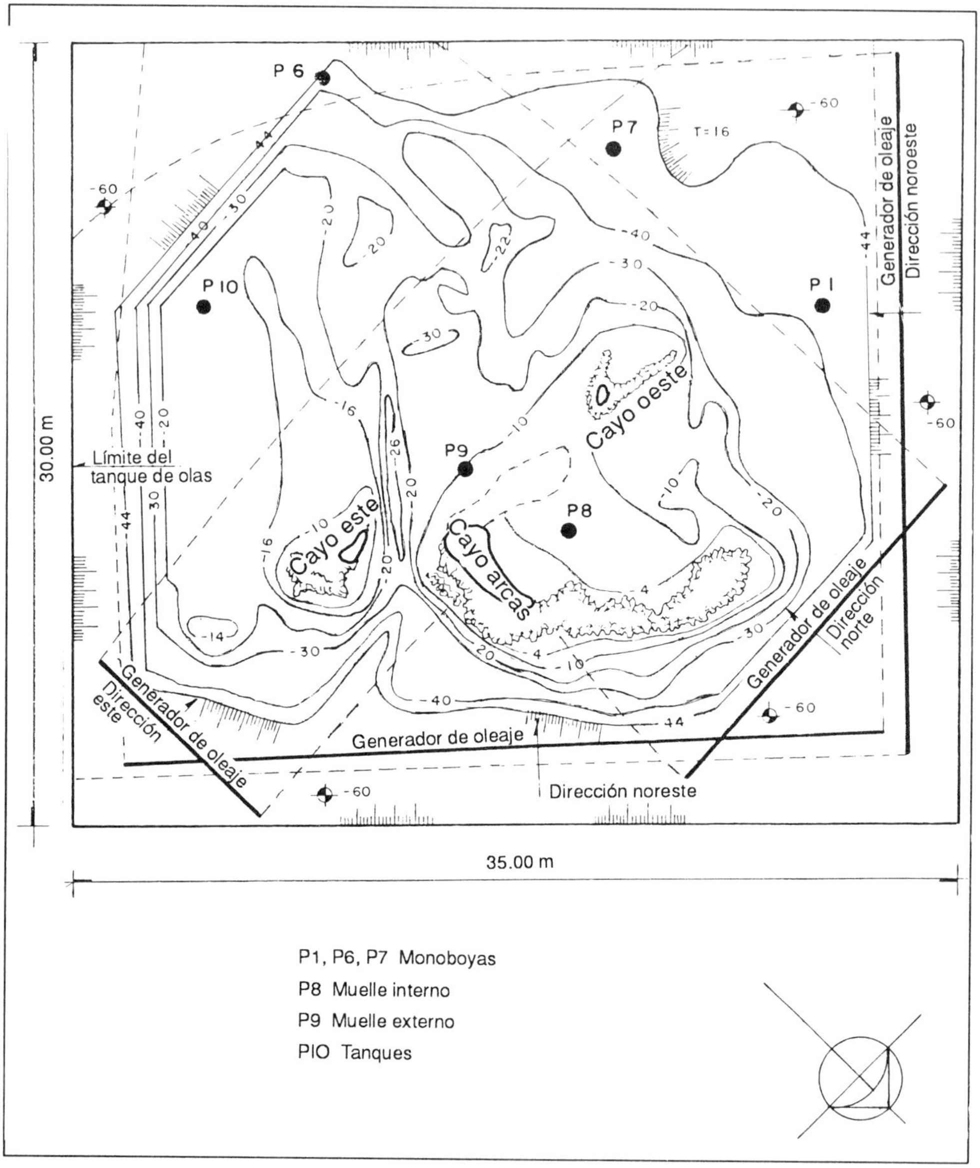

Figura 4.17 Arreglo general del modelo (LIH-ESIA-IPN)

olas fueron medidas con sensores de resistividad eléctrica y registradas por un *oscilógrafo* de cuatro canales y con un sistema de cómputo. Véase la figura 4.19.

Para realizar los ensayos se seleccionó el nivel de pleamar media para disminuir la fricción del fondo. La longitud del generador de oleaje para cada dirección se determinó en función de los diagramas de refracción, las alturas y

a) Muestra de la superficie del fondo del modelo con base de asfalto y pintura de aluminio

b) Detalle de la configuración de arrecifes con grava

Figura 4.18 Detalles de acabados del modelo de "Cayo Arcas", Camp. (LIH-ESIA-IPN)

a) Sensores de resistividad eléctrica

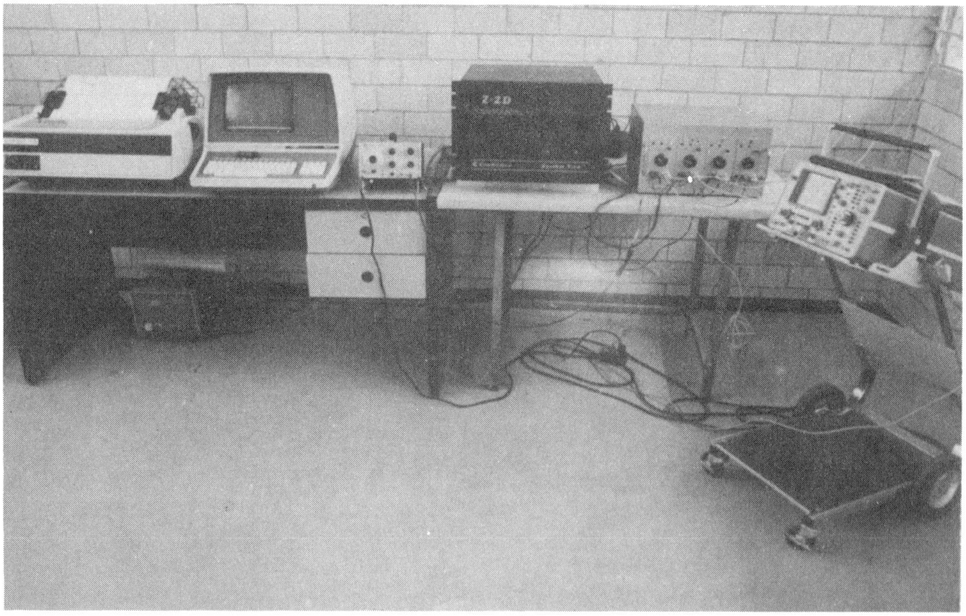

b) Equipo de medición y registro de oleaje

Figura 4.19 Equipo de mediciones y registro de oleaje

periodos para los ensayos fueron seleccionados de la información registrada de observaciones visuales, mediciones directas en la región (un año) y predicciones para condiciones extremas. En las tablas 4.4 y 4.5 se da un resumen.

TABLA 4.4 Régimen de oleaje. Fuentes: Glennn, S.S.M.O., O.A.N.A.O.

Oleaje reinante	Oleaje dominante	Altura de ola Máx. 6 (m)	Periodo de ola (s)	Periodo de observación
E > SE > E > NE	N > NW > E	4	4.5 - 10.4	Invierno
E > N > SE >	N > NE > NW	4	4.5 - 10.4	Primavera
NE > E > SE	NE > E > SE	4	4.5 - 10.4	Verano
N > NE > SE	N > NE > NW	4	4.5 - 10.4	Otoño

TABLA 4.5 Oleaje extremo, tomado de datos del Ocean Wave Statistics (LIH-ESIA-IPN).

Periodo de retorno (años)	Altura de ola (m)
1.0	4.0
10.0	5.6
100.0	7.1
1000.0	8.7

Después de calibrar el generador y la propagación del oleaje, así como los tiempos de estabilización por cambio de altura y periodo del oleaje (30 min y 15 min, respectivamente) se efectuaron los ensayos, haciendo mediciones en cada uno de los puntos correspondientes a las instalaciones y en una retícula que abarcó 80 puntos. En cada punto se midió la altura de ola máxima, mínima y media, para un registro de 50 olas, y se determinó el coeficiente de amortiguamiento respectivo. Este se define como la relación de la altura de ola medida en el punto (H_p), a la altura de la ola a la salida del generador, denominada altura de ola incidente (H_i).

Los valores de los coeficientes de amortiguamiento se registraron en forma semejante a la tabla 4.6 y la figura 4.20.

TABLA 4.6 Coeficiente de amortiguamiento en el punto No. 9.

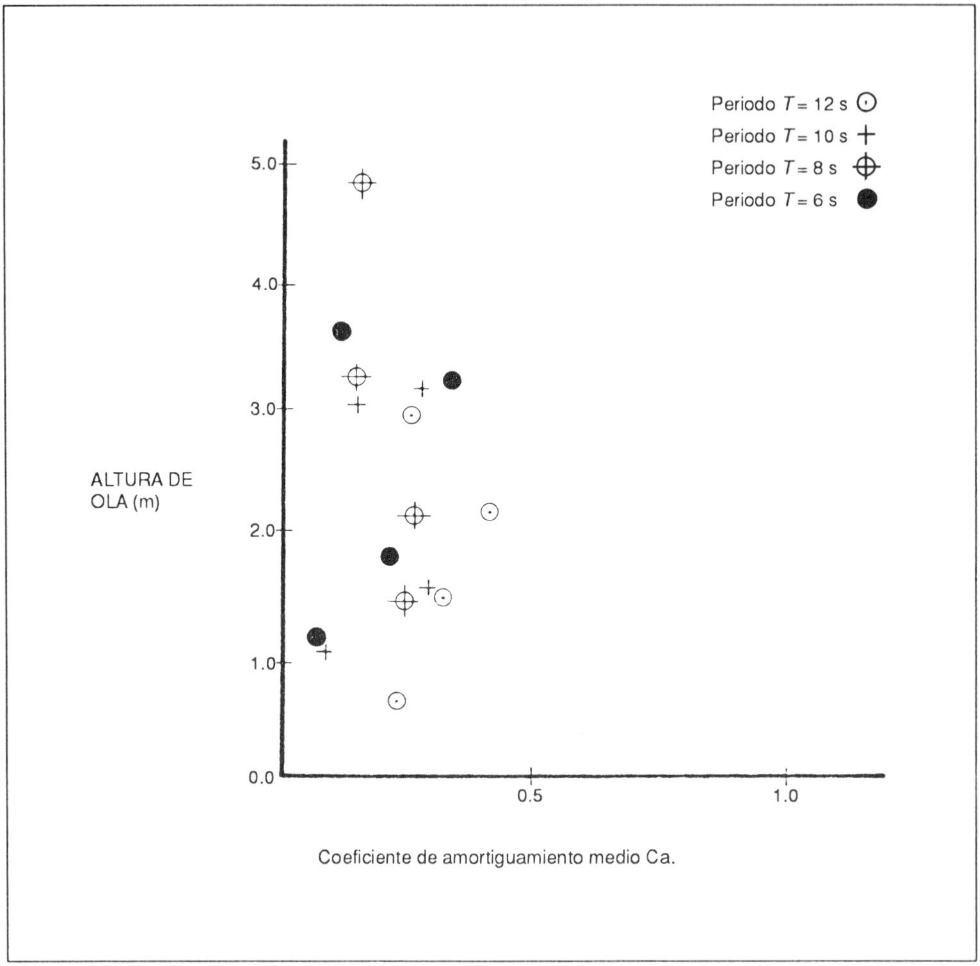

Resumiendo los valores medios de los coeficientes de amortiguamiento presentados en la tabla 4.7 y en gráficas semejantes a la figura 4.20, se concluyó lo siguiente: el punto más protegido para cualquier dirección es el P_8, a continuación el P_9 y el P_{10} (excepto para las direcciones Este), después el punto P_6 (excepto para las direcciones Este y Noroeste) y, finalmente, los puntos P_7 y P_1, (siendo mayor su protección para los oleajes de las direcciones Este y Noroeste),

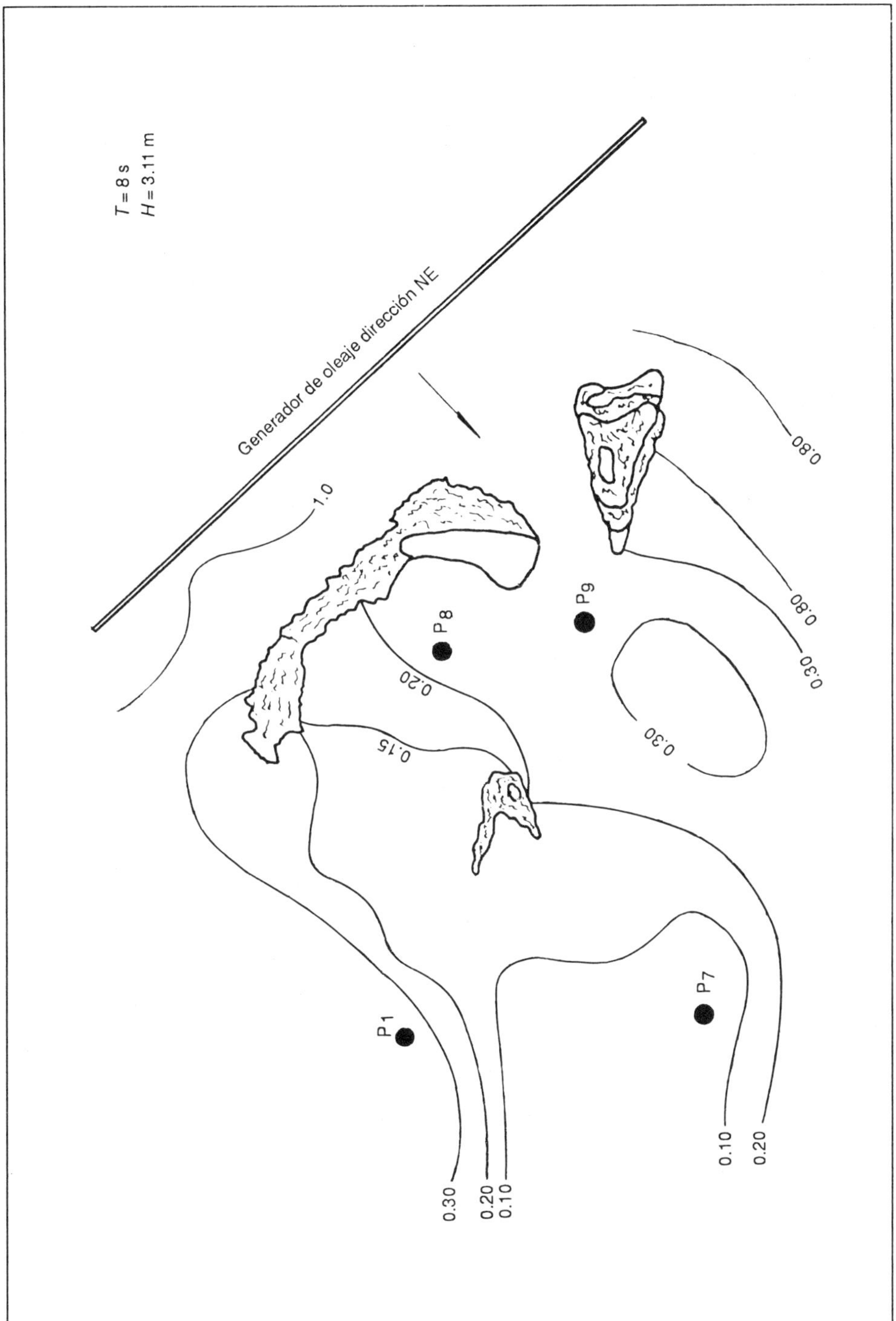

Figura 4.20 Curvas de igual coeficiente de amortiguamiento (LIH-ESIA-IPN)

TABLA 4.7 Resumen de coeficientes de amortiguamiento para direcciones, periodos y rangos de altura de ola. (LIH - ESIA - IPN).

RESUMEN DE COEFICIENTE DE AMORTIGUAMIENTO MEDIO
DIRECCION Y RANGOS DE ALTURA DE OLA (m)

PTO	Periodo T(s)	E		NE		N		NW	
		1.00 a 1.50	3.00 a 3.50	1.00 a 1.50	3.00 a 3.50	1.00 a 1.50	3.00 a 3.50	1.00 a 1.50	3.00 a 3.50
1	6	X	X	0.36	0.27	X	X	1.03	0.93
	8	X	X	0.85	0.44	X	X	1.04	0.83
	10	X	X	0.88	0.86	X	X	1.07	0.86
	12	X	X	0.49	0.37	X	X	1.30	1.12
6	6	X	X	. . . .	0.08	. . . .	0.18	X	X
	8	X	X	0.12	0.44	0.30	0.18	X	X
	10	X	X	0.42	0.98	0.19	0.16	X	X
	12	X	X	0.31	0.54	0.10	0.05	X	X
7	6	0.10	0.74	. . . .	0.05	X	X	0.92	0.85
	8	0.15	0.12	. . . .	0.13	X	X	0.96	0.86
	10	0.15	0.37	0.13	0.03	X	X	0.97	1.02
	12	0.16	0.17	0.43	0.21	X	X	0.90	0.91
8	6	X	X	. . . .	0.03	. . . .	0.20	0.16	0.46
	8	X	X	0.07	0.06	0.11	0.30	0.16	0.28
	10	X	X	0.12	0.67	0.20	0.30	0.16	0.34
	12	X	X	0.16	0.20	0.16	0.40	0.25	0.29
9	6	0.07	0.34	. . . .	0.13	-. . . .	0.12		
	8	0.25	0.15	0.16	0.27	0.09	0.24	0.13	0.23
	10	0.09	0.28	0.11	0.20	0.23	0.15	0.13	0.32
	12	0.02	0.26	0.12	0.14	0.14	0.11	0.44	0.44
10	6	X	X	0.08	0.58	. . . .	0.07	0.16	0.33
	8	X	X	0.10	0.13	0.15	0.39	0.17	0.51
	10	X	X	0.16	0.23	0.10	0.16	0.17	0.12
	12	X	X	0.26	0.52	0.10	0.19	0.20	0.24

. . . . = Oleaje no apreciable
X = Oleaje no medido

quedando expuestas a oleaje franco de las direcciones Norte y Noroeste. Es recomendable que el punto P_7 se cambie a la posición $x = 605\ 500$ y $y = 223\ 200$. En general, el amortiguamiento del oleaje que llega a los sitios de instalación procedentes del sector Este Noroeste, durante 208 días, permite la operación de las embarcaciones cuyo límite máximo de altura de ola es de 2.50 m.

BIBLIOGRAFIA

1. Cornejo V. S., *Optimización del Puerto Industrial El Ostión, Ver.* en el modelo de penetración del oleaje. XXI Congreso Nacional de Ingeniería CICM. México, 1983.
2. De Vries M., *Scale Models Hydraulic Engineering.* Delf University of Technology, 1977.
3. Garderet M., *Represéntation en modèle reduit du coefficient de réflexion des plages et taluds.* Repport T596. DHM - 1968 Laboratoire National d'hydraulique. Francia.
4. Gilbert G., Thompson D. M. y Brewer A. J., *Design Curves for regular and random waves generators.* Rep INT81. Hydraulic Research Station, Wallingford, Inglaterra, jun., 1970.
5. Kobus H., *Hydraulic Modeling.* Pitman Books Limited. Londres, 1980.
6. Novak P. y Cábelka J., *Models in Hydraulic Engineering.* Pitman Advanced Publishing Program. Londres, 1981.
7. Tradif M., *Profondeur d'implantation d'un volet batteur dans un modèle.* Laboratoire Central d'hydraulique de France. 1972.
8. U.S. Army Corps of Engineers, *Hydraulic Models Coastal Engineering Research Center.* Reporte especial no. 5, mayo, 1979.
9. Vergara S. M. A., Fragoso S. L. y Bonilla G. R., *Estudios experimentales de Cayo Arcas*, Camp. Rep. Int. LIH-12-02-HM. Laboratorio de Ingeniería Hidráulica ESIA, IPN. México, 1982.
10. Vergara S. M. A., *Notas del Curso de Modelos Hidráulicos.* Sección de Graduados e Investigación ESIA, IPN. México, 1983.

5

Modelos de oleaje con fondo móvil

5.1 INTRODUCCION

La evolución de una playa es el resultado de la interacción perpetua del mar sobre el material que la constituye *(sedimento),* lo que se traduce en erosión o acumulación de éste debido a las fuerzas hidrodinámicas generadas por las olas y corrientes. Si se equilibran, las playas son estables, es decir, estarían en equilibrio dinámico, lo que aparentemente indica que no existe arrastre del sedimento o que éste es permanente y uniforme. Sin embargo, la variación real de las características de las olas (altura, periodo, frecuencia y dirección) en régimen normal o de tormenta, así como la presencia de estructuras en la playa, rompen el equilibrio, lo cual se manifiesta en la modificación del perfil de la playa, véanse las figuras 5.1 y 5.2.

El movimiento, o transporte del sedimento, se clasifica en transversal y longitudinal. El primero generado por corrientes alternas de fondo, debido a velocidades orbitales que causan oscilaciones al sedimento cuando la velocidad de fricción en el fondo es superior a la velocidad crítica de arrastre del sedimiento. El movimiento de las partículas de agua hacia adelante y hacia atrás no siempre es compensado, dando por resultado un desplazamiento de la masa de agua, llamado *transporte de masa,* que cerca del fondo se propaga en la dirección del oleaje y transporta los sedimentos en la misma dirección. Estas dos acciones se manifiestan en la zona posterior de la rompiente, siendo el transporte de sedimentos por el fondo. El transporte en suspensión se concentra en la zona de rompientes y, cuando existen periodos de oleaje de tormenta, el sedimento es arrastrado hacia lo alto de la playa para luego ser devuelto por las corrientes de retorno y depositarlo en forma de barras, lo cual causa normalmente una regresión de la línea de playa. Un movimiento reversible se presenta cuando los periodos de

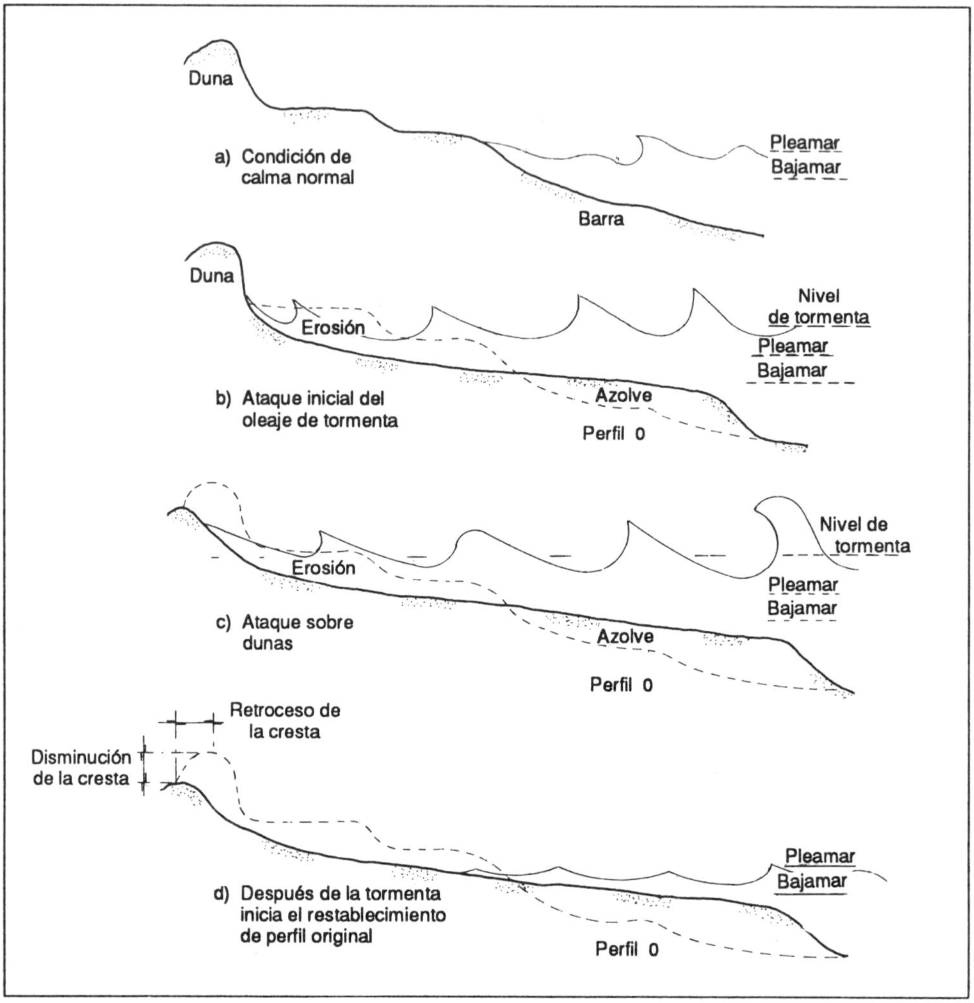

Figura 5.1 Evolución de un perfil de playa durante una tormenta

oleaje son de origen distante. El transporte longitudinal del sedimento ocurre debido a la acción del oleaje oblicuo generando una corriente paralela a la línea de playa, llamada corriente litoral. Esta abarca desde lo alto de la playa hasta un poco atrás de la zona de rompientes, arrastrando el sedimento por el fondo o manteniéndolo en suspensión. Parte del transporte longitudinal ocurre en lo alto de la playa, donde el agua asciende y regresa por la mayor pendiente, describiendo trayectorias en el transporte en forma de zigzag; véase la figura 5.3.

Mucho se ha escrito sobre el estudio de la mecánica del transporte de sedimentos que, en general, según Yalin, para el transporte por el fondo depende de las siguientes magnitudes: densidad ρ y viscosidad μ del fluido; diámetro (D), densidad ρ_s y peso específico sumergido γ_s' de las partículas del sedimento, (g) la aceleración debida a la gravedad, una longitud común y (u_*) la velocidad al corte, que de acuerdo al análisis dimensional sobre ellas en conjunto, se obtienen los siguientes parámetros:

$$\pi_A = F\ (u_*\ D/\upsilon,\ \rho^2\ u_*/\gamma_s'\ D,\ \rho_s/\rho,\ \ /D) \tag{5.1}$$

siendo el primer parámetro el número de Reynolds del tamaño del grano ($Re*$), el segundo el *parámetro de Shields,* también llamado *número de Froude* densimétrico ($Fr*$), ligados ambos a la velocidad del flujo U, a través de u_*.

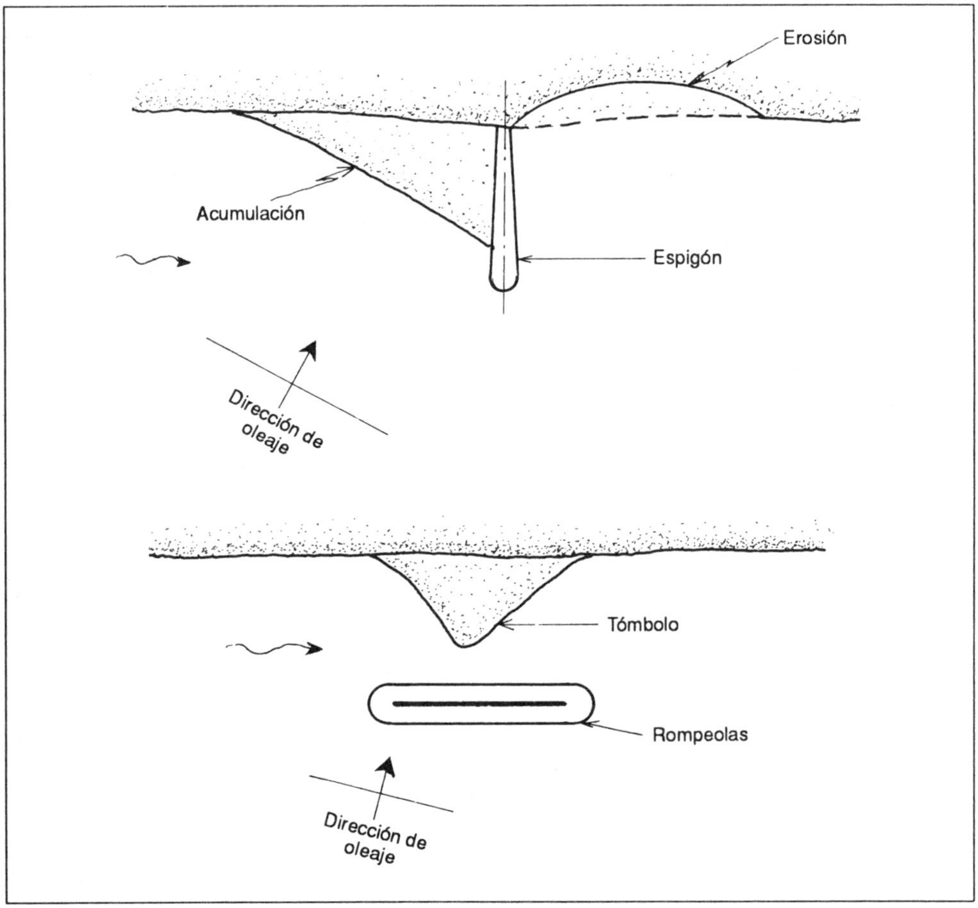

Figura 5.2 Evolución de la playa por presencia de estructuras

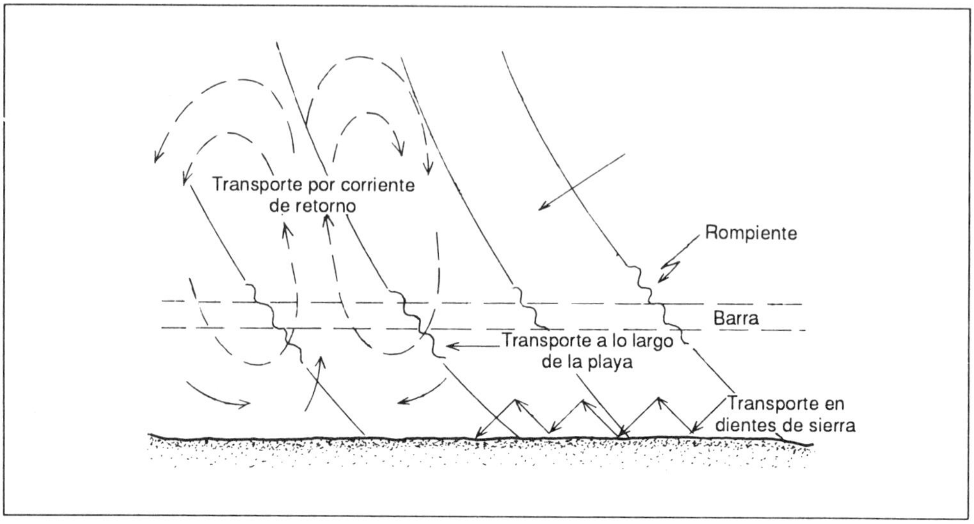

Figura 5.3 Transporte de sedimento por oleaje a lo largo de una playa

5.2 CONDICIONES DE SIMILITUD

Los modelos de evolución de playas deben reproducir los fenómenos hidrodinámicos y de sedimentación del prototipo; los primeros asociados a la propagación del oleaje y corrientes, y los segundos a la erosión, depósito y modo del transporte.

5.2.1 Similitud del Flujo

Para representar las características del oleaje en cuanto a su propagación en modelos con o sin distorsión, debe cumplirse con las condiciones de similitud planteadas en el inciso 4.2 y para el caso de corrientes, las anotadas en el inciso 6.2. La superposición de estas fases, oleaje y corriente, es tratada en general de dos formas; una, considerando las corrientes unidireccionales que se suma la acción principal del oleaje (Kamphuis, J. W.), la otra, supone que la acción principal son las corrientes unidireccionales y que es modificada por el oleaje (Le Méhauté B. y Bijker E. W.). En ambos casos se efectúa el ajuste de resultados por situaciones diferentes, tales como alturas, periodos, dirección y duración de las olas, intensidad de la corriente y otras.

Para la región fuera de la capa límite y la presencia de olas cortas, las escalas básicas son las obtenidas en los capítulos 4 y 6.

$$\left\{\begin{matrix} E_H = E_L = E_d = E_z = E_y \\ E_u = E_U = E_t = E_T = E_y^{1/2} \end{matrix}\right\} \qquad (5.2)$$

Para este caso, U corresponde a la velocidad del movimiento orbital de las partículas del agua, a la velocidad de transporte de masa, o a la velocidad de corriente litoral generadas por el oleaje, calculándose de la siguiente forma.

a) **Velocidad orbital.** La componente horizontal de la velocidad de una partícula de agua movida por la acción de las olas es

$$U = \frac{\pi H}{T} \frac{\cos h \; 2\pi \; (y + d)/L}{\operatorname{sen} h \; 2\pi d/L} \cos 2\pi \left(\frac{x}{L} - \frac{t}{T}\right) \tag{5.3}$$

relacionando esta ecuación con la figura 4.1, y calculando su valor máximo en el fondo ($y = -d$) que se presenta cuando $\cos 2\pi \left(\frac{x}{L} - \frac{t}{T}\right) = 1$, se tiene:

$$U_{\text{máx}} = \frac{\pi H}{T \operatorname{sen} h \; 2\pi d/L} \tag{5.4}$$

que es la velocidad que causa el movimiento del sedimento.

b) **Velocidad de transporte de masa.** Debido a que las trayectorias individuales de cada partícula del fluido en una ola no son estrictamente cerradas, se tiene un desplazamiento de dichas partículas en relación con el eje de referencia, lo cual es llamado transporte de masa, cuya velocidad (U) obtenida por Longuet-Higgins es:

$$\begin{aligned} \overline{U} = \frac{1}{4}\left(\frac{\pi H}{T}\right)\left(\frac{\pi H}{L}\right) \frac{1}{\operatorname{sen} h^2 \; 2\pi d/L} & \left\{ 2 \cos h \left[\frac{4\pi d}{L}\left(-\frac{y}{d} - 1\right)\right] + 3 + \right. \\ & + 2\pi \frac{d}{L}\left(3\frac{y^2}{d^2} + 4\frac{y}{d} + 1\right) \operatorname{sen} h \frac{4\pi d}{L} + \\ & \left. + 3\left(\frac{\operatorname{sen} h \; 4\pi d/L}{4\pi d/L} + \frac{3}{2}\right)\left(\frac{y^2}{d^2} - 1\right) \right\} \end{aligned} \tag{5.5}$$

c) **Velocidad de la corriente litoral.** El oleaje arribando con un ángulo α en una playa más o menos recta, genera una corriente en la zona de rompientes que pone en suspensión al material del fondo arrastrándolo a lo largo de la playa. El valor de la velocidad máxima (U_L) y que se acerca a observaciones de campo según Migniot, *C.* es:

$$U_L = K \left(\frac{g \; H_b \; S_p \operatorname{sen} 2\alpha}{T}\right)^{1/3} \tag{5.6}$$

siendo

H_b = la altura de la ola rompiente
S_p = la pendiente media del fondo, y
K = coeficiente adimensional e igual a 2.6.

5.2.2 Similitud del transporte de sedimento

Esta similitud debe tratarse en dos aspectos: el primero relativo al movimiento individual de los granos, como es el caso de velocidad de caída de las partículas en suspensión y el inicio de movimiento por el fondo; el segundo implica tomar en cuenta el movimiento de las partículas en su conjunto, como es el gasto sólido, haciendo notar que en ambos casos el sedimento a tratar es de material no cohesivo, del cual generalmente se constituyen las playas, con un intervalo estrecho de distribución granulométrica.

a) **Velocidad de caída.** Esta condición obliga a conservar las trayectorias de las partículas en suspensión, recorriendo distancias horizontales (x) y verticales (y) proporcionales a la velocidad media del flujo (U) y a la velocidad de caída (W), respectivamente. Véase la figura 5.4 de modo que

$$\frac{U}{x} = \frac{W}{y} \tag{5.7}$$

siendo

$$W = (\gamma' gD)^{1/2} f(\sqrt{\gamma' gD} \cdot D/\nu) \tag{5.8}$$

$\gamma' = (\gamma_s - \gamma)/\gamma$ = peso relativo aparente del sedimento
$\rho' = (\rho_s - \rho)/\rho$ = densidad relativa aparente del sedimento
γ_s = peso específico del sedimento
γ = peso específico del agua
D = diámetro del sedimento

Si el número de Reynolds de caída $Re_w = WD/\nu < 0.1$, se obtiene la ecuación de Stokes que se expresa como

$$W = \frac{g\gamma' D^2}{18\,\nu} \tag{5.9}$$

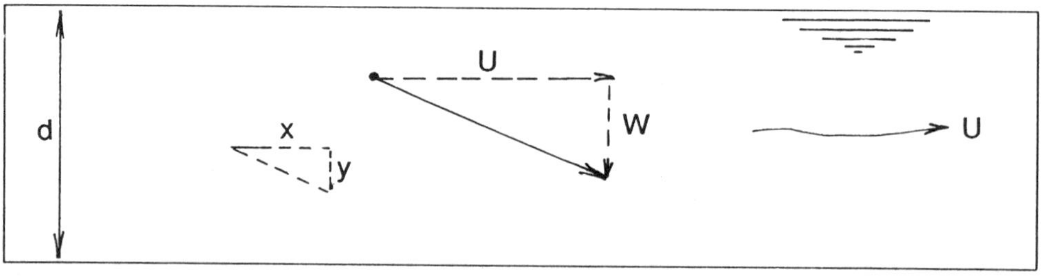

Figura 5.4 Velocidad de caída del sedimento

Normalmente el sedimento del prototipo y del modelo tienen una velocidad de caída alta, de tal modo que en este caso se tiene $Re_w > 0.1$, siendo el intervalo usual $10 \leq Re_w \leq 400$, puesto que en la zona de rompiente resulta el flujo muy turbulento. Sin embargo, dada la dificultad de establecer un valor confiable de W en esta zona, se recomienda mucha reserva en el empleo de la ecuación 5.9, de la cual se obtiene

$$E_W = E_D^2 \ E_{\gamma'} \tag{5.10}$$

Si $E_x = E_y$, y $E_{\gamma'} = 1$, y tomando en cuenta la similitud hidrodinámica y la ecuación 5.9 resulta que

$$E_W = E_U = E_x^{1/2} = E_y^{1/2} \tag{5.11}$$

por tanto, de la ecuación 5.10 se deduce que

$$E_D = E_x^{1/4} \tag{5.12}$$

en caso contrario, si $E_D = 1$, y manteniendo $E_x = E_y$

$$E_{\gamma'} = E_x^{1/2} \tag{5.13}$$

Ahora, si $E_x \neq E_y$, y $E_{\gamma'} = 1$, de la ecuación 5.10 se obtiene

$$E_D = E_W^{1/2} = E_y^{3/4} \ E_x^{1/2} \tag{5.14}$$

ya que de la ecuación 5.7, $E_w = E_y^{3/2} \ E_x^{-1}$ **(5.15)**

en caso contrario, si $E_D = 1$, y manteniendo $E_x \neq E_y$

$$E_{\gamma'} = E_y^{3/2} \ E_x^{-1} \tag{5.16}$$

Ahora, si se mantiene $E_x \neq E_y$ y se pretendiera emplear el mismo material del prototipo ($E_D = 1$, $E_{\gamma'} = 1$), de la ecuación 5.14 se deduce que

$$\left.\begin{aligned} E_x &= E_y^{3/2} \\ \Delta &= E_y^{1/2} \end{aligned}\right\} \tag{5.17}$$

finalmente, si $E_D \neq 1$ y $E_{\gamma'} \neq 1$, se obtiene que

$$E_D = \left(E_y^{3/2} \ E_x^{-1} \ E_{\gamma'}^{-1}\right)^{1/2} \tag{5.18}$$

b) Inicio de movimiento del sedimento. La ecuación 5.1 indica los parámetros principales que intervienen en la mecánica del transporte individual del sedimento por el fondo bajo una corriente permanente, de la cual se puede deducir que si $E_\upsilon = E_\rho = 1$; entonces se debe cumplir estrictamente la siguiente igualdad

$$E_{Re*} = E_{Fr*} = E_{\rho_s/\rho} = E_{/D} = 1 \tag{5.19}$$

siendo esta condición imposible de satisfacer, ya que al emplear fluidos y sedimentos iguales en el modelo y el prototipo los regímenes hidráulicos y factores de fricción no tienen la escala adecuada. Probablemente la similitud del inicio de arrastre del sedimento para las condiciones anteriores sea correcta para zonas alejadas a la rompiente, pero no así para el transporte litoral a lo largo de la playa, producto de las corrientes generadas por el oleaje rompiente; las condiciones hidráulicas en estas regiones son totalmente diferentes debido a la turbulencia creada por el rompimiento del oleaje y corrientes generadas.
De lo anterior se obtienen distintos criterios que establecen numerosas combinaciones de similitud a partir de la ecuación 5.19.

b.1) Criterio de Fan y Le Méhauté. De acuerdo a los principios de Shields, este criterio establece que la Ley del inicio de movimiento del sedimento, causado por las corrientes de oleaje y mareas, se define por la siguiente relación

$$Fr* = f(Re*) \tag{5.20}$$

y que para condiciones de gran turbulencia ($Re* > 500$), como es en la zona de rompientes y sin presencia de rizos, la velocidad al corte resulta ser en términos del coeficiente de fricción (f) de Darcy, como

$$u_* = f^{1/2}\, U \tag{5.21}$$

siendo $f = 8g/C^2$, y C el coeficiente de Chezy.
Si la condición de similitud es $E_{Fr*} = E_{Re*} = 1$ y considerando que $\upsilon_p = \upsilon_m$, se obtiene

$$\left.\begin{aligned} E_{u_*} &= E_D^{-1} \\ E_{u_*} &= \left(E_\gamma ' \, E_D\right)^{1/2} \end{aligned}\right\} \tag{5.22}$$

por tanto, $$E_D = E_{\gamma '}^{-1/3} \tag{5.23}$$

Por otra parte, de la ecuación 5.21 se obtiene

$$E_{u_*} = E_y^{1/2}\, E_f^{1/2} \tag{5.24}$$

siendo

$$E_f = E_C^{-2} = E_y\, E_x^{-1} \tag{5.25}$$

que al sustituir en las ecuaciones 5.22 resulta

$$E_D = E_y^{-1} = E_x^{1/2} \tag{5.26}$$

y

$$E_{\gamma'} = E_y^3 \; E_x^{3/2} \tag{5.27}$$

Si se empleara en el modelo el mismo material que se emplea en el prototipo ($E_{\gamma'} = 1$ y $E_D = 1$), de las ecuaciones 5.26 y 5.27

$$\left.\begin{aligned} E_x &= E_y^2 \\ \Delta &= E_y \end{aligned}\right\} \tag{5.28}$$

b.2) Criterio de Valembois Tomando en consideración la ecuación 5.9, el valor del número de Reynolds de caída resulta ser

$$Re_w = \gamma' g D^3 / 18 \; \upsilon^2 = \frac{1}{18} \; D_*^3 \tag{5.29}$$

llamando a D_* como el diámetro sedimentológico, e igual a

$$D_* = (\gamma' g / \upsilon^2)^{1/3} \; D \tag{5.30}$$

De resultados experimentales se obtiene la relación

$$D_* = 2.5 \; Re_*^{4/5} \tag{5.31}$$

para $\qquad R_{e_*} > 12$

Por tanto, puede generalizarse que $D_* = f(R_{e*})$, y si se admite que los valores de D_*, R_{e*} y R_{e_w} son los mismos en el modelo y en el prototipo, se encuentra que

$$\left.\begin{aligned} &\text{a)} \quad E_{\gamma'}^{1/3} \; E_D = 1 \\ &\text{b)} \quad E_{u_*} \; E_D = 1 \\ &\text{c)} \quad E_D \; E_W = 1 \end{aligned}\right\} \tag{5.32}$$

Considerando que el rompimiento del oleaje debe ser semejante en puntos homólogos del modelo y del prototipo y que la relación de esbeltez (H/L) es un parámetro fundamental de este fenómeno, la escala de alturas (H) debe ser igual a la escala de longitudes de ola (L).
Empleando u_* en función de la ecuación 5.4, cuyo valor es

$$u_* = \left(\frac{8\upsilon \; V_{\text{máx}}^2}{\pi T} \right)^{1/4} \tag{5.33}$$

considerando la distorsión geométrica del modelo (Δ), se obtiene que

$$E_{u_*} = E_y^{1/8} \tag{5.34}$$

por tanto, de la ecuación 5.32b

$$E_D = E_y^{-1/8} \tag{5.35}$$

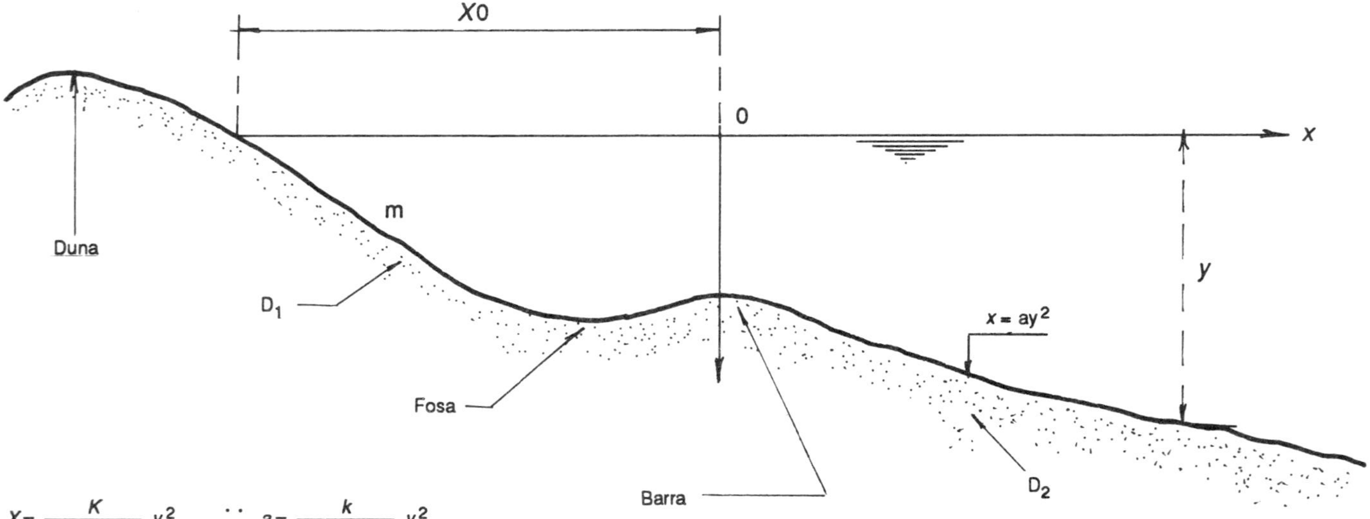

$$X = \frac{K}{\rho_1^{1/2} D_2 H^{3/2}} y^2 \qquad \therefore \quad a = \frac{k}{\rho_1^{1/2} D_2 H^{3/2}} y^2$$

si X y H son en m y D en mm el valor de $k = 0.95$

$$X0 = \frac{A_1}{\rho_1^{1/2} D_1^{1/2}} H^{3/2}; \quad A_1 = 75 \text{ para perfil con barra.}$$

$$H = 0.06\ \rho_1^{1/2} D_1^{1/2}\, Tc; \quad m \approx \frac{2}{A_1}\left(\frac{\rho_1 D_1}{H}\right)^{1/2}, \text{ si } \frac{H}{\rho_1 D} > 0.8$$

Para $\rho_1 = 1.82$: $D_1 = 0.3$ mm $D_2 = 0.15$ mm y $m \approx 3\%$

resulta que: $H = 0.45$ m; $Tc = 9.5$ s y $X0$ 30.6 m

si $T > Tc$, al perfil es con barra. Si $T < Tc$, el perfil sin barra.

Figura 5.5 Perfil de equilibrio

y de la ecuación 5.32a

$$E_{\gamma'} = E_y^{3/8}$$

Ahora, sustituyendo la ecuación 5.15 en la ecuación 5.32c y ésta en la ecuación 5.35 se deduce que

$$E_x = E_y^{11/8} \tag{5.36}$$

y

$$\Delta = \frac{E_x}{E_y} = E_{\gamma'} = E_y^{3/8} \tag{5.37}$$

b.3) Criterio de Yalin De la ecuación 5.1, haciendo $E_{Fr*} = 1$, $E_{Re*} = 1$, y considerando la distorsión geométrica Δ, las escalas obtenidas son:

$$E_D = E_y^{3/4}\ E_x^{1/2}$$

y (5.38)

$$E_{\gamma'} = E_D^{-3}$$

c) Perfíles de equilibrio

c.1) Criterio de J. Larras La acción de un oleaje con características permanentes sobre una playa arenosa y pendiente original S_0, produce un perfil como el mostrado en la figura 5.5, llamado *perfil de equilibrio.*
J. Larras propone un perfil de equilibrio medio de tipo parabólico, cuya ecuación es adimensional de forma

$$\frac{y}{L_0} = K\left(\frac{x}{L_0}\right)^m \tag{5.39}$$

siendo $K = \dfrac{H_0}{L_0} + 0.039\ \dfrac{D^{1/2}}{(\gamma')^{1/3}}$ (adimensional)

$m = 11.5\ \dfrac{H_0}{L_0} + 0.075$ (adimensional)

como K y m son adimensionales, implica que las escalas de H_0 y L_0 deben ser iguales, condición que se satisface de acuerdo al inciso 4.2; por tanto, de $E_k = 1$, resulta que

$$E_D = (E\gamma_s')^{2/3} \tag{5.40}$$

c.2) Criterio de Noda De estudios experimentales llevados a cabo por Noda, de un amplio rango de condiciones de oleaje y materiales en la zona de rompientes, para determinar la ley de similitud que relacione el modelo y prototipo para producir perfiles de equilibrio idénticos, determinó que para el mismo material empleado en el modelo y el prototipo

($E_D = 1$, $E_{\gamma'} = 1$), no es posible la moderación respectiva; sin embargo, para materiales diferentes, la ley de modelación de perfiles de equilibrio la describe

$$E_D = f_1\ (E_x,\ E_y) = E_x^a\ E_y^b \qquad (5.41)$$
$$E_{\gamma'} = f_2\ (E_x,\ E_y) = E_x^c\ E_y^d$$

siendo *a, b, c, d,* constantes determinadas experimentalmente, resultando por último que

$$E_D = E_y^{0.55}\ E_{\gamma'}^{-1.85}$$

y (5.42)

$$E_{\gamma'}^{0.386} = E^{1.32}\ E^{-1}$$

La gráfica de las ecuaciones para materiales de diferentes pesos específicos y escalas se muestran en la figura 5.6.

d) Funciones de transporte La cantidad de material sólido transportado a lo largo, y en lo alto de la playa bajo la acción del oleaje, se obtiene mediante relaciones aproximadas como las siguientes:

$$\frac{q_s}{u_*(u_*^2/g)} = f\ (Re*,\ Fr*,\ \sigma_D) \qquad (5.43)$$

$$Q_s = f(E, \gamma_s, D,) \qquad (5.44)$$

La ecuación 5.43 que representa el volumen de sedimento transportado por unidad de ancho y por unidad de tiempo se expresa en función del parámetro de inicio de movimiento del propio sedimento y de la distribución del diámetro D de los granos del mismo, mediante la desviación estandar σ_D.
Por otra parte, la ecuación 5.44 representa el volumen total de sedimento transportado por unidad de tiempo en función de la energía del oleaje E, que actúa sobre el sedimento de peso específico γs y del diámetro D y que, de acuerdo al criterio del Laboratorio Central de Hidráulica de Francia, se expresa de la siguiente forma:

$$Q_s = \left(\frac{Kg}{\gamma_o}\right) H^2\ T f(\alpha) \qquad (5.45)$$

Siendo T el periodo de la ola, H su altura, $f(\alpha)$ la función de su ángulo α de incidencia con respecto a la línea de rompimiento e igual a sen, $2\alpha \cdot \gamma_0$ relación de esbeltez de la ola y K constante igual a 3×10^{-6} para arenas de 0.2 mm de diámetro, de 4.5×10^{-6} para arenas de 0.3 mm de diámetro y de $1.8 \times 10^{-6}\ D^{-1/2}$ para arenas de diámetro medio D mayor a 0.3 mm. Para materiales de densidad 1.25 y 1.40, K resulta ser 55 y 27 veces, aproximadamente, mayor que para la arena, respectivamente.

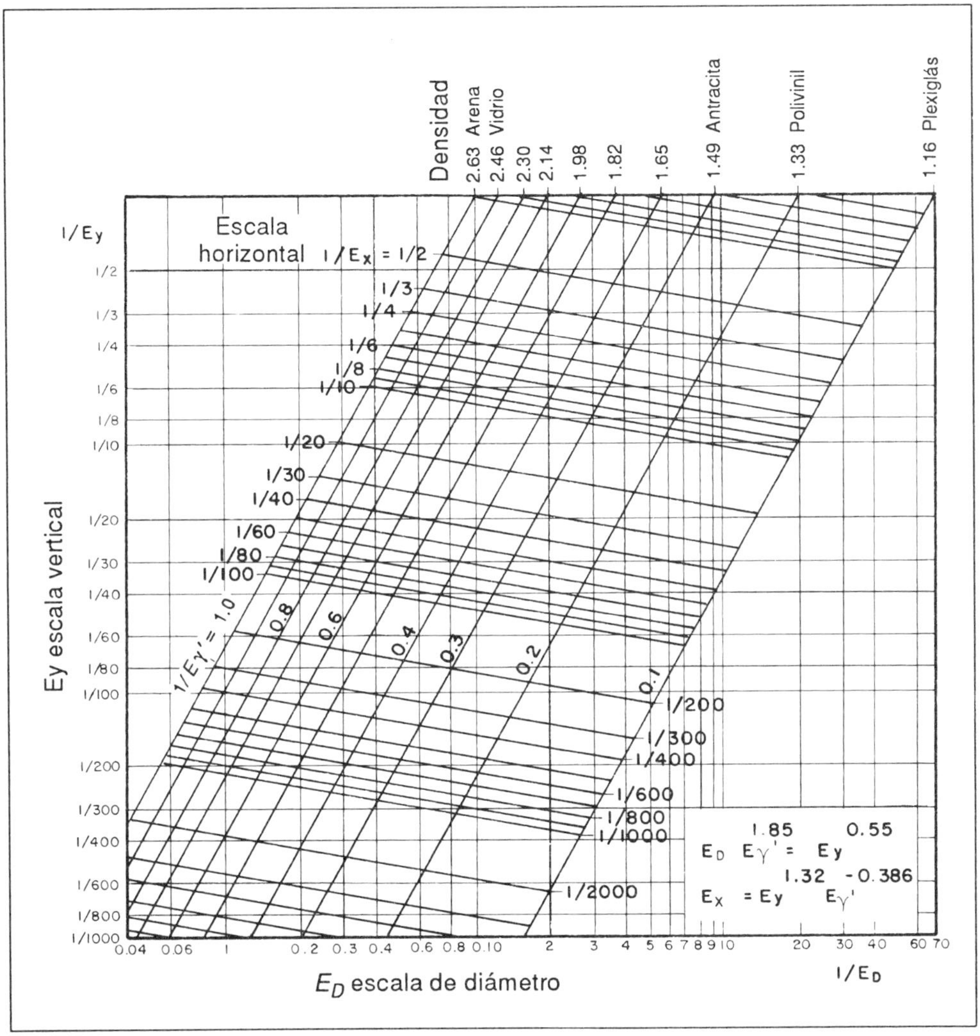

Figura 5.6 Escalas para modelos de fondo móvil (Noda 1972)

En un modelo de fondo móvil es interesante representar los mismos cambios del fondo ocurridos en el prototipo bajo la acción del oleaje, mismo que son función de la magnitud de qs o Q_s. El tiempo transcurrido en lograrse tales cambios se llama *tiempo sedimentológico*, t_s, cuya relación entre el modelo y el prototipo da como resultado la escala de tiempos sedimentológicos E_{t_s}, la cual resulta diferente a la escala de tiempos hidráulicos E_t y que, en forma más exacta, puede ser determinada experimentalmente. Analíticamente puede determinarse de cualquiera de las ecuaciones de transporte de sedimento, resultando ser una relación entre el volumen total arrastrado (V) y el gasto de sólidos (Q_s) ; según C. Migniot resulta

$$E_{t_s} = \frac{E_V}{E_{Q_s}} = \frac{E_x^2\ E_y}{E_{Q_s}} \tag{5.46}$$

Y aplicando la ecuación 5.45, se transforma en

$$E_{t_s} = (Ex/Ey)^2\ E_y^{1/2}\ E_k^{-1} \tag{5.47}$$

Siendo el valor Ek de 0.03 a 0.04 cuando en el modelo se utiliza plástico de densidad 1.4, y de 0.016 a 0.02 cuando se usa material de densidad 1.25.

Por otra parte, B. Le Méhauté obtiene

$$E_{t_s} = (E_x^2\ E_y^{-3/2}\ E_D^{-1}\ E_\gamma^{1/2} \tag{5.48}$$

Habiendo considerado la ecuación de Q_s obtenida por Savage R. P.

5.3 SELECCION DE ESCALAS

Puesto que en general los modelos de fondo móvil se construyen para investigar los cambios del fondo durante un largo periodo, a veces hay incompatibilidad entre la similitud hidráulica y morfológica, debido a que para condiciones de flujo lento la velocidad obtenida con la condición de similitud de Froude puede ser insuficiente para mover el material, lo cual obligaría a establecer distorsiones de escala grandes que, a su vez, generarían efectos de escala incontrolables.

Aunado a lo anterior y a la imposibilidad de representar todos los factores que intervienen en el proceso del movimiento de sedimentos, es recomendable seleccionar en primera instancia el criterio de similitud sedimentológico en función de los más representativos, y las necesidades de similitud hidráulica pueden ser secundarias, cuya influencia deberá ser adaptada mediante experimentos en canal de olas, previos a la selección final de las escalas. Estos ensayos tienden a reproducir dichas características dominantes del transporte, usando diferentes escalas y materiales. Véase estos criterios en la tabla 5.1.

Las escalas E_x más comunes, están comprendidas entre 1:100 y 1:250 con distorsión de 2 a 5. Se ha comprobado que el peso específico γ_s de los materiales que proporcionan los mejores resultados están entre 1.2 y 1.6 ton/m^3. Estos pueden ser poliestireno, plexiglás, carbón, polivinil, baquelita, antracita, entre otros. Para mayores valores de γ_s, pueden ser ladrillo rojo, piedra pómez, vidrio y arena. La utilización de material más pesado, cercano o igual al peso específico de la arena, se recomienda cuando es necesario reproducir la rugosidad del fondo, pues, con arena se producen rizos con facilidad. Cabe mencionar que cuando la granulometría del sedimento es prácticamente uniforme, el único diámetro a emplear es D_{50}. Si la granulometría es extendida deberán seleccionarse diferentes

TABLA 5.1 Criterios de similitud para modelos de fondo móvil con olas

Fenómeno	Criterio de:	Escalas básicas	Condiciones	Similitud
Hidrodinámico	Froude	$E_H = E_L = E_z = E_y$ $E_u = E_U = E_t = E_T = E_y^{1/2}$	$E_x \neq E_y$	Flujo turbulento
	Reynolds		Re > 500 a 2000	
SEDIMENTOLOGICO	Conservación de trayectorias	$E_W = E_y^{1/2}$; $E_D = E_x^{1/2}$	$E_x = E_y$; $E_{\gamma'} = 1$	Velocidades de caída
		$E_{\gamma'} = E_x^{1/2}$	$E_x = E_y$; $E_D = 1$	
		$E_W = E_y^{3/2} E_x^{-1}$ $E_D = E_y^{3/4} E_x^{1/2}$	$E_x \neq E_y$; $E_{\gamma'} = 1$	
		$E_{\gamma'} = E_y^{3/2} E_x^{-1}$	$E_x \neq E_y$; $E_D = 1$	
		$E_x = E_y^{3/2}$; $\Delta = E_y^{1/2}$	$E_x \neq E_y$; $E_{\gamma'} = 1$; $E_D = 1$	
		$E_D = (E_y^{3/2} E_x^{-1} E_{\gamma'}^{-1})^{1/2}$	$E_x \neq E_y$; $E_{\gamma'} \neq 1$; $E_D \neq 1$	
	Fan y Le Méhauté	$E_D = E_y^{-1} E_x^{1/2}$ $E_{\gamma'} = E_y^{3} E_x^{-3/2}$	$E_x \neq E_y$; $E_{f_{r*}} = E_{R_{e*}}$ $Re* > 500$	Inicio del movimiento del sedimento
		$E_x = E_y^2$; $\Delta = E_y$	$E_{\gamma'} = 1$; $E_D = 1$	
	Valembois	$E_{\gamma'} = E_D^{-3}$; $E_D = E_w^{-1}$ $E_D = E_y^{-1/8}$; $E_x = E_y^{11/8}$ $E_{\gamma'} = E_y^{3/8} = \Delta$	$E_{D_*} = 1$; $E_{R_{e*}} = 1$ $E_{Re_w} = 1$; $E_x \neq E_y$	Conservación de régimen del grano
	Yalin	$E_D = E_y^{3/4} E_x^{1/2}$ $E_{\gamma'} = E_D^{-3}$	$E_{Fr*} = 1$; $E_{Re*} = 1$ $E_x \neq E_y$	Análisis dimensional
	Noda	$E_D = E_y^{0.55} E_{\gamma'}^{-1.85}$ $E_{\gamma'}^{0.386} = E_y^{1.32} E_x^{-1}$	$E_x \neq E_y$	Perfiles de equilibrio
	J. Larras	$E_D = E_{\gamma'}^{2/3}$	$E_x = E_y$; $E_k = 1$	
	C. Migniot	$E_{t_s} = E_x^2 E_y E_{Q_s}^{-1}$	$E_K = .03$ a $.04$; $\rho_s = 1.4$ $E_K = .16$ a $.02$; $\rho_s = 1.25$ $E_x \neq E_y$	Gasto sólido
	Le Méhauté	$E_{t_s} = E_x^2 E_y^{-3/2} E_D^{-1} E_{\gamma'}^{1/2}$	$E_x \neq E_y$	

diámetros medios, cada uno representativo de las secciones en que se divida la curva granulométrica; a su vez, cada uno de estos diámetros deberán reproducirse a escala en el modelo.

5.4 FRONTERAS DEL MODELO

Independientemente de las recomendaciones planteadas en el inciso 4.4, y que deben tomarse en cuenta para estos modelos, es necesario garantizar que el transporte de sedimento en la zona de interés se reproduzca adecuadamente; por lo que se recomienda que el frente marítimo a representar sea lo suficientemente grande que incluya las zonas de alimentación artificial del sedimento (manualmecánico), la de establecimiento del transporte del mismo, la correspondiente a la de interés del estudio, la de recuperación del material y la zona de amortiguamiento del oleaje reflejado y de corrientes generales paralelas a las fronteras, figura 5.7.

Con relación al oleaje reflejado parásito sobre las fronteras y sobre el generador del oleaje, se recomienda construir los filtros y taludes de grava o tezontle indicados en el inciso 4.5. Por lo que respecta a la circulación generada, se recomienda la adaptación de canales de retorno paralelos a la frontera.

a) Zonificación de un modelo de fondo móvil

b) Instalaciones

Hacia el lado del mar, el límite de la profundiad (d) hasta donde se estima que el sedimento pueda moverse por la acción del oleaje se recomienda emplear la ecuación de Jean Goddet.

$$d = \frac{g}{4\pi} \frac{\pi H}{(27 \gamma_s'^{4/3} D^{1/2} T^{11/4} + \pi^2 H^2)^{1/2}} \cdot$$

$$\cdot \text{ Arc Sen } h \frac{\pi H}{27 \gamma'^{2/3} D^{1/4} T^{11/8}} \qquad \textbf{(5.49)}$$

siendo

d = la profundidad de inicio de movimiento del sedimento en cm
H = la altura de las olas en cm
T = periodo de las olas en s
D = diámetro del sedimento en mm

En lo que respecta al espesor de la capa de sedimento, ésta debe ser lo suficientemente grande asegurando que, por efecto de la erosión, no quede al descubierto la base de sustentación de dicho material. En general, tomando en cuenta el intervalo de las escalas, dicho espesor será como mínimo 10 cm en la de mayor actividad y 3 cm en la de menor actividad.

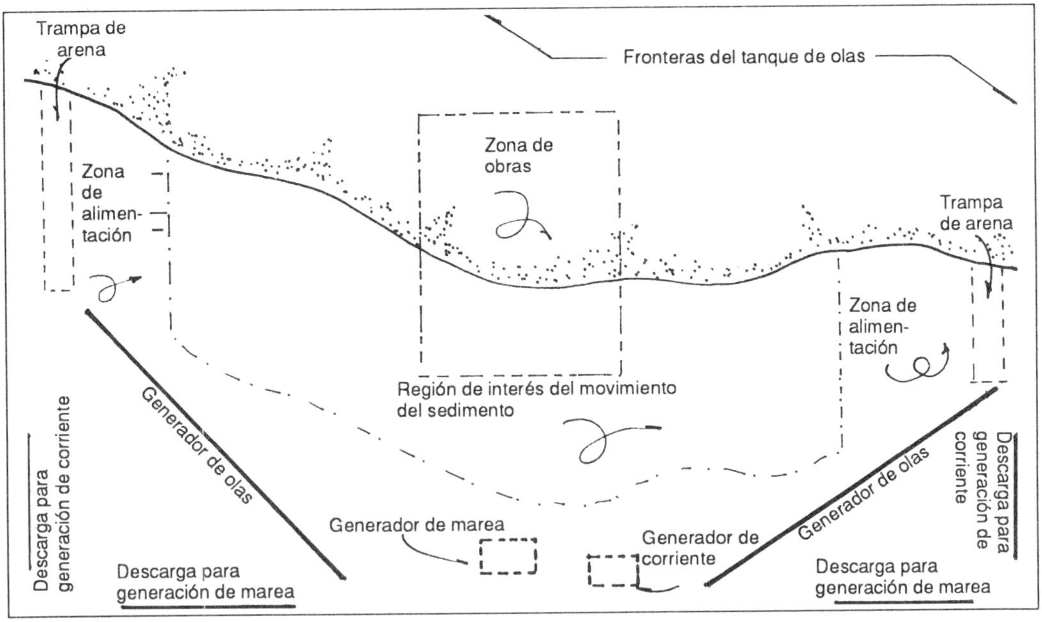

a) Zonificación de un modelo de fondo móvil

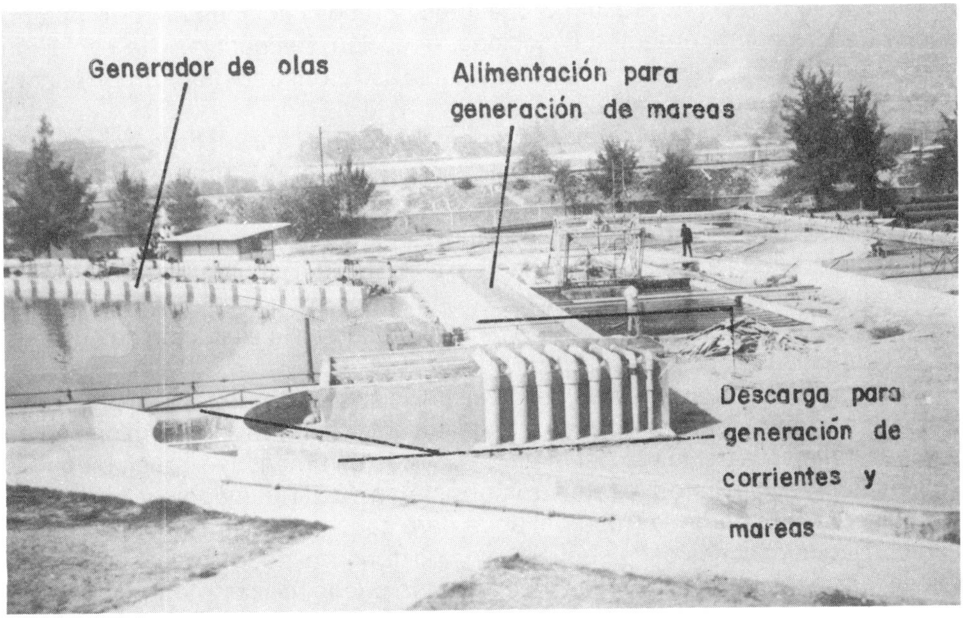

b) Instalaciones.

Figura 5.7 Zonificación e instalación de un modelo de fondo móvil

5.5 CONSTRUCCION

Para este caso deben tomarse en cuenta las recomendaciones generales para la construcción de modelos presentados en los incisos 4.7 y 6.3.4, sin embargo, es necesario observar que la zona de fondo móvil podrá construirse de dos formas: la primera, constituida de una plantilla de concreto horizontal bien nivelada, sobre la cual se debe colocar un *escantillón* o *tarrajas* de láminas metálicas (removibles) o, de alambre, que representen los perfiles transversales de la playa de acuerdo a la batimetría por representar, figuras 5.8 y 5.9, sobre las cuales se vierte el material móvil (sedimento), que con una regla apoyada sobre los mismos se da la configuración respectiva. Después de un ensayo, y para restituir la batimetría, se instalan nuevamente los perfiles y se procede como se señaló antes. La segunda forma consiste en construir el modelo de fondo fijo, sólo que la batimetría se encontraría desplazada una profundidad z (espesor de la capa de sedimento) sobre la cual se deposita el material móvil. Con un escatillón tipo rastrillo que se desplaza perpendicular a la playa se conforma la misma batimetría.

5.6 ENSAYOS

La necesidad de reproducir las condiciones actuales de erosión y sedimentación en la zona de estudio, implica efectuar ensayos para verificar (calibrar) el modelo, mismos que deben fundamentarse en la información de campo. Esta abarca: oleaje normal (dirección, frecuencia, alturas, y modificaciones en su propagación) y de tormenta; corrientes (velocidad, dirección, frecuencia) y la evolución histórica del fondo (erosión, acumulación, arrastre del sedimento) correspondiente al mayor periodo posible.

De acuerdo a las características predominantes de oleaje, corrientes, del sedimento y levantamiento batimétrico seleccionados a representar, se calibrará el modelo basado en los cambios importantes del fondo, obteniendo los tiempos de acción de los generadores de oleaje, alturas y periodos, variación del nivel del mar, magnitud y dirección de las corrientes, así como del volumen de material alimentado, su periodicidad y distribución.

Una vez lograda la fase de verificación, se procede a la ejecución de ensayos sobre alternativas específicas.

Para medir las características del oleaje, niveles y corrientes, se emplean *olózgrafos, limnímetros* y *micromolinetes,* respectivamente. Para la determinación de la nueva batimetría del fondo del modelo después de un ensayo, se emplean los siguientes procedimientos: el primero consiste en vaciar el modelo y colocar un hilo blanco a lo largo de la traza del agua para cada nivel (los cambios de nivel se recomienda hacerlos cada centímetro) y, posteriormente, mediante coordenadas de las trazas reproducir éstas en planos (se puede utilizar fotografía). La segunda forma o procedimiento es emplear perfiladores automáticos de tipo óptico, acústico, eléctrico o láser que registran la información y la procesan automáticamente, figura 5.10.

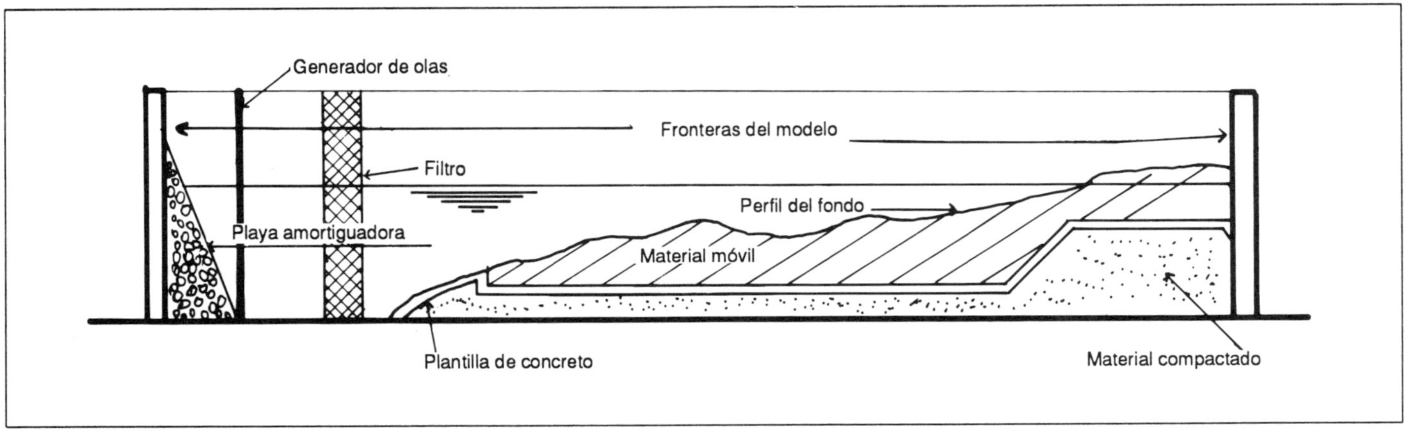

Figura 5.8 Construcción de un modelo de fondo móvil con escantillón

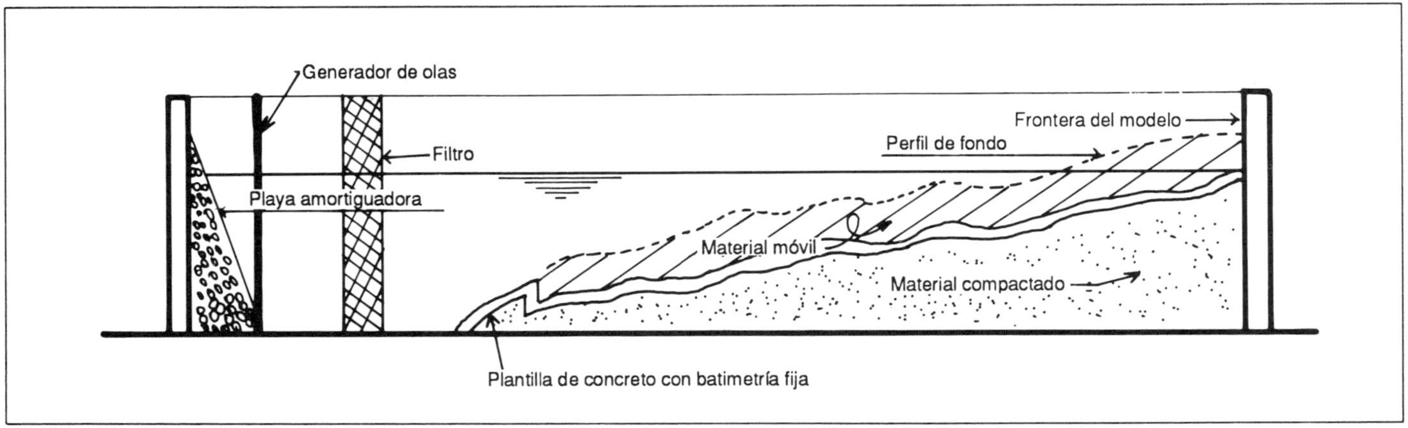

Figura 5.9 Construcción de un modelo de fondo móvil con batimetría fija

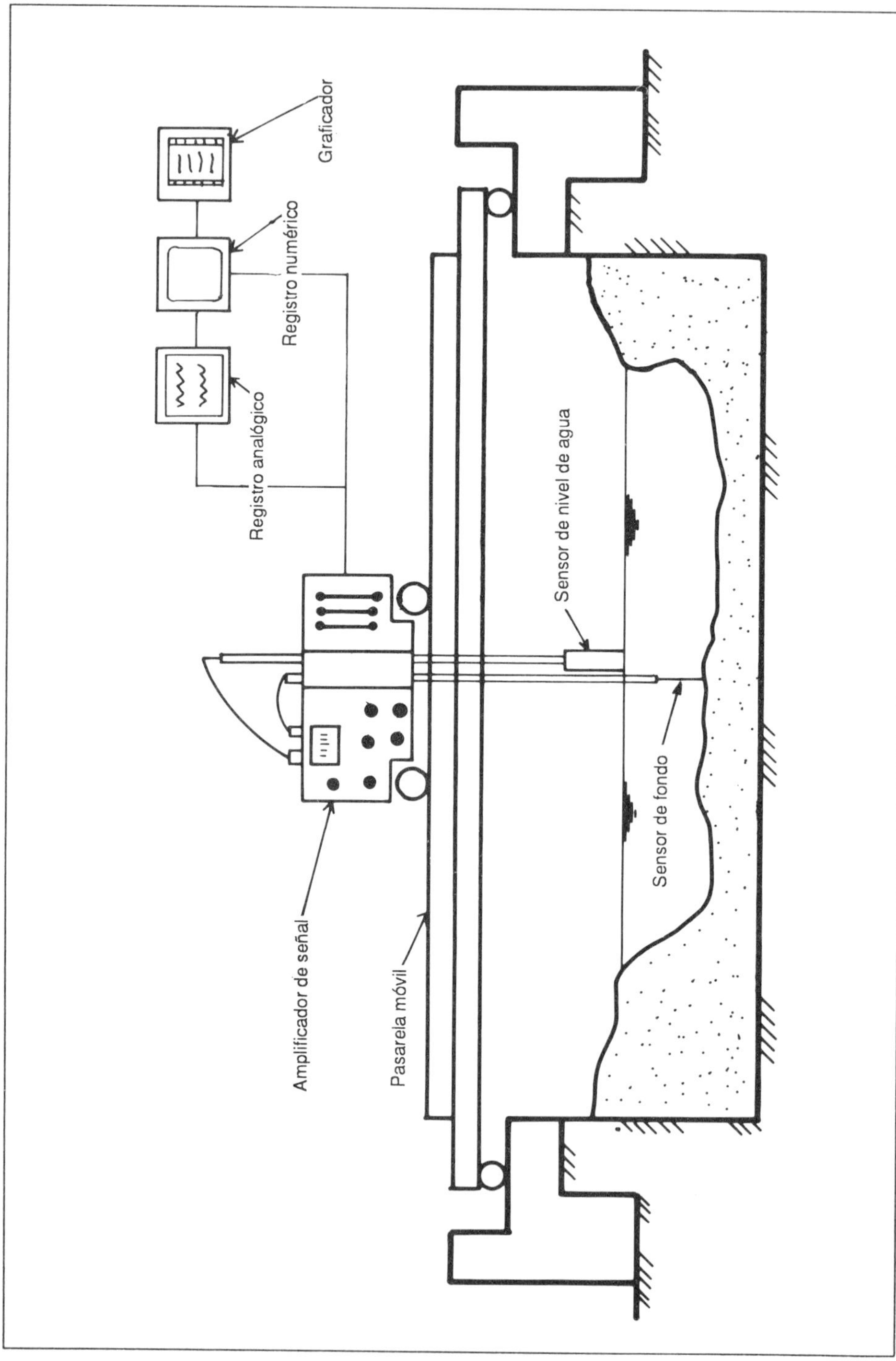

Figura 5.10 Levantamiento automático de batimetría en los modelos

Figura 5.11 Empleo de baquelita como trazador en modelo de fondo fijo (LIH-ESIA-IPN)

5.7 TRAZADORES EN FONDO FIJO

Debido a lo complicado y la dificultad que representa la operación de los modelos de fondo móvil y la configuración del fondo del modelo al terminar cada ensayo y restituir la batimetría al inicio de uno nuevo, se ha generalizado el empleo de los modelos de fondo fijo, sobre los que se colocan cantidades pequeñas de sedimento trazador que, al someterse a la acción del oleaje y mareas es transportado, indicando las zonas de erosión y acumulación del mismo. Los resultados de estos estudios son fundamentalmente cualitativos. La escalación de este material se obtiene empleando el criterio de Noda, anteriormente tratado.

El procedimiento de empleo de los trazadores consiste en trazar una cuadrícula (1 m × 1 m) en el fondo del modelo, figura 5.11, sobre la que se coloca el material y, mediante fotografías, película o video, se hace el seguimiento del trazador, detectándose zonas factibles de erosión o acumulación por acciones del oleaje o corrientes.

5.8 EJEMPLOS DE ESTUDIO

5.8.1 Modelo de fondo móvil del litoral de Lázaro Cárdenas, Mich.

El Puerto de Lázaro Cárdenas se ubica en uno de los brazos de la desembocadura del río Balsas en los límites de los estados de Guerrero y Michoacán. La playa de la margen derecha del canal de acceso ha sufrido fuertes erosiones, siendo la *escollera* y *espigones* construidos insuficientes para estabilizar el equilibrio de la playa. Por tal razón, la Dirección General de Obras Marítimas de la Secretaría de Comunicaciones y Transportes, realizó estudios en un modelo hidráulico en el año de 1981, en su laboratorio hidráulico para probar dos alternativas. La primera, prolongar la escollera en dirección SSW, y la segunda, sustituir el material existente en la playa (D_{50} = 0.35 mm), entre los actuales espigones por otro material más grueso, producto del dragado en la dársena del puerto.

Para definir las escalas lineales fue necesario analizar los criterios de similitud de J. Larras, Noda, Valembois y Shields, relativos al transporte de sedimentos, independientemente de los hidráulicos.

a) J. Larras y M. Tardif consideran que con la baquelita el perfil de equilibrio de la playa se conserva para distorsiones Δ con valor comprendido entre 1.5 y 3.5.

b) Noda plantea que los perfiles de equilibrio se reproducen al cumplirse las ecuaciones 5.41 y 5.42 que, al considerar el peso específico de la arena γ_a igual a 2.7 ton/m^3, el de la baquelita γ_b de 1.38 ton/m^3 y el del agua γ la distorsión para diferentes escalas de líneas E_x y E_y toma los valores:

$$E_x = 150 \text{ y } E_y = 68;\ \Delta = 2.2,\ E_D = 1.62$$

$$E_x = 100 \text{ y } E_y = 50;\ \Delta = 2.0,\ E_D = 0.25$$

$$E_x = 200 \text{ y } E_y = 84;\ \Delta = 2.4,\ E_D = 1.25$$

c) Valembois sugiere que para reproducir el perfil de equilibrio con baquelita, la distorsión debe ser igual a 4. Al cumplirse el parámetro del grano (ec. 5.31) la escala de diámetro E_D, resulta ser igual a 1.65.

d) Shields considera el cumplimiento de los dos parámetros adimensionales, $Re*$ y $Fr*$ resultando que $E_D = 1.65$.

De los datos anteriores se determinó una distorsión de 2.5, correspondiendo a la escala E_x = 150 y la E_y = 60.

Para la similitud hidráulica se cumplió con la condición de flujo gravitatorio, de refracción y de rompiente. Para el primer caso, implica satisfacer la condición de Froude, para la cual la escala de velocidades $E_v = E_y^{1/2} = 7.75$. Para la condición de refracción o de Airy, la escala de longitudes de ola $E_L = E_y = 60$, la escala de altura de ola $E_H = E_y = 60$ y la escala de periodos $E_T = E_y^{1/2} = 7.75$. Como consecuencia, la distorsión geométrica y la del oleaje (al hacer que $E_L = E_y$, según el inciso 4.2), se incrementa la pendiente del fondo respecto al prototipo y, por tanto, existe una distorsión en la relación de esbeltez (H/L), lo cual hace que la rompiente en el modelo no se reproduzca en sitios homólogos al prototipo. Sin embargo, para lograrla es necesario distorsionar la altura de la ola, aumentando la escala con respecto a la de longitudes de ola, ya que se define la distorsión de las crestas de ola $\Delta c = E_H / E_L$, misma que de acuerdo a diferentes estudios abarca entre 1.2 y 1.5. En resumen, las escalas empleadas en este estudio son:

E_x = 150, escala de longitudes horizontales
E_y = 60, escala de longitudes verticales
Δ = 2.5, distorsión
E_D = 0.58, escala de diámetros medios
E_L = 60, escala de longitudes de ola
E_H = 40 a 60, escala de alturas de ola
E_T = 7.75, escala de periodos de ola

El modelo, figura 5.12, se construyó en un tanque cubierto de dimensiones en planta de 29 m × 27 m y 1 m de profundidad, sobre el cual se instaló un generador de oleaje con la posibilidad de orientarse manualmente. La reproducción del perfil del fondo marino se hizo con una batimetría fija desplazada 10 cm hacia abajo del nivel de referencia, colocándose en este espacio baquelita con granulometría de 0.4 a 1 mm de diámetro y acomodada con un rastrillo de dos dientes y pantalla. Este se arrastra y apoya sobre el fondo fijo para configurar en la superficie de la baquelita la batimetría respectiva.

Los ensayos de calibración condujeron a obtener el gasto de alimentación que fue de 3.42 l/h, permaneciendo la línea de playa constante y semejante a la de prototipo con los espigones construidos. Esta calibración se hizo con oleaje regular proveniente de la dirección S 22° W con periodo de 7″ y altura de 1.5 m.

Los ensayos se hicieron para probar la ampliación de la escollera oeste en alternativas distintas, figura 5.13, variando la frecuencia, periodos y alturas de ola así como la alimentación de materiales; en algunos casos trabajando con direcciones, S 22° W y S 45° E. De estos ensayos se concluyó que la ampliación de dicha escollera no representa un beneficio significativo.

Por esto último, se consideró conveniente ensayar la alternativa de sustituir el material de la playa por otro más grueso en un ancho de 60 m a lo largo de la playa, mismo que sería producto del dragado de la dársena portuaria formado de arena gruesa y grava.

Para simular el citado relleno, se utilizó baquelita de diámetro D_{50} igual a 1.8 mm, misma que se pintó de color amarillo para observar en forma inmediata la tendencia del transporte.

De los ensayos ejecutados se pudo distinguir que la playa con material grueso presenta mayor estabilidad que cualquier otra alternativa, por lo que en dichas zonas deberá preverse una reserva de material, producto de dragado cuando ésta se efectúe para ser depositado en la playa.

a) Ensayo con prolongación de escollera sobre el eje actual

b) Ensayo con prolongación de escollera en dirección oeste

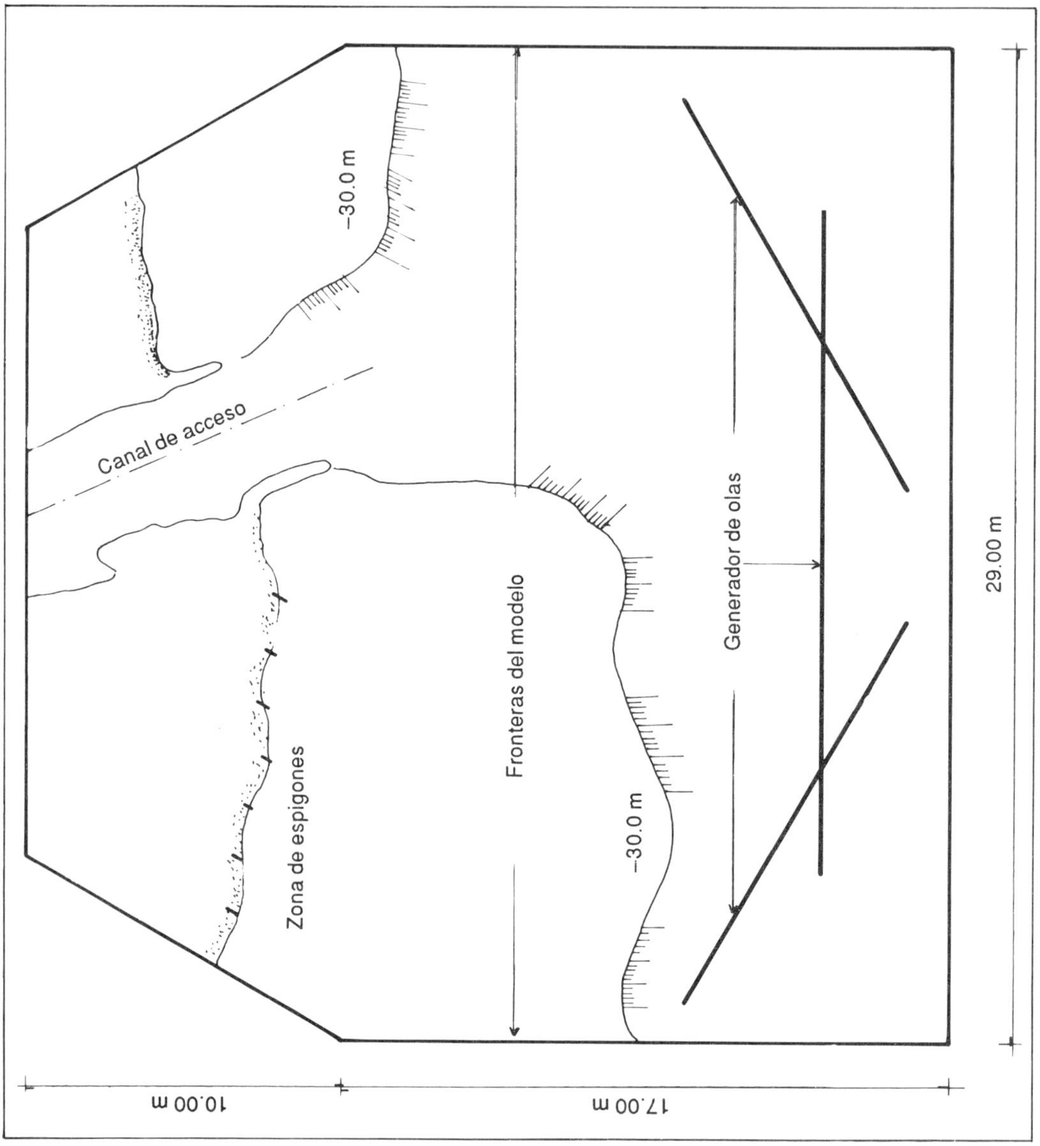

Figura 5.12 Modelo de fondo móvil del litoral de Lázaro Cárdenas, Mich.

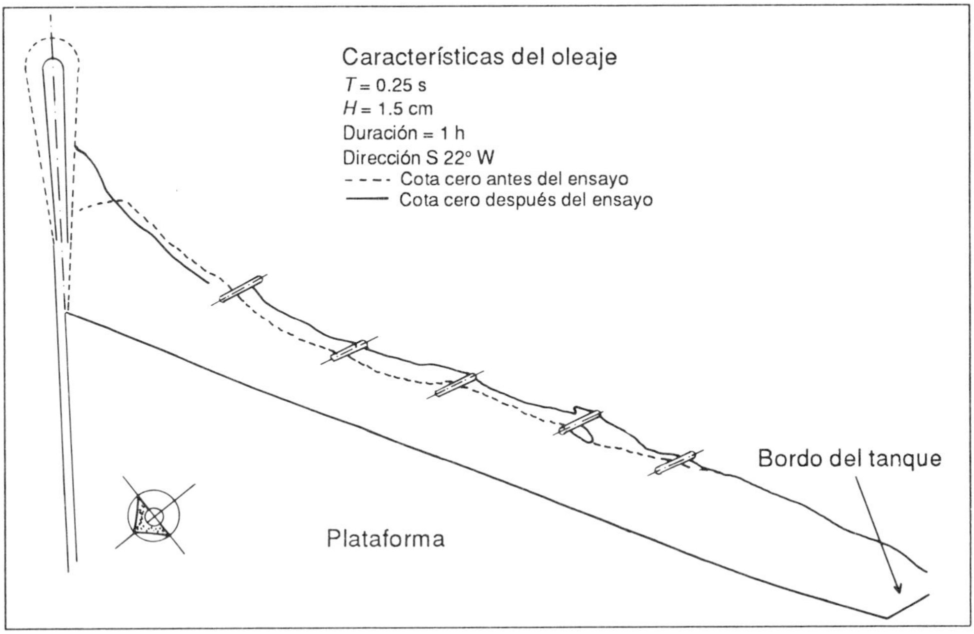

a) Ensayo con prolongación de escollera sobre el eje actual.

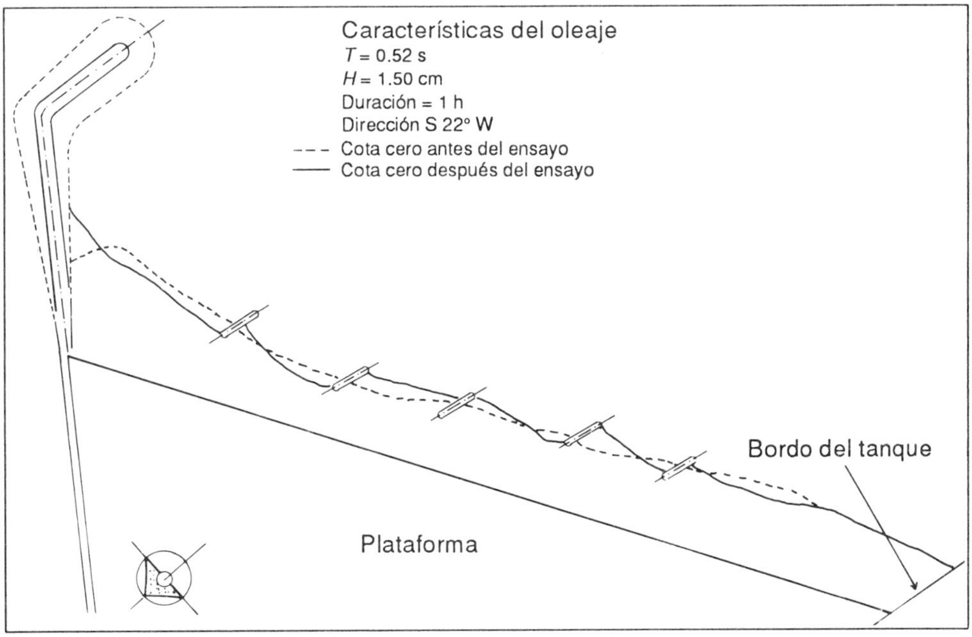

b) Ensayo con prolongación de escollera en dirección oeste.

Figura 5.13 Ensayo con ampliación de la escollera oeste

5.8.2 Modelo de recirculación de agua caliente y transporte de sedimentos de la P. T. Tuxpan, Ver.

El proyecto original de la planta termoeléctrica de Tuxpan, Ver., ubicada al sur del puerto del mismo nombre, contempla el que el canal de acceso toma agua del mar y descarga su agua caliente en la playa. Por ello la Comisión Federal de Electricidad (CFE) encargó al Laboratorio de Ingeniería Hidráulica de la Escuela Superior de Ingeniería y Arquitectura (ESIA) del IPN estudios en modelo hidráulico, para definir la mejor orientación y longitud de las escolleras y proteger al canal de acceso contra el transporte litoral para evitar la recirculación de agua caliente. Estos estudios se realizaron durante los años de 1985 a 1987.

El modelo se construyó de fondo fijo sin distorsión con escala de líneas 1:200 en un tanque de olas de 30 y 35 m de lado y 0.70 m de profundidad, figura 5.14. Tomando en cuenta que se disponía de escasa información de campo, se consideró hacer ensayos con material trazador colocado sobre el fondo fijo y definir así la tendencia del transporte bajo la acción del oleaje.

Para seleccionar el material a emplear se tomó el criterio de Noda que se sustenta en el principio de perfiles de equilibrio del sedimento (véase el inciso 5.2.2). Así, al utilizar las ecuaciones 5.42, o la figura 5.6, para arena en el prototipo con γ_s igual a 2.65 ton/m^3 y para la baquelita del modelo con γ_s igual a 1.33 ton/m^3, se obtiene que $E_D = 0.94$ y, por tanto, el diámetro varía de 0.3 a 0.8 mm.

El fondo del modelo se pintó con color gris perla para mejorar la obtención de placas fotográficas que muestran el movimiento del trazador. El oleaje generado es regular y representó las direcciones Sureste y Noroeste.

Los ensayos se ejecutaron en cuatro etapas; la primera para identificar las zonas de transporte de sedimentos para la dirección SE, la segunda, para estudiar soluciones al transporte de la dirección SE, la tercera etapa, para identificar las zonas de transporte de la dirección NE y la cuarta para estudiar soluciones de esta misma dirección.

Los ensayos de identificación de zonas de transporte consistieron en colocar el trazador en el modelo sin escolleras, sobre superficies cuadradas de 1 m × 1 m señaladas en el fondo del modelo fijo, figura 5.15. El seguimiento del movimiento del trazador se resume en planos y tablas semejantes a la figura 5.16 y la tabla 5.2. Por otra parte, los ensayos para estudiar soluciones se hicieron para ocho diferentes arreglos de escolleras, observándose su eficiencia mediante el *material trazador.* Los resultados tuvieron un tratamiento semejante a los mostrados en la figura 5.16 y la tabla 5.2.

Las conclusiones generales fueron las siguientes:

a) Por efecto del oleaje Sureste el sedimento se mueve en la zona exterior de la playa de la parte profunda hacia la costa en la dirección del oleaje, en la zona interior de la playa de sur a norte, generándose algunas barras a profundidades de tres a cuatro metros en los cuales haya un intenso movimiento de sedimentos paralelos a la costa.

Figura 5.14 Detalle del modelo de recirculación de agua caliente y transporte de sedimentos de la P. T. Tuxpan, Ver. (LIH-ESIA-1984)

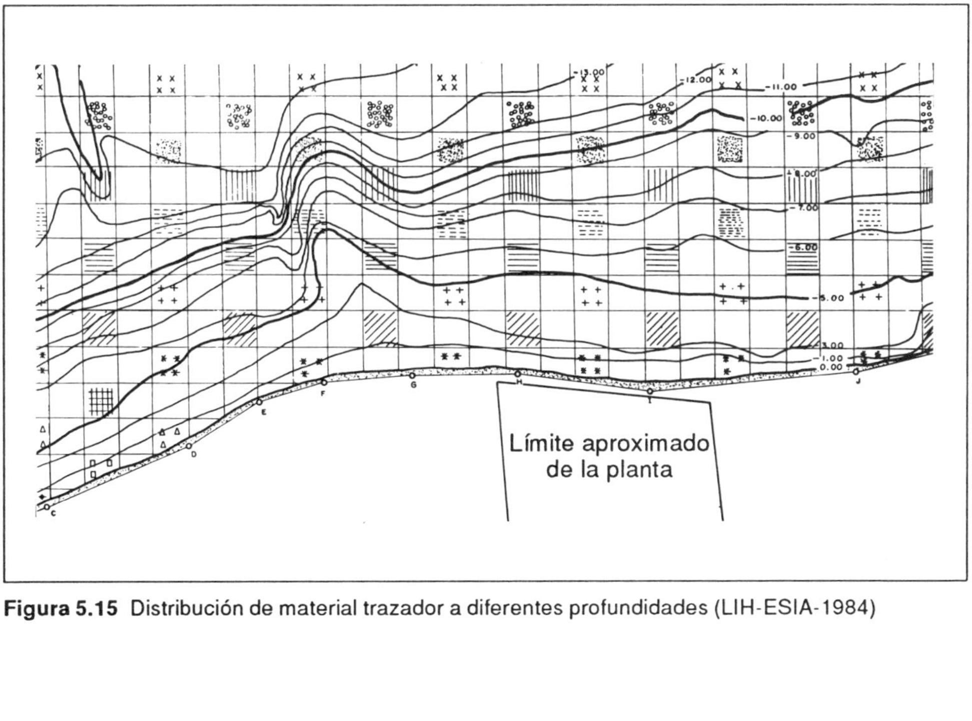

Figura 5.15 Distribución de material trazador a diferentes profundidades (LIH-ESIA-1984)

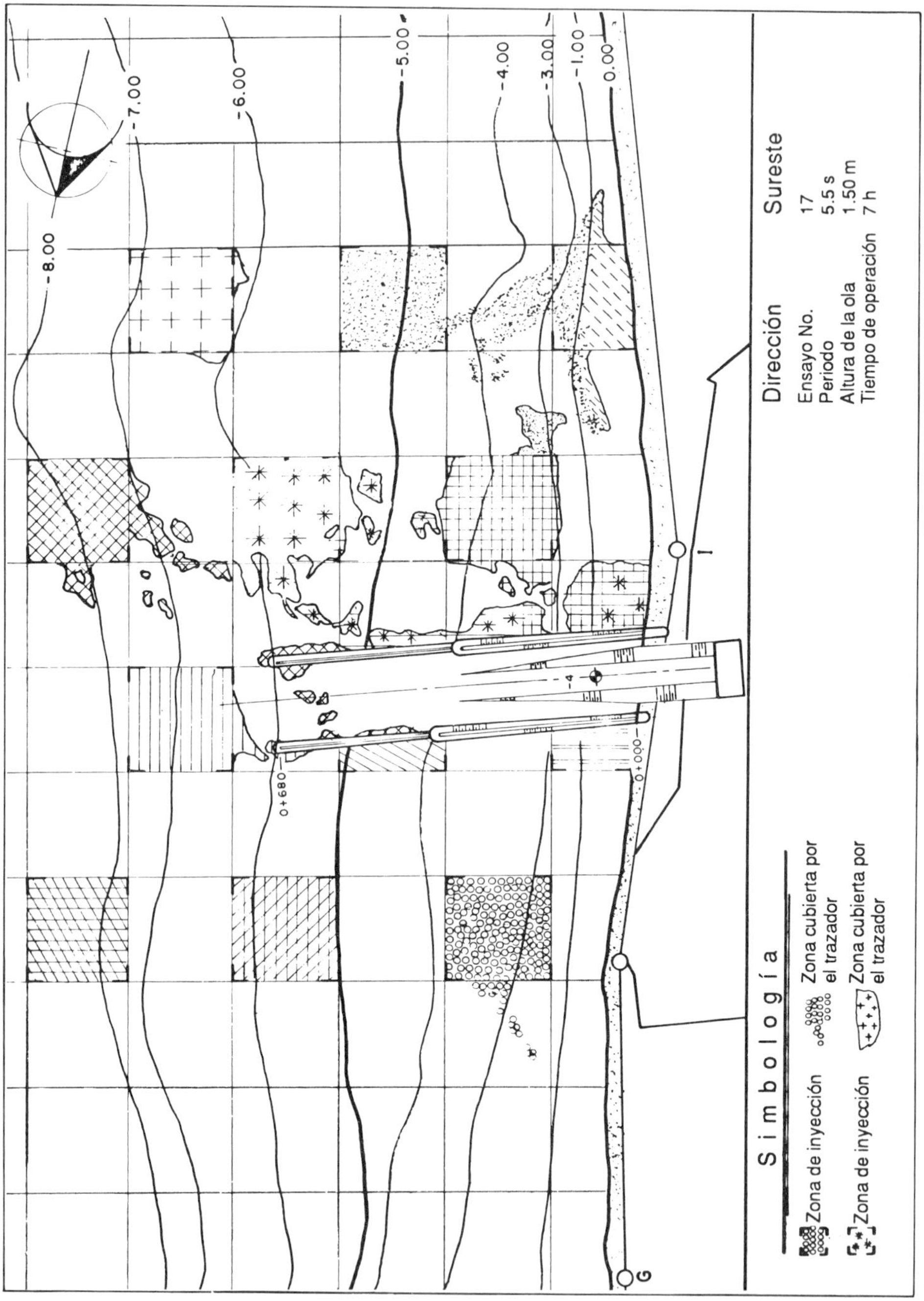

Figura 5.16 Descripción gráfica de la dispersión del material trazador (LIH-ESIA-IPN-1984)

Tabla 5.2 Descripción de la dispersión del material trazador al final del ensayo (LIH-ESIA-IPN-1984)

Número de mayo	H° (m)	T° (s)	Duración (Hb)	RESULTADOS
1	0.59	5.5	1:00	No se aprecia movimiento del trazador
2a	0.90	5.5	1:00	Existe desplazamiento general del trazador entre la batimétrica - 8.0 m y la línea cero, dicho desplazamiento es de fuera de la costa hacia la playa - sentido SP
2b	0.90	5.5	1:00	Existe desplazamiento local del trazador en un cuadro a - 8.0 m de profundidad, el desplazamiento es de fuera de la costa hacia la playa - sentido SE
3a	1.50	5.5	1:00	Existe desplazamiento general del trazador entre la batimétrica - 7.0 m y la línea cero, el desplazamiento es de fuera de la costa hacia la playa - sentido SE
3b	1.50	5.5	1:00	Existe desplazamiento general del trazador entre la batimétrica - 8.0 m y la línea cero, el desplazamiento es de fuera de la costa hacia la playa - sentido SE
4a	2.0	5.5	1:00	Existe desplazamiento general del trazador entre la batimétrica - 8.0 m y la línea cero, el desplazamiento es de fuera de la costa hacia la playa - sentido SE
4b	2.0	5.5	1:00	Existe desplazamiento general del trazador entre la batimétrica - 8.0 m y la línea cero, el desplazamiento es de fuera de la costa hacia la playa - sentido SE
5	0.59	7.5	1:00	No se aprecia desplazamiento del trazador
6a	0.59	7.5	1:00	Existe desplazamiento general del trazador entre la batimétrica - 9.0 m y la línea cero, observándose acumulación del trazador entre la batimétrica - 1.0 m y la línea cero, el desplazamiento es de fuera de la costa hacia la playa - sentido SE
6b	1.50	7.5	1:00	Existe desplazamiento general del trazador entre la batimétrica - 10.0 m y la línea cero, el desplazamiento es de fuera de la costa hacia la playa - sentido SE
7	2.0	7.5	1:00	Existe desplazamiento general del trazador entre la batimétrica - 10.0 m y la línea cero, el desplazamiento es de fuera de la costa hacia la playa - sentido SE

* H = Altura de ola en metros (prototipo)
* T = Periodo de ola en segundos (prototipo)

b) Considerando el oleaje de mayor altura procedente de la dirección NE, y coincidiendo con el régimen de "Nortes" en el Golfo de México, no fue posible reproducir la corriente producto del viento y el oleaje que transporta el sedimento hacia afuera de la costa, excepto en las proximidades de la escollera norte.

c) Las alternativas de escolleras estudiadas se caracterizaron por su longitud y disposición (convergentes, paralelas, paralelas con curva hacia fuera, paralelas con tramo sumergido y paralelas cerrando el eje del canal y tramo sumergido del lado norte).

d) El transporte de sedimentos en la zona exterior de la playa afecta al canal de llamada con escolleras con su frente abierto desde que éstas son construidas, en cambio el transporte de la playa interna es detenido inmediatamente en cualquiera que sea la solución de escolleras que rebasen la batimétrica - 5.0 m.

e) La solución de escolleras cubriendo el eje del canal de acceso con curva con tramo sumergido del lado Norte evita la sedimentación en el canal de llamada, permitiéndose el paso del agua para el enfriamiento por encima del tramo de escollera sumergido.

f) Se espera en la playa Sur azolves que, de acuerdo con las evaluaciones de gabinete, las escolleras tendrán una vida útil mayor de 9 años. Al cumplir este periodo será conveniente prolongar la escollera del lado Sur en una longitud definida después de probar el funcionamiento real de las escolleras (después de construidas las escolleras).

g) La playa Norte no sufrirá azolves, en cambio sí es de esperarse una erosión al pie de la escollera.

h) Después de construidas las obras exteriores se aconseja hacer levantamientos batimétricos y seccionamientos playeros con el fin de asegurar la vida útil de las escolleras propuestas y con base en estas condiciones reales proponer posibles prolongaciones a futuro.

BIBLIOGRAFIA

1. Bonnefille R., *Cours d'hydraulique maritime.* Edit. Masson. 1976.
2. Chesnutt Ch. B., *Laboratory effects in coastal movable.* 2nd. Symposium Modelling. ASCE. 1975.
3. De Vries M., *Scale Models Hydraulic Engineering.* Delf University of Technology. 1977.
4. Fan L. N. y Le Méhauté B., *Coastal Movable Bed Scale Model Technology.* Tefra Tech. Inc. No. TC-131. 1969.
5. Foster J. E., *Physical Modelling Technique in River Models.* Vol. II. Symposium on Modelling Techniques. sept., 1975.
6. Kobus H., *Hydraulic Modelling.* Pitman Book Limited. 1980.
7. Le Méhauté B. A., *Comparison of Fluvial and Coastal Similitude,* Vol. II. Symposium on Modelling Techniques. sept., 1975.
8. Migniot C., *Course sur les Techniques de L'hydrauliques Experimentale.* Laboratoire Central de Hydrauliques de France. 1978.

9. Novak P. y Cabelka J., *Models in Hydraulic Engineering,* Physical Principles and Design Applications. Pitman Advanced Publishing Program, Londres, 1981.
10. Sharp. J. J., *Hydraulic Modelling.* Butterworths.
11. Sitraraz J. A., *Contribution a l'etude de l'évolution desplages a partir de la connaissance des profiles d'équilibre.* París, dic., 1962.
12. U.S. Army Corps of Engineers, *Hydraulic Models.* Coastal Engineering Research Center. Special report No. 5, mayo, 1979.
13. Yalin M. S., *Theory of Hydraulic Models.* Macmillan. 1971.
14. Dirección General de Obras Marítimas, *Modelo de Fondo Móvil del Litoral de Lázaro Cárdenas.* Subsecretaría de Puertos y Marina Mercante SCT. sept., 1980.
15. MC., Ingeniería de Diseño SC. *Informe sobre los estudios del modelo hidráulico a fondo móvil.* Area industrial portuaria de Lázaro Cárdenas, Mich. Rep. 6.1.b. 1981.

6

Modelos de fondo fijo con flujo a superficie libre

6.1 INTRODUCCION

Los modelos hidráulicos que reproducen sistemas de flujo a superficie libre como canales, ríos y estuarios, generalmente se usan para resolver problemas de variación de niveles y cambios de patrones de flujo debidos a modificaciones del cauce o emplazamientos de estructuras dentro del flujo, así como a la determinación del comportamiento de avenidas bajo sistemas de regulación. Es común que las longitudes o áreas a representar sean grandes por lo que los efectos de fricción son importantes; el flujo es gravitatorio y turbulento, omitiéndose por tanto el flujo laminar.

Con frecuencia, usando la técnica de modelos hidráulicos y se resuelven otros problemas con flujo a superficie libre. Entre éstos se encuentran estructuras hidráulicas tratadas aisladamente y que forman parte de sistemas de obras para fines agrícolas, industriales, sanitarios, control de avenidas, navegación y disipación de energía entre otros.

Para este tipo de estudios, no interesa tratar las deformaciones que puedan sufrir las fronteras del cauce, por lo que los modelos son de fondo fijo y, en condiciones de medición de gastos y niveles únicamente, éstos podrán construirse con distorsión. El tratamiento de modelos de fondo móvil se hará en el capítulo 8.

6.2 CONDICIONES GENERALES DE SIMILITUD

Las fronteras del modelo en cada una de sus partes, así como el patrón de flujo conformado por líneas de corrientes, debe satisfacer la similitud geométrica con el prototipo. Por otra parte, la semejanza de los campos de velocidad y aceleraciones del sistema conduce a satisfacer la semejanza del campo de fuerzas (ecuación 2.16), de inercia, de gravedad, de viscosidad, de presión, etc. y que resumidas en la figura 6.1 para un flujo unidireccional a superficie libre, donde

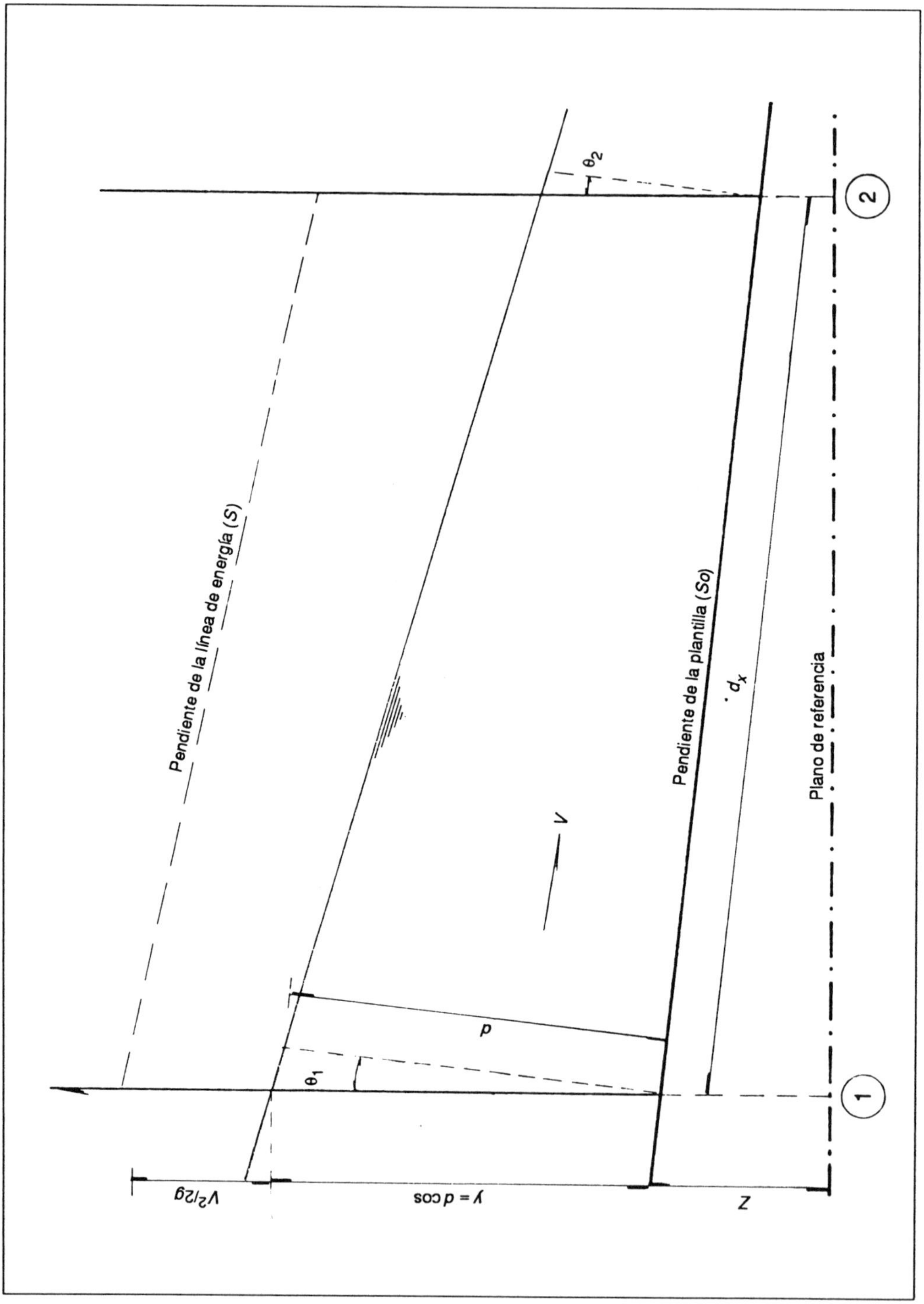

Figura 6.1 Flujo gradualmente variado.

éste es gradualmente variado y no permanente, para cualquier sección se expresa como:

$$\frac{\partial v}{\partial t} + v\frac{\partial v}{\partial x} = \frac{1}{\rho}\frac{\partial p}{\partial x} - g\frac{v|v|}{C^2 d} \quad (6.1)$$

ecuación que se debe aplicar en el modelo y el prototipo,
donde

v = es la velocidad media del flujo.
g = es la aceleración debida a la gravedad.
d = es el tirante.
z = es la posición de la plantilla con respecto a un plano horizontal de referencia.
C = es el coeficiente de fricción de Chezy.
t = tiempo.

Si se considera que las fuerzas preponderantes son las de inercia y la presión, se obtiene que la condición de similitud es la de Euler.

$$(E_E = 1) \text{ o sea } E_\rho\ E_v^2 / E_p = 1$$

Si la presión se expresa como

$$p = gd + gz \quad (6.2)$$

entonces $$E_p = \frac{(\rho gd + \rho gz)_p}{(\rho gd + \rho gz)_m} = E_\rho\, E_g\, E_d,$$

dado que $$E_d = E_z.$$

Sustituyendo en la condición de Euler, resulta:

$$E_v / (E_g\ E_d)^{1/2} = 1 \quad (6.3)$$

Que es la condición de similitud de Froude.

Ahora, si las fuerzas preponderantes se consideran que sean las de inercia y las de fricción, la condición de similitud será:

$$E_C = (E_x\ E_g / E_d)^{1/2} \quad (6.4)$$

Resumiendo lo anterior, la similitud de un flujo a superficie libre está dada por:

a) Similitud Geométrica

$$E_d = E_x = E_y$$
$$E_z = E_x \quad (6.5)$$

b) Similitud Cinemática

$$E_v = E_g \; E_t \tag{6.6}$$

c) Similitud Dinámica

c.1 Condición de Froude

$$E_v = (E_d)^{1/2} \tag{6.7}$$

c.2 Condición de Fricción

$$E_C = \left(\frac{E_x}{E_g \; E_d} \right)^{1/2} \tag{6.8}$$

Si se considera que la escala de aceleraciones debidas a la gravedad es igual a la unidad ($g_p = g_m$), resulta que de las ecuaciones 6.6, 6.7 y 6.8 se determina que

$$\begin{aligned} E_v &= E_d^{1/2} \\ E_t &= E_d^{1/2} \\ E_C &= (E_x \,/\, E_d)^{1/2} \end{aligned} \tag{6.9}$$

Adicionalmente a las similitudes anteriores y como ya se anotó al principio de este capítulo, el flujo en este tipo de problemas es turbulento, por lo cual es necesario que en el modelo también lo sea, aun cuando no se cumpla con el grado (igual número de Reynolds en el modelo que en el prototipo) pero sí con las condiciones, es decir, las correspondientes a las de frontera hidráulicamente lisas, hidráulicamente rugosas (flujo sumamente turbulento) o el de transición, según el caso. En general, para las obras de ingeniería civil el flujo turbulento ha sido ampliamente estudiado, existiendo varios criterios para su delimitación, todos ellos relacionados con el número de Reynolds, el cual al ser mayor que un cierto valor indica que el flujo es turbulento.

A continuación se indican cuatro criterios:

a) Ven Te Chow

$$Re = \frac{vR}{\upsilon} > 500 \tag{6.10 a}$$

b) F. M. Henderson

$$Re* = \frac{v_* Ks}{\upsilon} > 100 \tag{6.10 b}$$

c) M. S. Yalin

$$Re* = \frac{v*Ks}{\upsilon} > 70 \text{ aproximadamente} \qquad \textbf{(6.10 c)}$$

siendo

v = velocidad media del flujo
R = radio hidráulico
Ks = tamaño de la rugosidad, equivalente al diámetro de arena uniformemente distribuida. En la tabla 6.1, se muestran algunos valores
v^* = velocidad al corte $(\tau / \rho)^{1/2} = (gRS)^{1/2}$
υ = *viscosidad cinemática*
τ = esfuerzo cortante
ρ = densidad del fluido
S = pendiente hidráulica

TABLA 6.1 Valores de *Ks,* en mm, para superficies de concreto y albañilería

SUPERFICIE	Ks (mm)
Concreto con cimbra metálica plana y lisa	0.15
Aplanado de cemento liso, con bordes y junta enrasadas	0.30
Concreto lanzado sobre cimbra metálica lubricada con cuidadoso acabado liso	0.40
Concreto aplanado semiliso	0.60

Por lo que respecta a la *condición de fricción,* ésta se establece mediante la escala de coeficientes de fricción que, como en el caso de la ecuación 6.8, se emplea el coeficiente de Chezy, mismo que puede expresarse en función del coeficiente adimensional de fricción f, el cual a su vez resulta ser función de Re y de ε / R (rugosidad relativa). Así, para la condición de flujo con fronteras hidráulicamente lisas, donde el valor de la rugosidad $\varepsilon << \delta$, siendo δ el espesor de la capa límite, la fricción o resistencia al flujo, depende básicamente de la fuerza de arrastre de superficie, donde $Re <$ 25 000 es de mayor importancia que ε / R y que, de acuerdo a los trabajos de Nikuradse, Colebrook y White

$$f = 0.223 / Re^{1/4} \qquad \textbf{(6.11)}$$
$$C = 18.76 / Re^{1/8} \qquad \textbf{(6.12)}$$

Para flujo con fronteras hidráulicamente rugosas, donde $\varepsilon > \delta$, la resistencia al flujo depende de la fuerza de arrastre de forma, en la que el factor ε / R es de mayor importancia que *Re*. Resultando

$$1/f = C/\sqrt{8g} = 2 \log \left(\frac{12R}{Ks} \right) \tag{6.13}$$

Si en lugar de expresar *C* en función de *f*, se hace en función del coeficiente de fricción *n* de Manning, resulta

$$C = \frac{R^{1/6}}{n} \tag{6.14}$$

expresión válida únicamente para flujo con fronteras hidráulicamente rugosas, siendo la relación de *n* con respecto a ε la mostrada en la tabla 6.2.

TABLA 6.2. Valores de *n* con respecto a ε

CONDICION DE SUPERFICIE	VALOR DE ε en mm	VALOR DE *n* en $m^{1/6}$
Lucita/plástico		0.009
Madera pulida	0.12 - 0.24	0.010 - 0.014
Madera rugosa	0.24 - 0.48	0.011 - 0.015
Cemento liso	0.32 - 0.72	0.011 - 0.013
Cemento rugoso	0.99 - 1.98	0.013 - 0.016
Ladrillo	0.99 - 2.7	0.012 - 0.020
Tierra lisa y uniforme	1.5 - 18	0.020 - 0.030
Grava	20 - 100	0.022 - 0.035
Tierra con yerba		0.025 - 0.040

En la tabla 6.3 se muestran las escalas de las magnitudes más importantes cuando se aplican las anteriores condiciones de similitud a un modelo sin distorsión, es decir, la escala de longitudes es única en cualquier dirección, ($E_x = E_y = E_L$), y considerando que el fluido a emplear en el modelo es el mismo que en el prototipo (agua), y que también la aceleración debida a la gravedad es igual en ambos sistemas.

Como ejemplo del uso de estas escalas a continuación se dan los siguientes datos: sea un río cuya longitud L a representar en el modelo es de 100 km, el ancho B del mismo es de 200 m en promedio, de 7 m su profundidad d, un coeficiente medio de rugosidad de Manning, n, de 0.027 y velocidad media de flujo, v, de 1.0 m/s. Si la escala de longitudes seleccionada es $E_x = 1\ 000$ y cumpliendo

TABLA 6.3 Escalas para modelos sin distorsión para flujos a superficie libre $E_x = E_y = E_L$

MAGNITUD FISICA	ECUACION BASICA	ESCALA
Area	$A = a \times b$	$E_A = E_L \cdot E_L = E_L^2$
Perímetro mojado	$P = a + b$	$E_P = E_L$
Volumen	$V = a \times b \times c$	$E_V = E_a\ E_b\ E_c^2 = E_L^3$
Velocidad	$v = \frac{L}{t}$	$E_v = E_L^{1/2}$ según Froude
Tiempo	$t = \frac{L}{v}$	$E_t = E_L / E_v = E_L^{1/2}$
Aceleración	$a = \frac{v}{t}$	$E_a = E_v / E_t = 1$ ó $E_a = E_g = 1$
Pendiente	$S = x / y$	$E_S = E_x / E_y = 1$
Radio Hidráulico	$R = A / P$	$E_R = E_L^2 / E_L = E_L$
Gasto	$Q = vA$	$E_Q = E_v\, E_A = E_L^{5/2}$
Coeficiente de Fricción de Chezy	$C = \frac{v}{(RS)^{1/3}}$	$E_C = E_v / (E_R\, E_S)^{1/2} = 1$
Coeficiente de Fricción de Manning	$n = \frac{R^{2/3}\ S^{1/2}}{v}$	$E_n = E_R^{2/3}\ E_S^{1/2} / E_v = E_L^{1/6}$
Fuerzas	$F = m.\, a$ m = masa	$E_F = E_m\, E_a = E_p\, E_V\, E_a = E_L^3$
Presión	$p = \frac{F}{A}$	$E_p = E_F / E_A = E_L$

a, b, c, L = Magnitudes lineales
a = aceleración
m = masa

con las condiciones de Froude y de fricción, las magnitudes del modelo serán L_m = 100 m, B_m = 0.20 m, d_m = 0.007 m, n_m = 0.008, v = 0.03 m/s. Suponiendo que la viscosidad cinemática del agua es υ, el número de Reynolds en el modelo resulta ser, $Re_m = (vd/\upsilon)_m = 210$.

En este ejemplo se observan tres dificultades para operar este modelo; la primera se refiere a la imposibilidad de obtener información correcta de las mediciones de niveles y velocidades, ya que el valor de éstas resulta ser demasiado pequeño. La segunda manifiesta la necesidad de construir un modelo con superficies muy lisas para cumplir con el coeficiente de fricción n_m. Sin embargo, esta condición es imposible de satisfacer por los trabajos de albañilería. La tercera, es la falta de cumplimiento del régimen del flujo, pues en el prototipo corresponde a un flujo altamente turbulento (con fronteras hidráulicamente rugosas) ya que $Re = 7 \times 10^6 > 200$, mientras que en el modelo corresponde a un *flujo laminar,* $Re_m = 210 < 500$. Lo anterior, refleja lo expresado en el capítulo 3 como las causas que distorsionan la geometría de los modelos; esto significa que existen dos escalas lineales, E_x para las magnitudes horizontales y E_y para las magnitudes verticales.

Cuando se distorsiona un modelo $\Delta = \frac{E_x}{E_y} > 1$ y las similitudes a cumplir son las mismas que en modelos sin distorsión. Sin embargo, existen límites del valor de la distorsión Δ, debido a fenómenos parásitos o efectos de escala que pueden alterar las mediciones y, por tanto, los resultados finales.

De acuerdo a la similitud geométrica, la escala de áreas de secciones transversales del flujo resulta ser $E_A = E_x E_y$, de volúmenes $E_V = E_x^2 E_y$ y de radios hidráulicos $E_R = \frac{E_A}{E_p}$, siendo E_p la escala de perímetro mojado

Para una sección rectangular con ancho de plantilla b, y tirante d, la escala E_R, resulta ser

$$E_R = \frac{\dfrac{(bd)_p}{(bd)_m}}{\dfrac{(b+2d)_p}{(b+2d)_m}} = \frac{E_b E_d}{\dfrac{(b+2d)_p}{(b+2d)_m}} \qquad (6.15)$$

como $b_m = b_p / E_b$ y $d_m = d_p / E_d$

y sustituyendo en la ec. 6.15

$$E_R = \frac{E_b E_d}{b_p + 2d_p} (b_p / E_b + 2d_p / E_d)$$

$$E_R = E_y \frac{1 + 2\Delta \; d_p / b_p}{1 + 2 \; d_p / b_p}$$

o bien

$$E_R = E_y \lambda_R \tag{6.16}$$

siendo

$$\lambda_R = \frac{1 + 2\Delta \ d_p / b_p}{1 + 2 \ d_p / b_p} \tag{6.17}$$

$$E_d = E_y$$

$$E_b = E_x$$

$$\Delta = E_x / E_y = \text{Distorsión}$$

Para una sección trapecial, la escala E_R, resulta ser:

$$E_R = E_y \ \lambda_T \tag{6.18}$$

$$\text{siendo } \lambda_T = \frac{1 + 2 \ d_p / b_p \ (\Delta^2 + t_p^2)^{1/2}}{1 + 2 \ d_p / b_p \ (1 + t_p)^{1/2}} \tag{6.19}$$

t_p = talud en prototipo.

De las ecuaciones 6.16 y 6.18 se observa que el coeficiente λ, que corresponde a cada tipo de canal, es igual a la unidad, si $\Delta = 1$, de otra forma será siempre $\lambda > 1$. Por otra parte, cuando el ancho del canal b, resulta ser muy superior al tirante *d,* se demuestra que *R,* es casi igual al tirante, por lo que en forma práctica se establece que $R = d$, cuando $b/d > 15$, resultando por tanto que $E_R = E_y$.

Adicionalmente a la complicación que se genera al obtener E_R, por existir la distorsión Δ, se presenta un problema adicional para las escalas de velocidad. En la figura 6.2 se muestra la trayectoria de una partícula del flujo, que en el prototipo recorre la distancia $(\delta \ell)_p$ en un intervalo de tiempo $(\delta t)_p$; mientras que en el modelo recorrería la distancia $(\delta \ell)_m$ en el intervalo de tiempo $(\delta t)_m$.

Por tanto, los tiempos empleados en el modelo y en el prototipo son iguales a

$$(\delta t)_p = \frac{(\delta \ell)_p}{(q)_p}$$

$$(\delta t)_m = \frac{(\delta \ell)_m}{(q)_m} \tag{6.20}$$

Como el tiempo empleado para recorrer cada una de las distancias δx y δy son iguales a δt, consecuentemente

$$E_t = E_{\delta \ell} / E_q = E_{\delta x} / E_u = E_{\delta y} / E_v \tag{6.21}$$

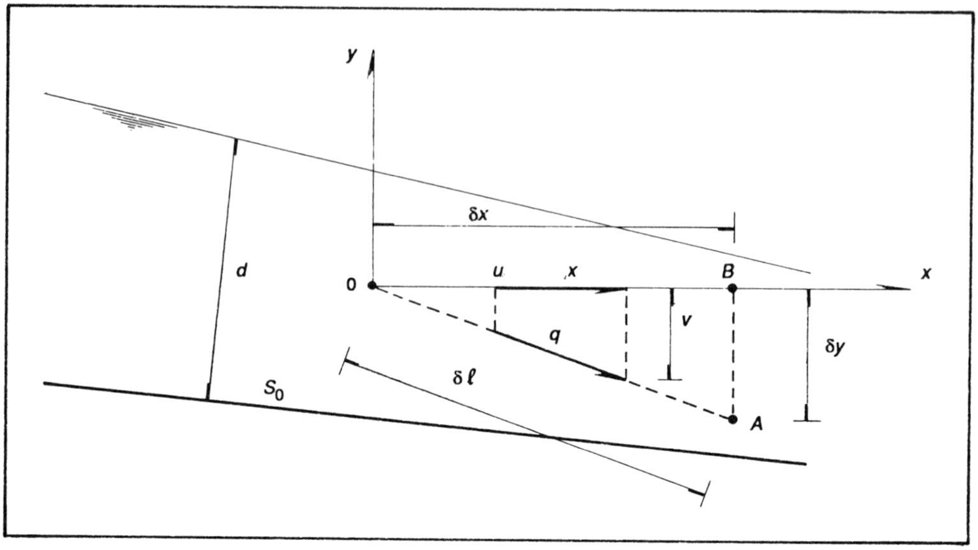

Figura 6.2 Trayectoria de una partícula fluida en un flujo a superficie libre

Recordando que el número de Froude (Fr), está formado por la velocidad promedio del flujo (U), cuya dirección es perpendicular al tirante ($d = y$) e igual al radio hidráulico (R) para cuando $b/d > 15$, resultando entonces que

$$U = u = Fr\ (gR)^{1/2} \tag{6.22}$$

por tanto

$$E_U = E_u = E_R^{1/2} = E_y^{1/2} = E_{\delta x}/E_t \tag{6.23}$$

$$E_U = E_u = \frac{E_x}{E_t} = E_y^{1/2} \tag{6.24}$$

de donde

$$E_t = \frac{E_x}{E_y^{1/2}} \tag{6.25}$$

mismo que se puede expresar como

$$E_t = \Delta E_y^{1/2} \tag{6.26}$$

Sustituyendo en la ec. 6.21 se obtienen las escalas de velocidades

$$E_q = \frac{E\ell}{\Delta E_y^{1/2}} \tag{6.27}$$

$$E_u = \frac{E_x}{\Delta E_y^{1/2}} \text{ (Escala de v en la dirección } x\text{)} \tag{6.28}$$

$$E_v = \frac{E_y^{1/2}}{\Delta} \text{ (Escala de } v \text{ en la dirección } y\text{)} \tag{6.29}$$

TABLA 6.4. Escalas para modelos con distorsión para flujo a superficie libre $E_x \neq Ey$, $\Delta = E_x / Ey$

MAGNITUD FISICA	ECUACION BASICA	ESCALA
Area	$A = a \times b$	$E_A = Ex\ Ey$
Volumen	$V = a \times b \times c$	$E_V = E_x^2\ Ey$
Velocidad en la dirección x	$v_x = \frac{x}{t} = u$	$E_{v_x} = Ex / \Delta E_y^{1/2} = Ey^{1/2}$
Velocidad en la dirección y	$v_y = \frac{y}{t} = v$	$Ev_y = Ey^{1/2}/\Delta$
Tiempo	$t = \frac{x}{v_x} = \frac{y}{v_y}$	$E_t = E_x / Ey^{1/2}$
Aceleración en la dirección x	$a_x = \frac{v_x}{t}$	$E_{a_x} = 1/\Delta$
Aceleración en la dirección y	$a_y = \frac{v_y}{t}$	$E_{a_y} = 1/\Delta^2$
Aceleración debida a la gravedad	g	$E_g = 1$
Pendiente	$S = x/y$	$E_s = \Delta$
Radio hidráulico	$R = A/P$	$E_R = E_y \lambda$ (λ depende del tipo de sección)
Gasto	$Q = v_x A$	$E_Q = E_x\ E_y^{3/2}$
Coeficiente de fricción de Chezy	$C = V/\sqrt{RS}$	$E_C = \Delta^{1/2}$; ($E_R = E_y$)
Coeficiente de fricción de Manning	$n = R^{1/6}/C$	$E_n = E_y^{2/3} / E_x^{-1/2}$
Presión hidrostática	$p = \gamma h$	$E_p = E_y$ (si $E_\gamma = 1$)

De la figura 6.2, se deduce que

$$\delta \ell = \frac{\delta x}{\cos \alpha} = \delta x \ (1 + \tan \alpha)^{1/2}$$

siendo $\alpha = \frac{\delta y}{\delta x}$

determinándose finalmente que

$$E_{\delta \ell} = E_x \left(\frac{1 + \tan^2 \alpha}{1 + \Delta^2 \tan^2 \alpha} \right) \tag{6.30}$$

observándose que el valor de $E\ell$, depende del ángulo α, de modo que si $\alpha = 0$ y $\alpha = \pi/2$, resulta que $E_{\delta \ell} = E_x$ y $E_{\delta \ell} = E_y$, respectivamente. Si $\Delta = 1$, significa que $E\ell = E_x = E_y$.

Tomando en consideración lo anterior, en la tabla 6.4 se muestran las escalas de las magnitudes más importantes para modelos distorsionados con flujo a superficie libre.

6.3 MODELOS DE RIOS DE FONDO FIJO

Como se indicó al inicio del presente capítulo, estos modelos se emplean para el estudio de problemas concernientes a variaciones del nivel y patrones del flujo sobre proyectos de mejoramiento de control de avenidas o condiciones de navegación entre otros.

6.3.1 Condiciones de similitud y escalas

Las *condiciones de similitud* fueron establecidas en el inciso 6.2, sin embargo, es importante insistir en simular satisfactoriamente la resistencia al flujo (similitud de fricción}, misma que puede ser causada por superficies rugosas, cambios bruscos en la dirección del flujo y en las secciones transversales del cauce. El factor de rugosidad, depende del radio hidráulico y al ser variable para cada sección de un cauce natural se hace dificil reproducir la rugosidad tanto en el fondo como en los taludes de cada sección. En el inciso 3.4 se propone el procedimiento para instalar una rugosidad artificial inicial, la cual deberá ajustarse para reproducir las elevaciones de la superficie del agua para condiciones de flujo conocidas en prototipo.

Es conveniente para la selección de las *escalas* que el modelo sea tan grande como sea posible y sin distorsión, pero el espacio, el tiempo, la alimentación de agua, la instrumentación y el costo limitan el tamaño del modelo y obliga a que éste se distorsione.

El U.S. Army Engineer Waterways Experiment Station, recomienda que la escala vertical normalmente no debe ser mayor (numéricamente) de 1:100, para que los cambios en la elevación de la superficie del agua puedan medirse correcta-

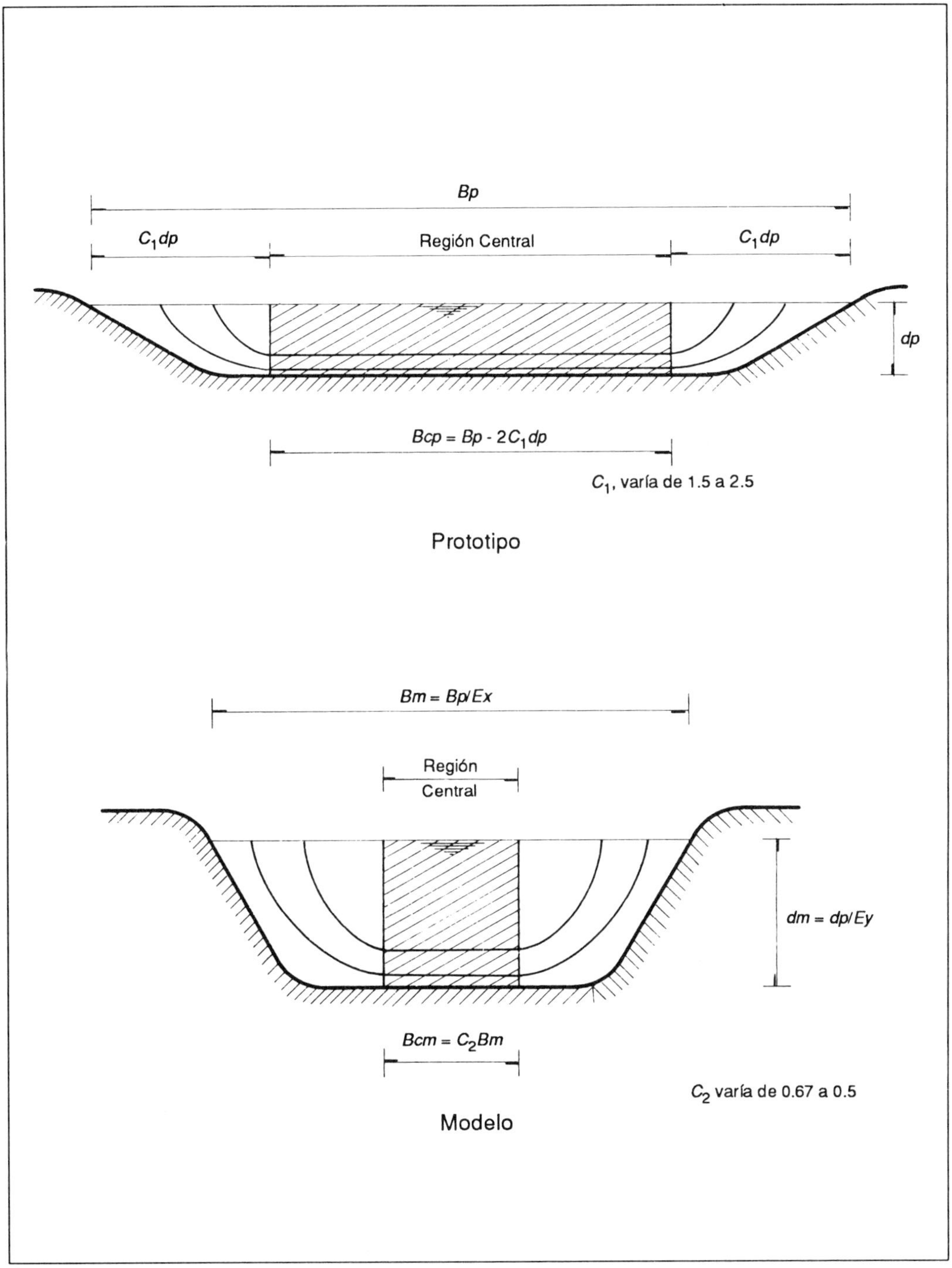

Figura 6.3 Flujo bidimensional en canales anchos

mente, y de hasta 1:200 para la horizontal, dependiendo de la naturaleza del problema a investigar y de los otros factores señalados.

Al existir distorsión lineal del modelo, se presentan cambios en la distribución de velocidades de las secciones transversales, aun cuando las velocidades medias sean correctas. Las distorsiones generalmente empleadas son de 3 a 5, llegándose a aceptar hasta 20. Obviamente, al aumentar la distorsión resultan modelos menos exactos y el efecto de escala se acentúa, pues la necesidad de incrementar la rugosidad hace que los elementos empleados para tal fin, perturben más el flujo.

Por otra parte, en canales muy anchos y profundidades pequeñas, el comportamiento del flujo es de tipo bidimensional en una región central, sobre la cual la influencia del flujo de las regiones de las márgenes es pequeña. Sin embargo, al presentarse la distorsión entre las escalas lineales horizontal y vertical, se efectúa la relación ancho-profundidad de la región central sobre la cual la distribución vertical de velocidades es la misma dando lugar en algunos casos a ser inferior al valor mínimo aceptable. De acuerdo a los estudios de Keulegan, el ancho de la región central presentada en la figura 6.3, para el prototipo y modelo son dadas, respectivamente, por las siguientes ecuaciones

$$B_{c_p} = B_p - 2\ C_1\ d_p \tag{6.31}$$

$$B_{c_m} = C_2\ B_m \tag{6.32}$$

que para garantizar la formación de la región central en el modelo, la distorsión debe cumplir con

$$\Delta \leq 0.1\ (B_p\,/\,d_p) \tag{6.33}$$

6.3.2 Datos para el diseño de los modelos

Es necesario contar con amplia información de campo en cuanto a levantamientos topográficos, hidrológicos, de corrientes y de marea.

Si los estudios van encaminados a tratar aspectos de inundación, es necesario cuantificar las áreas y limitarlas a lo largo del cauce, indicando los puntos de desbordamiento. Debe contarse con planos topográficos a escalas apropiadas que indiquen los detalles de los accidentes naturales que afecten al sistema por estudiar, en este mismo caso debe disponerse de planos batimétricos de las lagunas y esteros ligados al cauce principal, señalando las obras de rectificación del cauce, *canales de desviación (alivio),* de control u otras y contar con los planos respectivos. La información hidrológica se traduce en conocer el régimen de escurrimiento en épocas de avenidas o de estiaje para condiciones normales o extremas. Deberá contarse con datos de niveles y velocidades en secciones diversas a lo largo del cauce, así como los valores de los coeficientes de fricción.

Cuando los estudios estén relacionados con problemas de navegación será necesario, además de la información anterior, lo relativo a las embarcaciones tipo que operarán en la zona, los patrones de flujo producto de la corriente propia a la descarga del río, así como a la generada por la marea en periodos completos de flujo y reflujo, variación de niveles del mar y del agua en el río. Es necesario contar con la batimetría del frente marítimo por representar y la correspondiente a las lagunas, así como la de los esteros ligados al cauce principal en la zona de estudio, aun cuando no sean importantes los patrones de flujo a representar, pero sí los niveles y volúmenes de agua.

6.3.3 Fronteras del modelo

La longitud total del cauce se debe definir en función de estudios primarios de curvas de remanso y la importancia que se juzgue de los accidentes naturales, afluentes y ramificaciones.

Adicionalmente, si en la región del cauce por estudiar se localizan lateralmente zonas de inundación o regulación de avenidas, éstas deben reproducirse en cuanto a su tamaño y condiciones de rugosidad.

Los *extremos del cauce,* aguas arriba y aguas abajo, deben ser secciones de control que permitan regular el gasto y niveles a base de válvulas o compuertas. Las secciones de control deberán ubicarse de preferencia en tramos rectos del cauce y a distancias suficientemente alejadas de las zonas de alimentación y de descarga, para evitar la influencia de las turbulencias generadas. Estas zonas generalmente constan de tanques que alojan a vertederos con sus respectivos canales de llegada y disipadores a la salida de la tubería de alimentación y en la descarga del vertedor, en otros casos son tuberías distribuidoras perforadas. Véase la figura 6.4.

Cuando el problema a estudiar sea en la parte baja de un río (estuario), la frontera aguas arriba, debe fijarse más allá de la influencia de la marea, si ésta es significativa. Este acuerdo se deberá tomar en función de los costos de construcción de la longitud del cauce aguas arriba, de la zona por estudiar, con respecto al costo de las instalaciones y equipos que permitieran reproducir, principalmente, los niveles y patrones de flujo por marea, en una sección inmediatamente aguas arriba de la zona de estudio, empleándose para estos casos, *laberintos* (*canales plegadizos* que permitan almacenar parte del prisma de marea) para reproducir el flujo y reflujo de la marea apropiadamente, o instalar compuertas o válvulas para el mismo fin. Por el lado de aguas abajo, la frontera será el océano mismo que deberá situarse más allá de la distancia correspondiente al cono de eyección de la descarga del río que no produzca sobreelevaciones por efecto de choque con la *pared (frontera).* Lateralmente, las fronteras sobre la costa, deberán ubicarse a distancias superiores a dos veces el ancho del cauce de río en la descarga para evitar la formación de patrones de corrientes parásitas de efecto importante. En cualquier caso, cuando los accidentes naturales o artificiales cuyas elevaciones sean superiores al nivel máximo esperado de inundación, no es necesario representar la topografía arriba de dicho nivel, sin embargo, por estética es recomendable hacerlo.

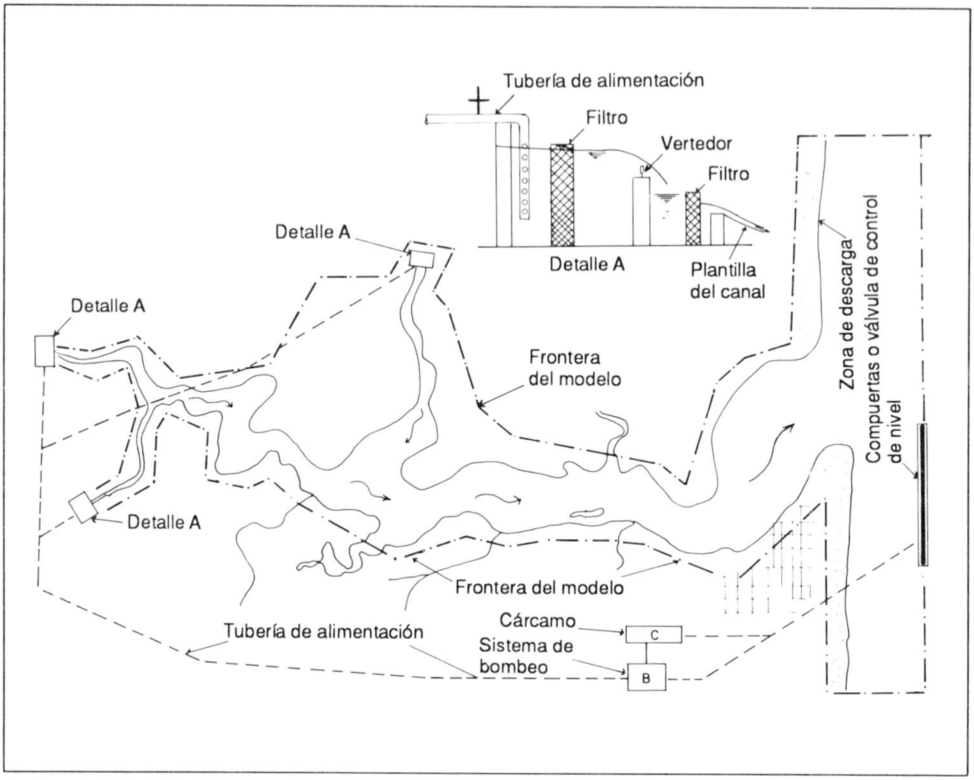

Figura 6.4 Fronteras de un modelo de ríos

6.3.4 Construcción de modelos

En general, deberá seguirse la metodología planteada en el inciso 4.7 sobre el trazo y cimentación del modelo. Para la configuración del cauce se deben emplear escantillones fijos, nivelados y alineados al eje del canal y, entre ellos, vaciar una capa de 3 cm de mezcla arena cemento y efectuar el enrase entre dos escantillones seguidos. Para la configuración de lagunas, esteros y zona marítima se recomienda emplear el método indicado en el inciso 4.7. Los materiales a emplear también son los anotados en el mismo inciso. Véase la figura 6.5.

Si el modelo es sin distorsión, la rugosidad resulta ser menor en el modelo que en el prototipo, por lo que el acabado físico de la superficie de éste debe ser prácticamente lisa, en tanto que si está distorsionado, la rugosidad es mayor en el modelo que en el prototipo. En algunos casos será necesario aumentar la rugosidad natural del acabado de la superficie del modelo, para lo cual deberán emplearse pequeños elementos distribuidos. La colocación individual de los elementos es al azar, teniendo presente que algunas regiones necesitan más rugosidad que otras. La fijación de esta rugosidad debe ser en forma tal que pueda

a) Proceso constructivo con tarrajas metálicas

b) Construcción de escolleras con escantillones de madera

Figura 6.5 Sistema de construcción con forros metálicos y de madera levantarse fácil y rápidamente cuando sea necesario. Los elementos comúnmente empleados para aumentar la rugosidad son, grava, cubos de cemento, placas metálicas sujetas al fondo y colgantes, cuyos tamaños y separación inicial pueden determinarse de acuerdo al método descrito en el inciso 3.4.

6.3.5 Instrumentación y equipo

Se necesita un tanque de almacenamiento, con capacidad suficiente para satisfacer el volumen de agua para llenar el modelo que genere las avenidas máximas y los prismas de marea respectivos. El sistema de bombeo es indispensable, así como el equipo generador de avenidas, de corrientes y de mareas; el primero consiste en una descarga de gastos constante sobre un vertedor repartidor, figura 6.6, instalado en la frontera aguas arriba del cauce; el segundo consta de un sistema de bombeo de descarga constante y control de alimentación al modelo a través de compuertas, cuya abertura la controla un programador de mareas o de corrientes, véase la figura 6.7. El tercero lo forma un sistema de bombeo con válvula automática de doble flujo, y regulada por el sistema de control de mareas o de corrientes, véase la figura 6.8.

Para extraer los volúmenes de agua que se introducen al modelo para generar el flujo bajo un programa de alimentación, con gasto constante o variable (avenida), y para evitar acumulaciones en el extremo aguas abajo, no propias del escurrimiento, se instala una compuerta que además regula el nivel de referencia en la sección de control del cauce aguas abajo.

El equipo de medición consta, principalmente, de limnímetros o sondas de resistividad para medir niveles y molinetes para medir velocidades en secciones de control y otras de interés. Es posible determinar patrones de flujo superficiales en tramos del cauce empleando flotadores y fotografías con tiempo de exposición controlados. Véanse las figuras 6.9, 6.10 y 6.11.

6.3.6 Operación de los modelos

Independientemente de la calibración necesaria del equipo de medición y generación, debe efectuarse la calibración del modelo en cuanto a la rugosidad; misma que después de distribuirse bajo una primera propuesta, la correcta resistencia al flujo se obtiene con ensayos de prueba y error, quitando y/o poniendo elementos. Generalmente las áreas de flujo con profundidad y velocidad pequeñas, necesitan menos rugosidad que en los cauces principales. La elevación de la superficie del agua en la sección de control aguas abajo para cada gasto de alimentación, se efectúa con la ayuda de la compuerta. Cuando es necesario calibrar patrones de flujo debe evitarse el colocar rugosidad artificial a base de elementos como los anotados anteriormente, ya que generan corrientes locales

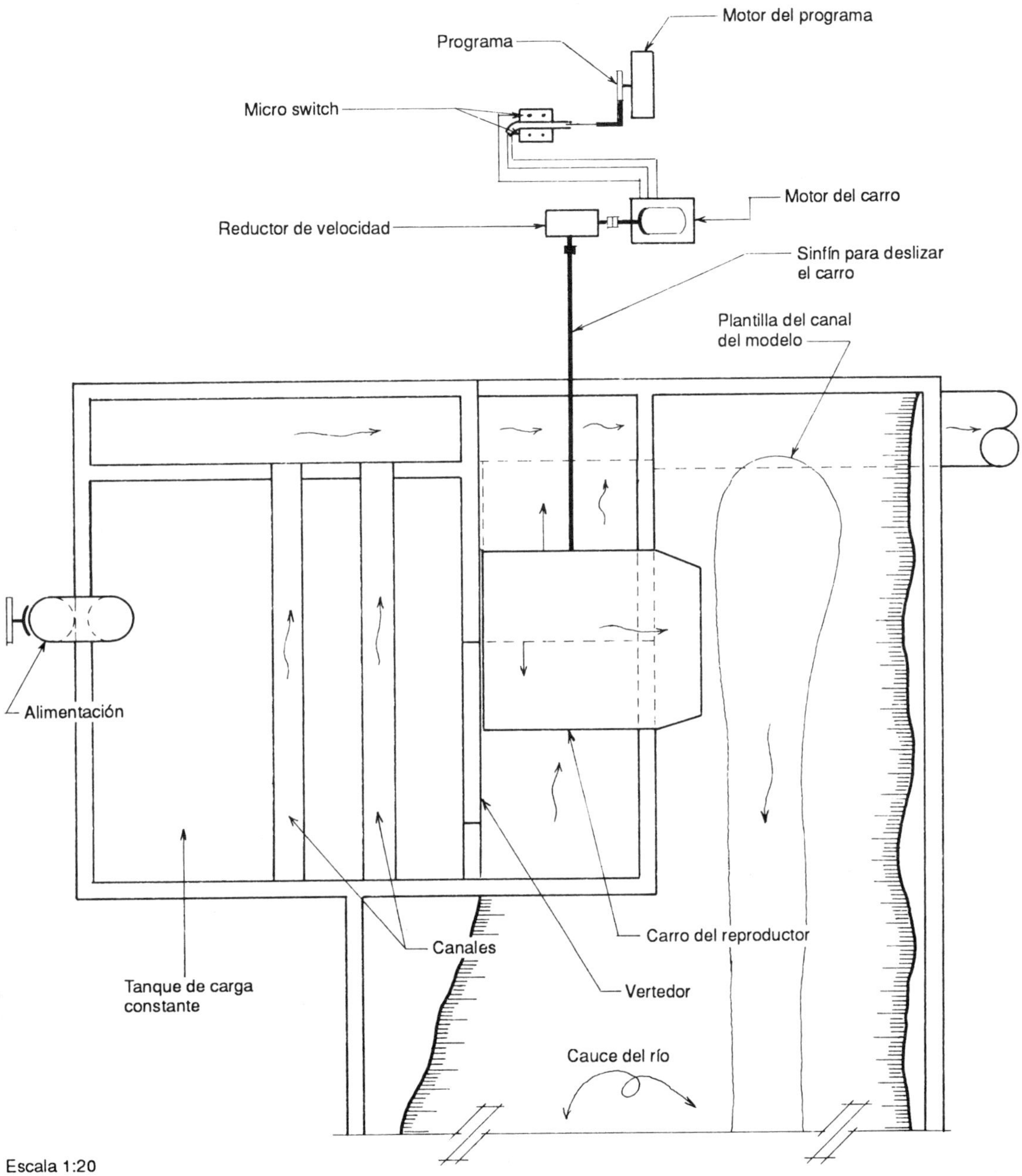

Figura 6.6 Generador de avenidas (SRH)

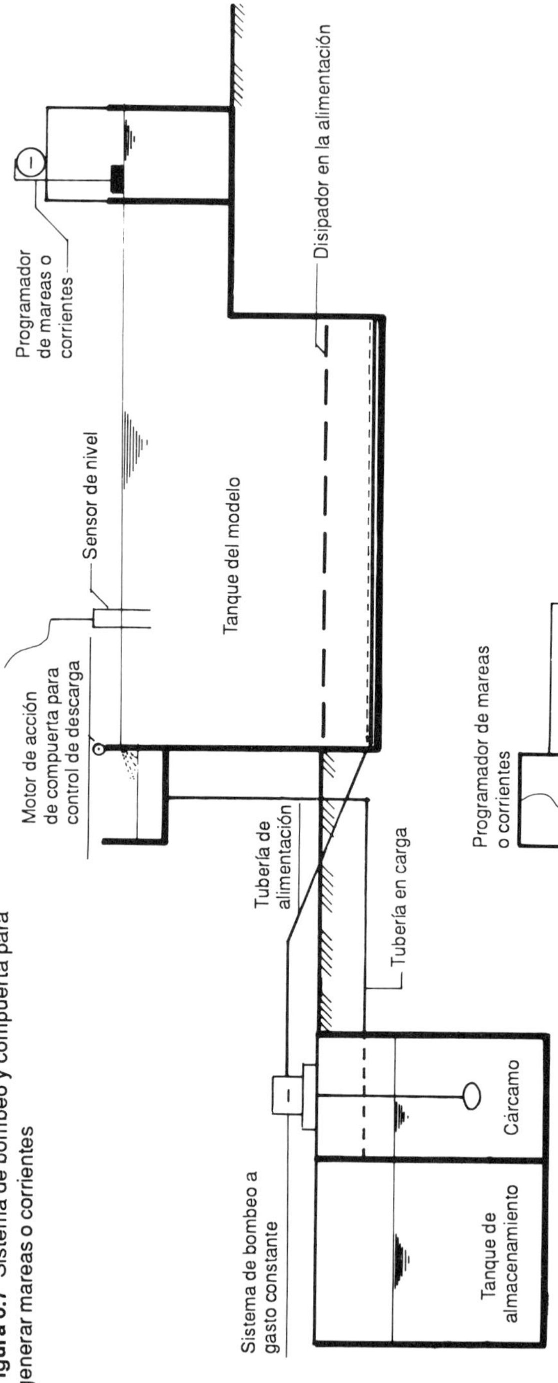

Figura 6.7 Sistema de bombeo y compuerta para generar mareas o corrientes

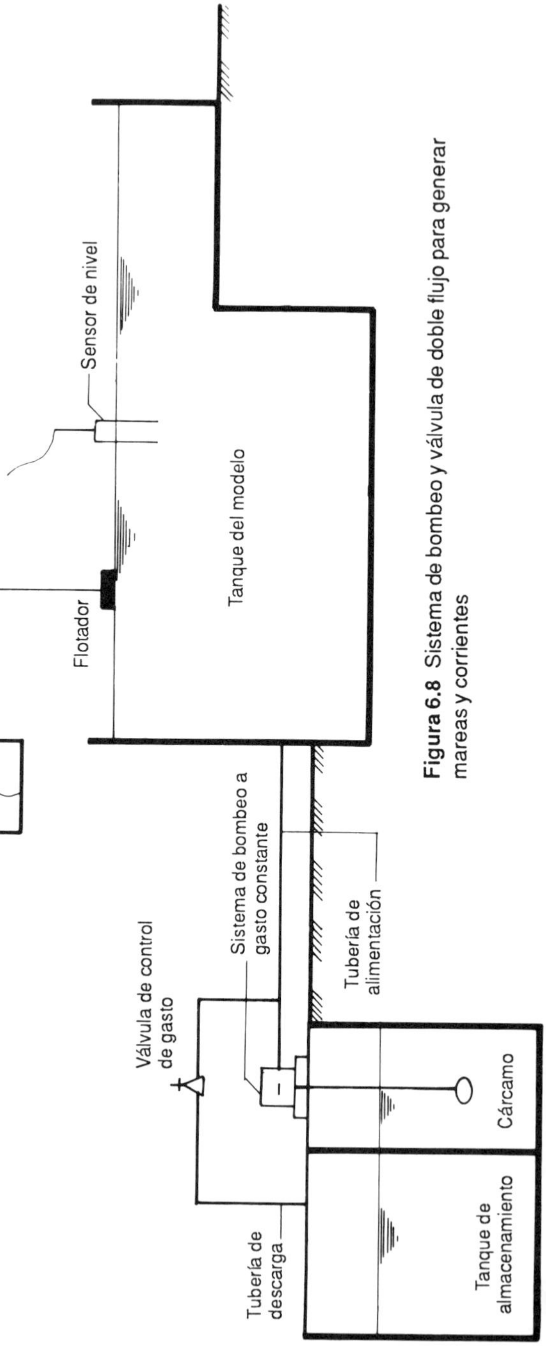

Figura 6.8 Sistema de bombeo y válvula de doble flujo para generar mareas y corrientes

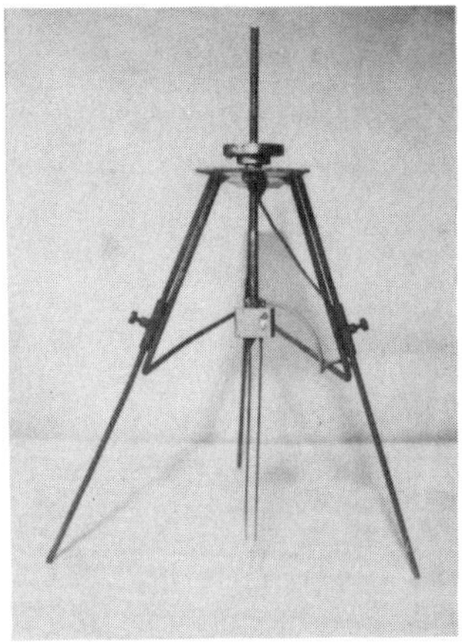

a) Sonda de resistividad eléctrica.

b) Limnímetro

Figura 6.9 Equipo de medición de niveles

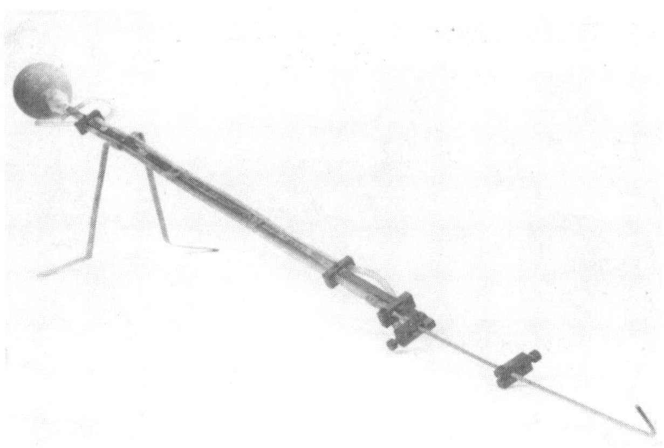

a) Tubo de Benzel

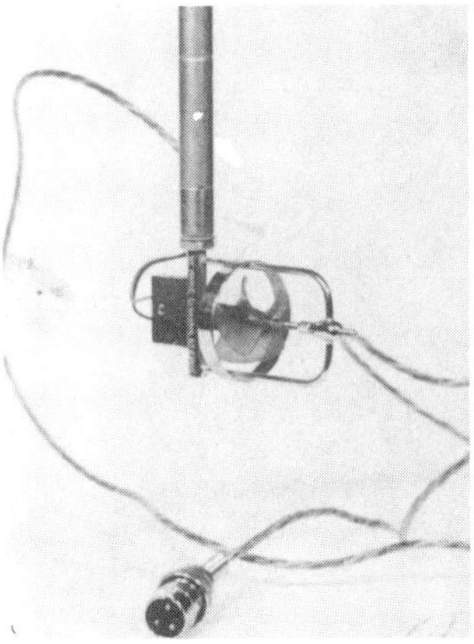

b) Micromolinete

Figura 6.10 Equipo de medición de velocidad

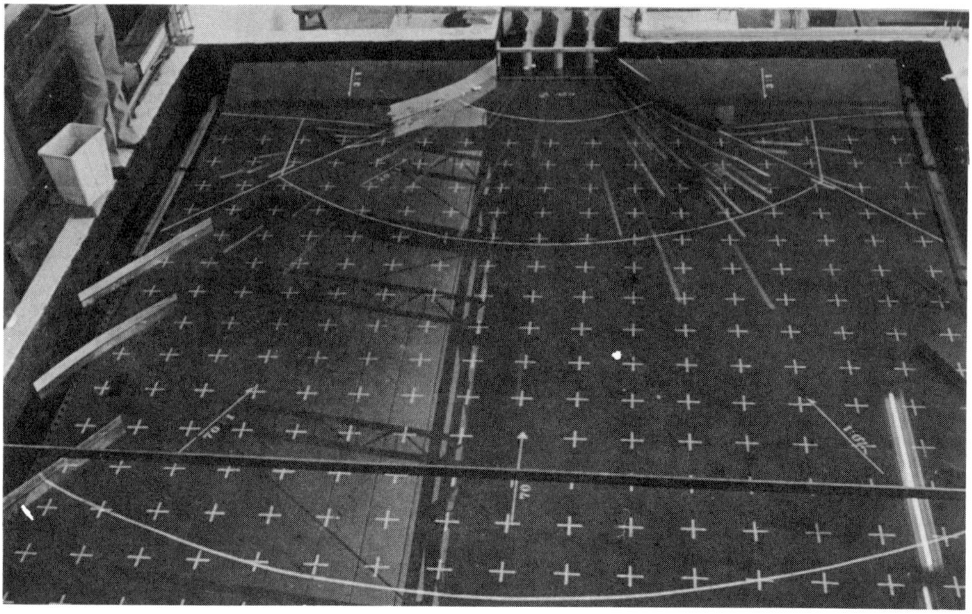

a) Trayectorias a la entrada de una obra de toma (LIH)

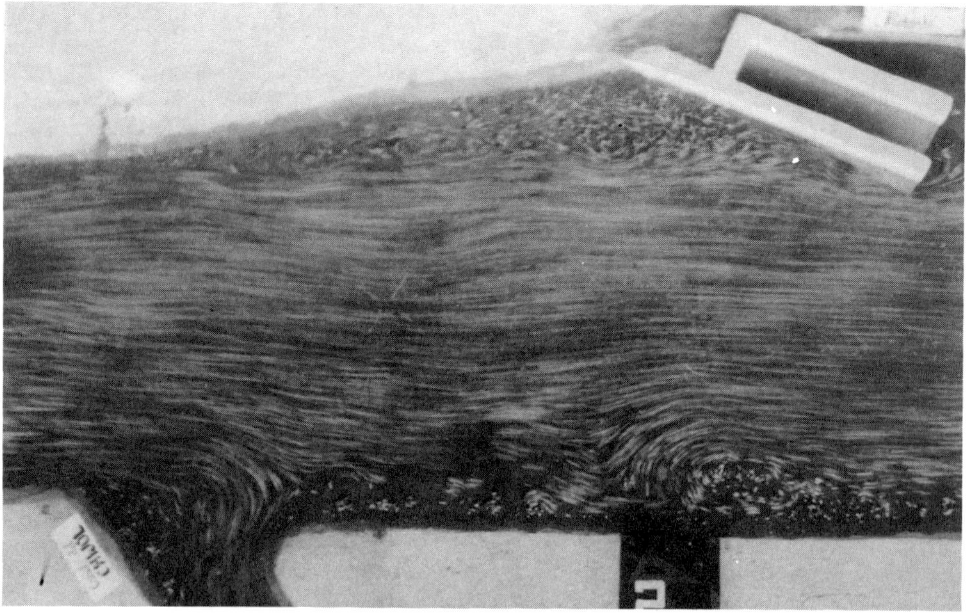

b) Trayectorias en el cauce de un río (DGOM)

Figura 6.11 Patrones de flujo con flotadores

que en el prototipo no se presentarán; por tanto, deberá hacerse la superficie más rugosa.

Calibrado el sistema, se verifica el comportamiento del mismo en su conjunto, reproduciendo condiciones de flujo conocidas en el prototipo.

Finalmente, el programa de ensayos de alternativas debe considerar ensayos preliminares con carácter cualitativo que, en muchos de los casos, el avance de solución al problema es grande en esta etapa y, por tanto, elimina otros ensayos, quedando sólo los que permitan optimizar la solución. Con la información recopilada se elaboran perfiles de la variación de niveles, gráficas de velocidades y gastos, trazas de los niveles en zonas de inundación y diagramas de patrones de corrientes que, al analizarlos, permiten determinar la solución.

6.3.7 Ejemplos de estudio

6.3.7.1 Río Pánuco La construcción de este modelo se realizó en el Laboratorio de Hidráulica de Salazar, Edo. de México, de la Secretaría de Agricultura y Recursos Hidráulicos en el año de 1970. El objetivo del estudio en este modelo, fue definir las diferentes obras necesarias para evitar o disminuir las inundaciones provocadas por desbordamientos en la zona baja del río, desde la estación adjunta hasta el Puerto de Tampico. La región está ubicada en el extremo sur del estado de Tamaulipas y norte del estado de Veracruz, en la vertiente del Golfo de México.

Se construyó el modelo con fondo fijo y distorsionado, con escalas de 1:500 horizontal y 1:100 vertical y similitud de Froude, incluyendo el cauce principal del río desde la estación aforadora las Adjuntas hasta la desembocadura al mar, la zona de lagunas de la margen izquierda (Orilla Grande, Marland, Chila y Olas) y la zona de lagunas de la margen derecha (del Corral, Matanzas y Pueblo Viejo) ocupando un área de 10 000 m^2, aproximadamente, y cuyo arreglo general se muestra en la figura 6.12. Se equipó con un sistema de bombeo con capacidad de 100 l/s y un reproductor de avenidas integrado con un sistema de alimentación con gasto constante. Así como un vertedor rectangular ligado a un canal repartidor móvil que alimenta al modelo, de modo que, al desplazarse horizontalmente el canal, el gasto que pasa por éste varía de 0 al 100% del que es descargado por el vertedor, el gasto depende del grado de obstrucción del ancho del canal. El agua que no es vertida al canal móvil, pasa por un canal de retorno al *cárcamo* de bombeo. Para reproducir el hidrograma correspondiente a la avenida por ensayar, se programa la obstrucción del canal repartidor sobre un disco circular de madera o plástico que gira a velocidad constante, véase la figura 6.6.

La primera fase de la calibración del modelo consistió en reproducir apropiadamente el coeficiente de rugosidad, mismo que se determinó para el prototipo con base en niveles conocidos de agua en el río, de estaciones hidrométricas y complementados con datos calculados mediante métodos de análisis de curvas

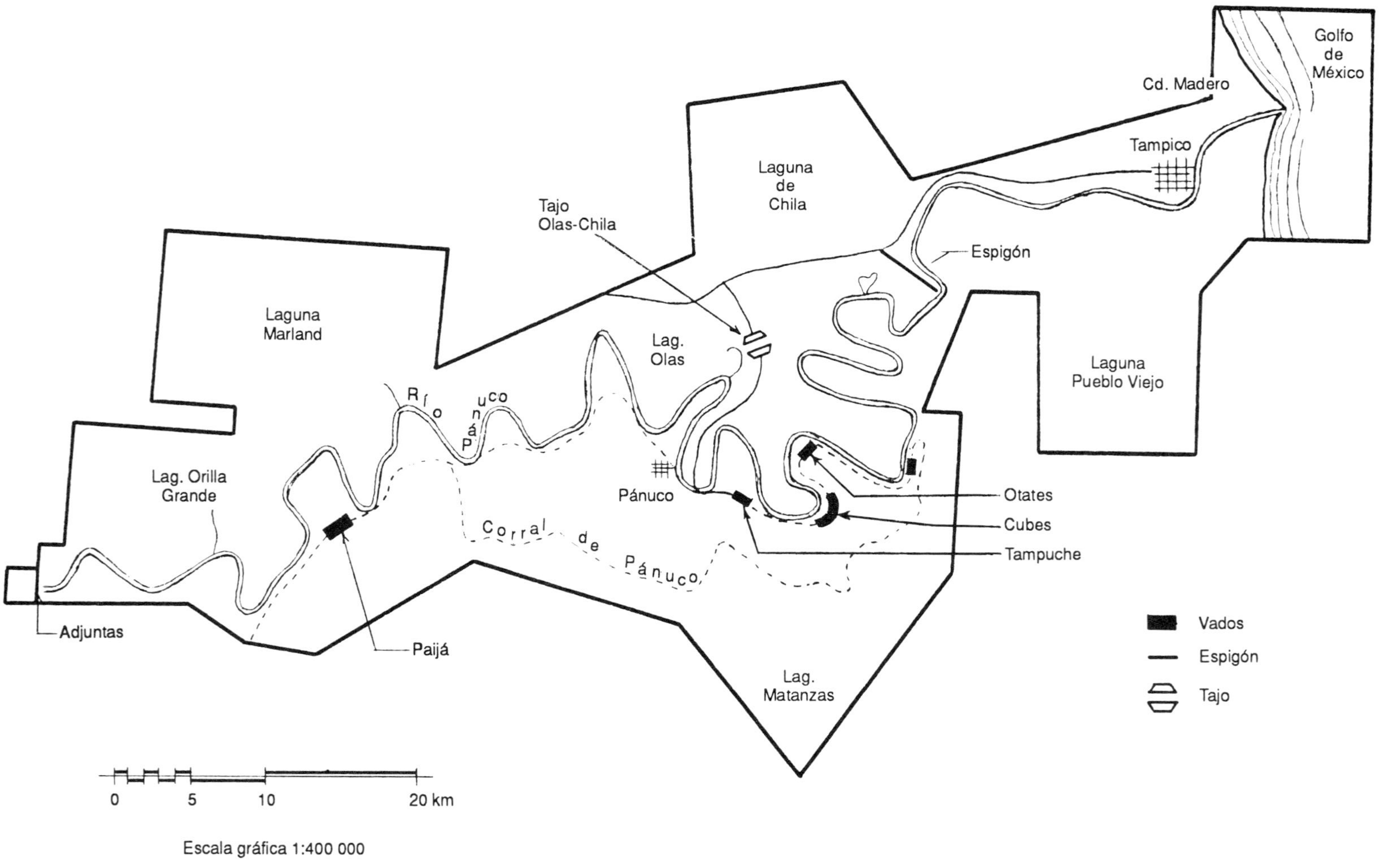

Figura 6.12 Arreglo general del modelo del río Pánuco (Lozoya C.J.O. y Villa Z. R. 1978)

de remanso. Se consideró un flujo permanente con un gasto de 2 000 m^3/s, y empleándose en el cauce principal placas metálicas de 1 cm de ancho suspendidas en una varilla. Para la zona de lagunas y llanuras de inundación se empleó grava de 2 cm de diámetro distribuida en la proporción de 2 litros por segundo ajustándose mediante ensayo y error; véase la figura 6.13.

La segunda fase de la calibración consistió en reproducir correctamente las avenidas, para lograrlo se realizaron aforos volumétricos de las descargas por el canal móvil para distintas posiciones de éste con respecto a la cresta del vertedor con carga constante. A continuación se trazó el hidrograma en coordenadas polares, materializado en los discos (programas), siendo el radio, equivalente a un valor del gasto y el ángulo a un tiempo. Una vuelta del disco (42 minutos) equivalía a 35 horas del prototipo, por lo que el hidrograma completo de una avenida registrada se representa utilizando de 10 a 12 discos.

La verificación del modelo calibrado se llevó a cabo con una avenida de 1974, que contaba con registros simultáneos en diferentes secciones del cauce; en las homólogas del modelo se intalaron limnímetros fijos, quedando ajustadas las curvas tiempo elevación como se muestra en la figura 6.14.

Hecha la verificación se efectuaron las pruebas de las seis alternativas que a continuación se describen.

Alternativa A Apertura de tres vados (Tampuche, Cubes y Otates) sobre el bordo del Corral de Pánuco, aguas abajo de la población del mismo nombre.

Alternativa B Supresión del bordo de la carretera Tampico-Pánuco en el tramo Puente Mahuaves-Puente Pánuco.

Alternativa C Supresión del bordo que separa las descargas del Río Chicoyán del Dren oriental.

Alternativa D Tajo de comunicación entre las lagunas Olas y Chila (con 50 y 200 m de ancho).

Alternativa E Vado en el sitio Paijá con 1 500 m y 3 000 m de ancho.

Alternativa F Construcción de un espigón aguas arriba de la Cortadura.

De los ensayos realizados se concluye que la mejor solución corresponde a la combinación de las alternativas D, E y F, que al provocar descenso en los niveles de agua, las áreas y los tiempos de inundación de algunas zonas se reducen. Por ejemplo, la población de Pánuco, Ver., queda a salvo totalmente con niveles de 7.50 m en el río (respecto del nivel medio del mar). En las zonas adyacentes a la Laguna de Olas dejan de inundarse totalmente alrededor de 500 ha, la población de el Reventadero, Ver., aunque sus niveles y tiempos de inundación son menores, la carretera Tampico-Pánuco, en su tramo Mahuaves-Pánuco, está totalmente a salvo. En la figura 6.15, se muestran parte de los resultados.

a) Distribución de rugosidad (grava) en la zona de inundación

b) Distribución de rugosidad (placas) en la zona del cauce

Figura 6.13 Calibración de rugosidad en la zona de inundación y en el nivel cauce (SRH)

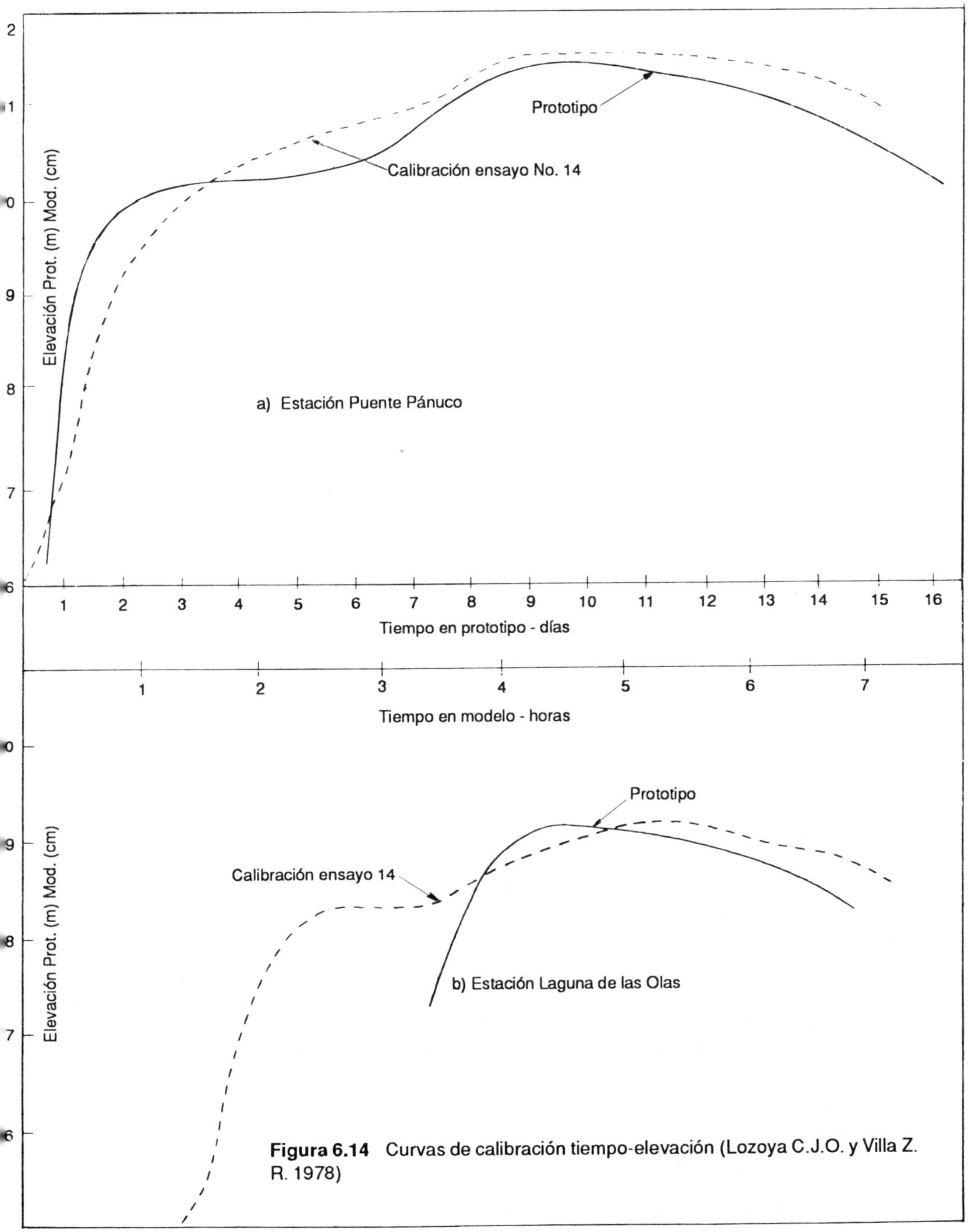

Figura 6.14 Curvas de calibración tiempo-elevación (Lozoya C.J.O. y Villa Z. R. 1978)

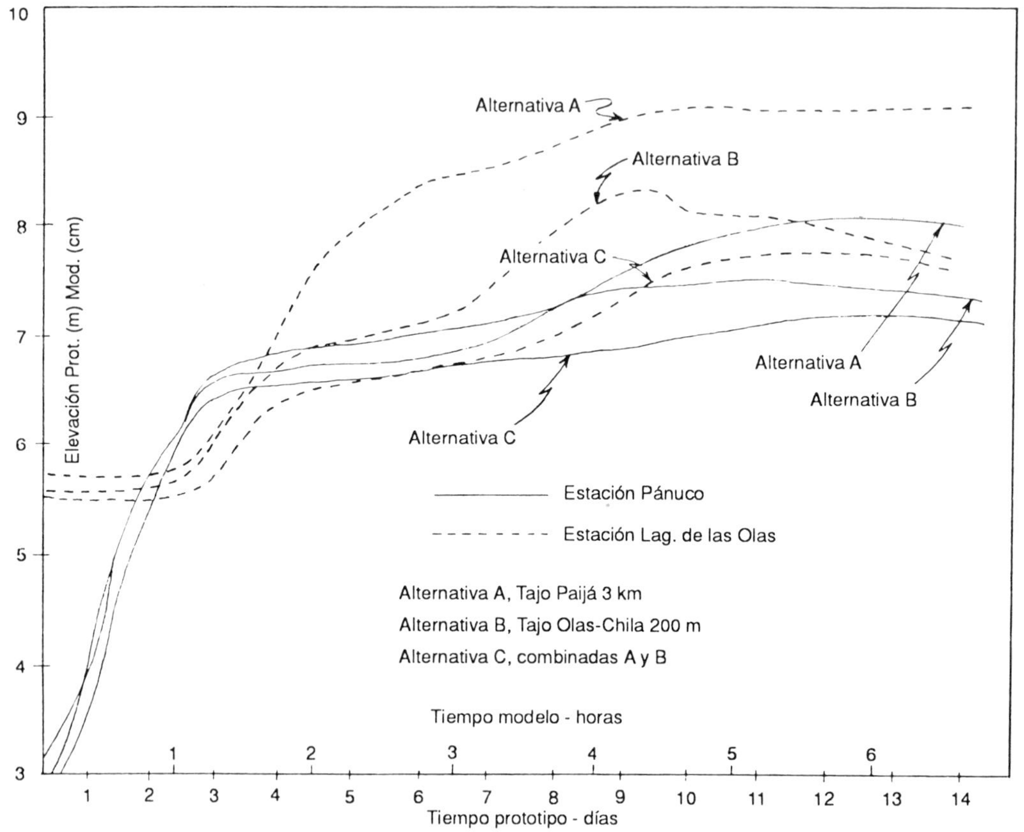

Figura 6.15 Tiempo-Elevación para diferentes alternativas (Lozoya C.J.O. y Villa Z. R. 1978)

6.4 MODELOS DE ESTRUCTURAS HIDRAULICAS

Dentro de los modelos con flujo a superficie libre, se tienen los correspondientes a las obras hidráulicas, en las cuales la longitud de los cauces es pequeña y, por tanto, las fuerzas de fricción no se consideran. Sin embargo, pequeñas variaciones en la geometría causan cambios significativos en el patrón de flujo. Este tipo de modelos se emplean para estudiar localmente el comportamiento de estructuras aisladas, su uso es frecuente, ya que son de fácil construcción, operación e interpretación. Las estructuras más comunes a estudiar pueden, en lo general, agruparse de acuerdo con su función en: a) estructuras de control y desvío, b) estructuras de disipación de energía y c) estructuras de bombeo.

6.4.1 Estructuras de control y desvío

En el diseño de presas es necesario prever obras que permitan descargar el agua excedente de las avenidas aguas abajo y evitar el daño de la presa. Estas obras son los *vertedores* de demasías con toda una gama de variantes; de cresta libre o controlada, con canales de descarga rápida, con canal lateral, con galería vertical, de sifón etc.

En los vertedores de demasías, el diseño óptimo consiste en descargar el máximo gasto (Q), con la menor longitud de cresta (L), la menor carga (H), y el máximo coeficiente de descarga (C); existen ecuaciones generales ($Q = C L\sqrt{2g}\, H^{3/2}$), que permiten diseñar los vertedores si éstos se ajustan a las condiciones de frontera para las cuales se deduce el valor de C, pero si estas fronteras son diferentes (el caso más común) es necesario construir el modelo. Además, para el dimensionamiento de la cresta vertedora, debe tomarse muy en cuenta el perfil y el pie del vertedor, sus fronteras laterales, el canal de llegada, el de descarga, así como las pilas sobre la cresta con los problemas particulares, véase la figura 6.16, ya que las curvaturas en los planos horizontales y verticales pueden causar presiones negativas en el flujo, que pueden conducir a su separación, oscilación de presiones y cavitación.

Por otra parte, la presencia de flujos con régimen supercrítico obligan a seleccionar con gran cuidado el tipo de dichas curvas, espirales o circulares, para abatirla sobre la elevación de la superficie libre del agua.

Las pilas sobre los vertedores generan alteraciones de flujo debido a su forma y a la contracción de la longitud efectiva del vertedor, lo cual afecta el coeficiente de descarga. La instalación de compuertas sobre el vertedor y apoyadas en las pilas permiten incrementar el almacenamiento de agua de la presa, sin embargo, los niveles deben ser adecuadamente operables en función de las avenidas y de la apertura de las compuertas. Una falla de operación de este sistema y en el caso de una cortina de tierra, el agua puede pasar sobre ésta y producirle la falla con resultados desastrosos. Independientemente del programa operativo de las compuertas que se obtenga, por medio del modelo para controlar el paso de la avenida, es necesario limitar la abertura de las compuertas en función de la carga sobre el vertedor para evitar la formación de vórtices y la vibración de las mismas.

El agua almacenada en las presas, es extraída para fines de riego, abastecimiento a poblaciones, generación de energía eléctrica, de desvío, para efectuar trabajos de limpieza y reparación, etc., cuyas obras por lo general se denominan obras de toma. Este tipo de obras se emplean en las márgenes de los cauces de los ríos y canales en la toma de agua para fines de riego, de abastecimiento y para enfriamiento de plantas termo o nucleoeléctricas. Para este último caso también se construyen en las costas para tomas de agua en lagunas litorales o del mar. Estas obras pueden ser tuberías o canales (dependiendo si la toma es sumergida o superficial), torres o *canales de llamada,* rejillas de protección de basuras o peces y compuertas de control del gasto. Figuras 6.17 a la 6.22.

En especial, cada una de las estructuras presentan sus problemas en el flujo. Por ejemplo, pérdidas de carga, cambios de régimen, flujo, formación de vórtices y arrastre de aire. Todo esto ligado a los gastos de operación, geometría de las obras de conducción, niveles de operación, abertura de compuertas, grados de

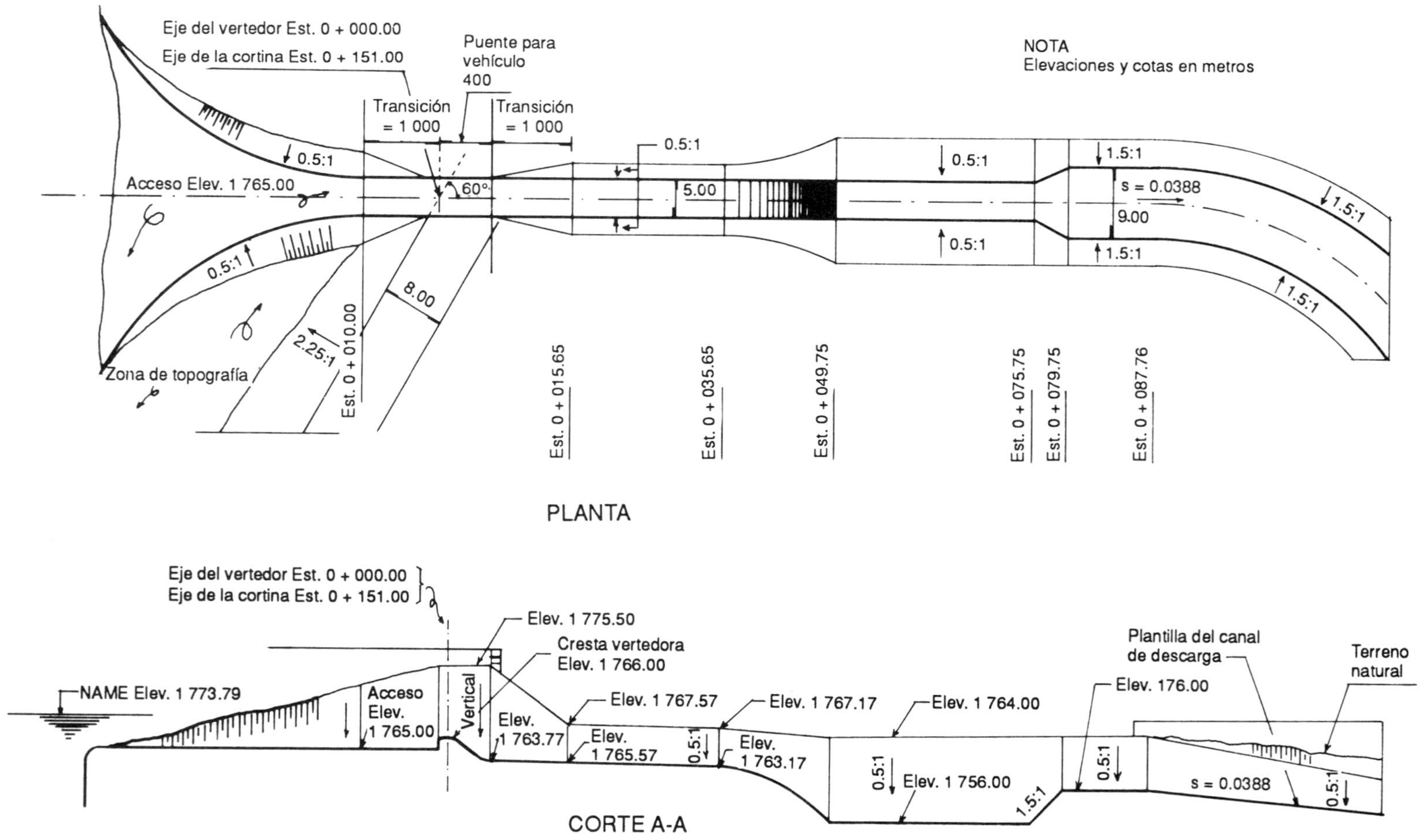

Figura 6.16 Estructura de control (SRH)

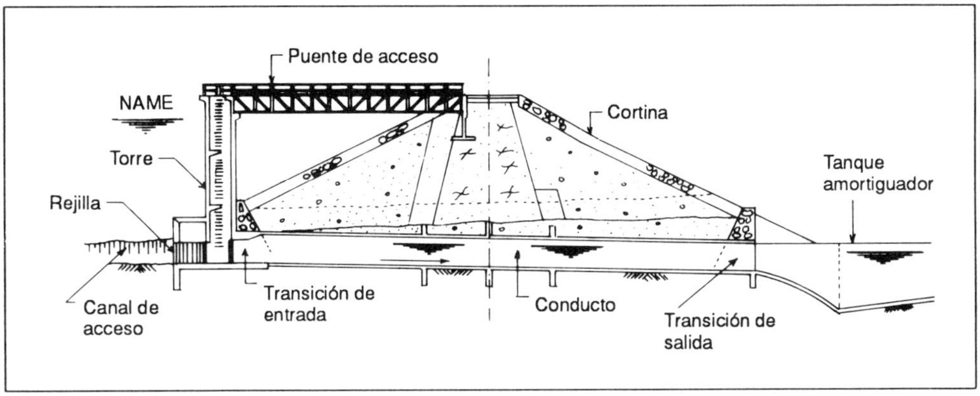

Figura 6.17 Obras de toma con torre (SRH)

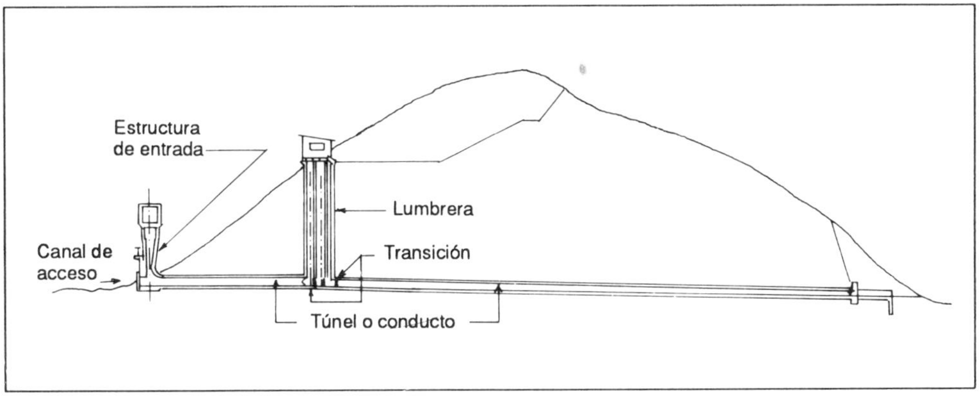

Figura 6.18 Obras de toma con lumbrera (SRH)

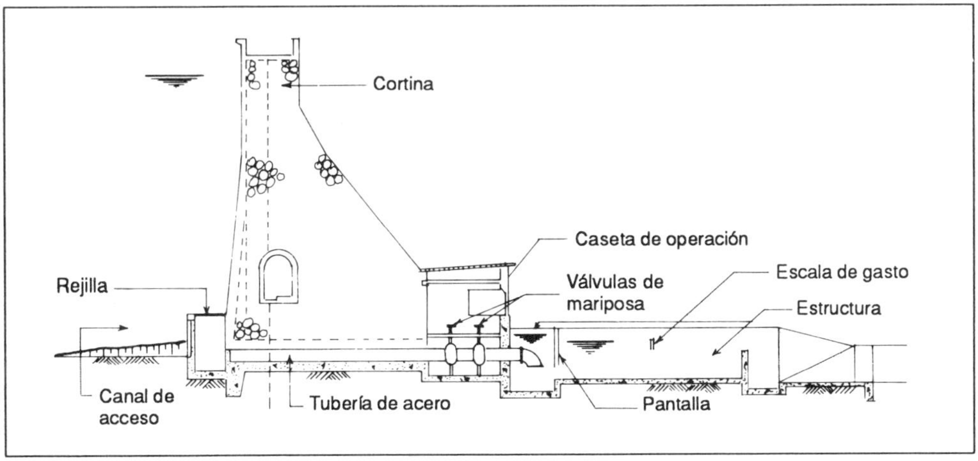

Figura 6.19 Obras de toma con tubería de presión (SRH)

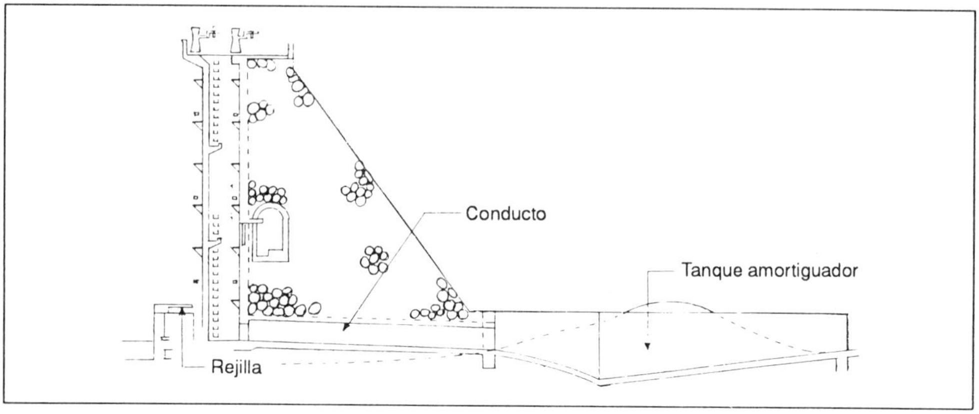

Figura 6.20 Obras de toma funcionando como canal (SRH)

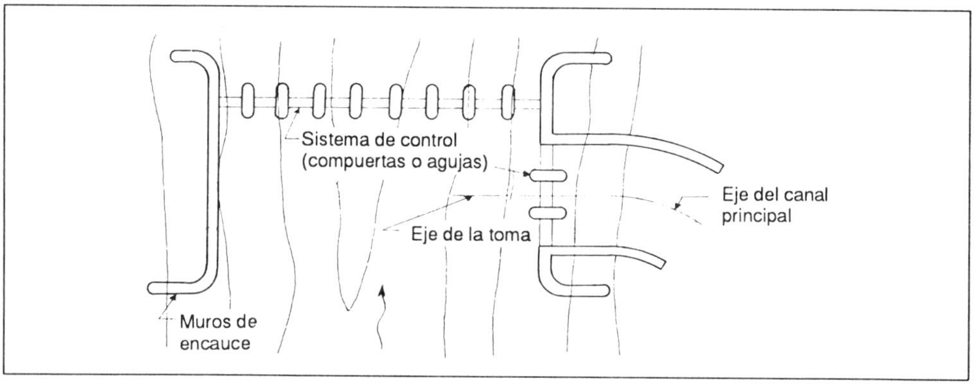

Figura 6.21 Obras de toma en un canal o río (SRH)

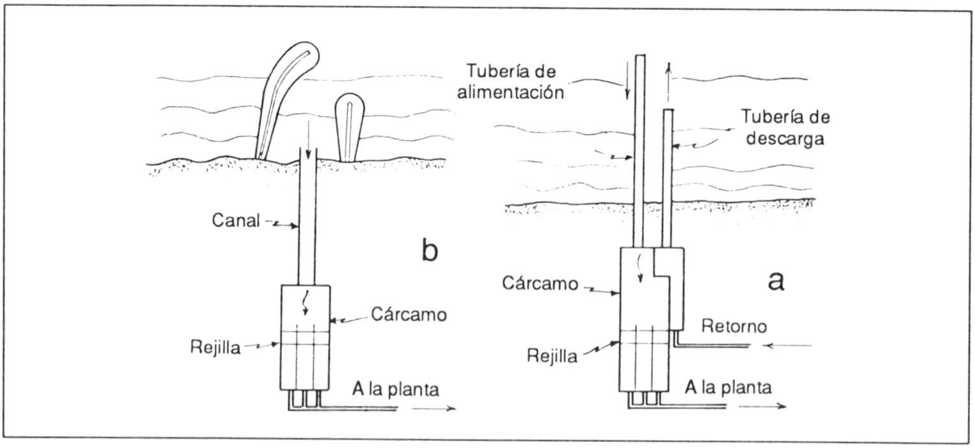

Figura 6.22 Obras de toma marítimas: **a)** Sumergida, **b)** Superficial

obstrucción de rejillas y mallas, geometría y orientación de elementos aislados dentro del flujo, tales como pilas, deflectores, transiciones y rejillas.

6.4.2 Estructuras disipadoras

En el extremo final de una obra de excedencias, de toma, o de canales con grandes pendientes, donde las velocidades del agua son altas, necesariamente debe construirse una obra que disipe la energía del flujo y evitar erosiones importantes del cauce. En general, son dos los tipos de estructuras comúnmente usadas para disipar energía; las primeras incluyen cambios repentinos de la pendiente de la plantilla de los canales y expansiones de los mismos, siendo representativas de éstas, las caídas libres y los tanques de amortiguamiento, como se ilustra en las figuras 6.23 y 6.24, cuyo diseño se basa en el resalto hidráulico.

El segundo tipo de estructuras se caracteriza por la reflexión del flujo hacia arriba, por medio de perfiles curvos de la plantilla del canal, siendo representativas de éstas los saltos de Ski, figura 6.25, cuyo diseño se basa en la formación de un chorro que perdería energía al elevarse, así como al caer a suficiente distancia aguas abajo, o bien, si el chorro es sumergido, el resalto hidráulico se hace presente, figura 6.26.

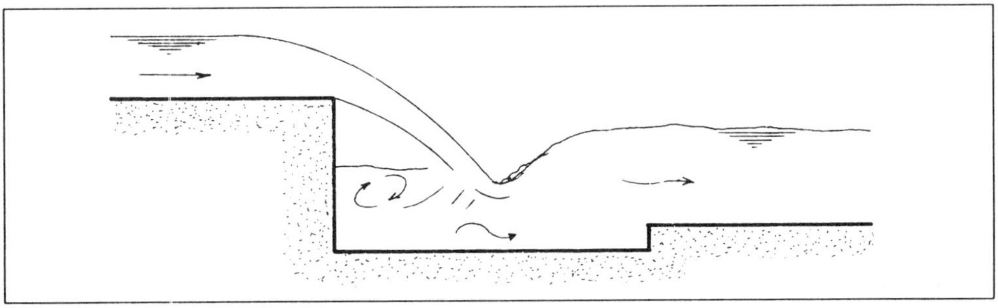

Figura 6.23 Disipador de caída libre

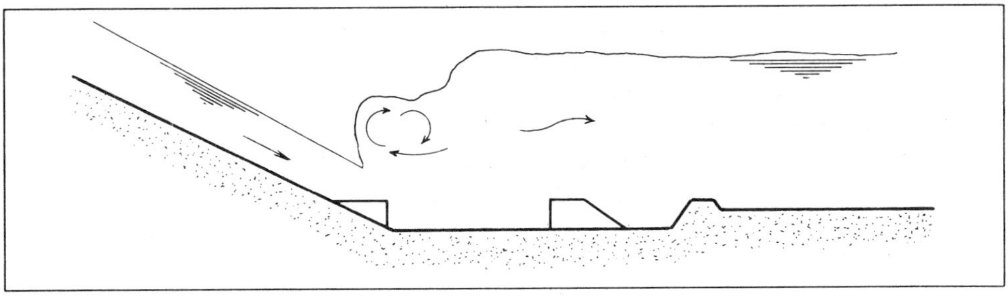

Figura 6.24 Tanque amortiguador

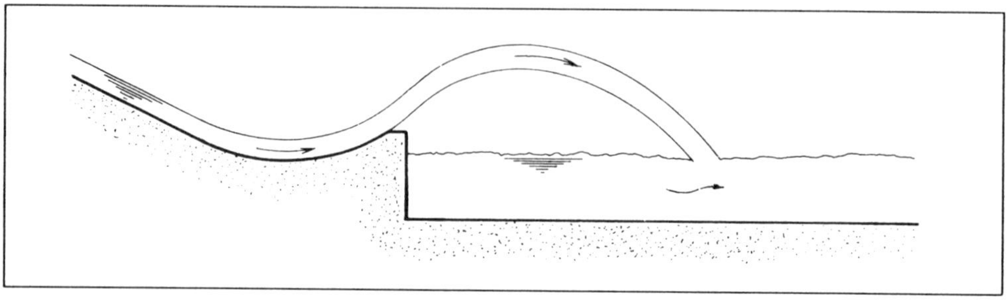

Figura 6.25 Deflector con chorro libre (salto de Ski)

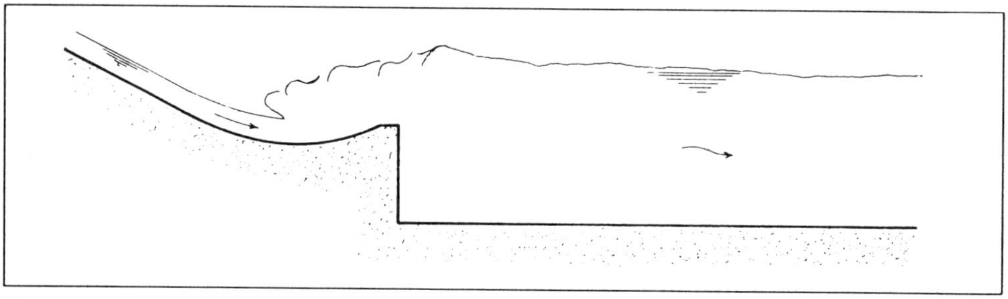

Figura 6.26 Deflector con chorro sumergido

6.4.3 Estructura de bombeo

En los sistemas de bombeo de agua para fines de uso de irrigación, industrial, doméstico, enfriamiento en plantas termoeléctricas o nucleoeléctricas, etc., es común construir cárcamos de bombeo en obras de toma de ríos, lagunas, mar u otros almacenamientos como fuentes de aprovisionamiento de agua.

Dentro de los cárcamos es frecuente que, para ciertos niveles de agua, principalmente cuando la *sumergencia* de trabajo es inferior a la crítica, se presentan fuertes vórtices arrastrando aire y provocando un mal funcionamiento del sistema de bombeo, ya que el patrón de flujo se modifica, se incrementan las pérdidas de carga por fricción, se producen vibraciones así como cavitación, reducción en el gasto por bombear y, en general, se reduce la eficiencia del sistema.

En general, puede decirse que los vórtices que se presentan son de dos tipos: los primeros denominados superficiales, y los segundos sumergidos, que de acuerdo a la clasificación de Dicmas, el efecto de éste depende de la magnitud de los mismos, los cuales están anotados en la tabla 6.5.

TABLA 6.5. Clasificación de vórtices (J.L. DICMAS)

Vórtices superficiales	
Tipo I Formación de una pequeña depresión (hoyuelo) en una superficie lisa. Algunas burbujas de aire son arrastradas intermitentemente hasta alcanzar la succión de la bomba. Un vórtice de esta magnitud normalmente no afecta el funcionamiento de la bomba.	
Tipo II En estos vórtices la depresión de la superficie y la velocidad de rotación son mayores que en el tipo I, la intermitencia, formación y desaparición, se hace en ciclos menores de 15 a 30 s. El aire arrastrado hacia la succión de la bomba también es mayor, pero sin afectar todavía el funcionamiento de la bomba.	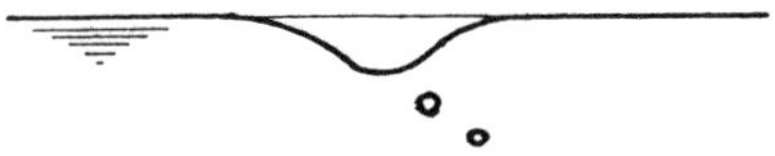
Tipo III Estos son vórtices de formación continua, los cuales permiten arrastrar aire hacia la bomba escuchándose ruido en la succión.	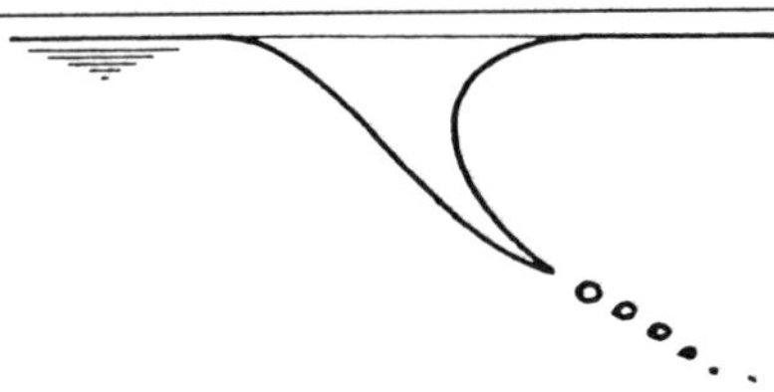
Vórtices sumergidos	
Tipo A La primera formación de vórtices visibles consta de una fina columna de aire, o vapor, bajo la campana de succión, que se forma y desaparece en ciclos de 10 a 15 s. Generalmente, la columna se propaga del fondo hacia arriba para desaparecer en el interior de la campana. Sin embargo, bajo ciertas condiciones, puede formarse en alguna otra parte, a un lado o en la pared de atrás.	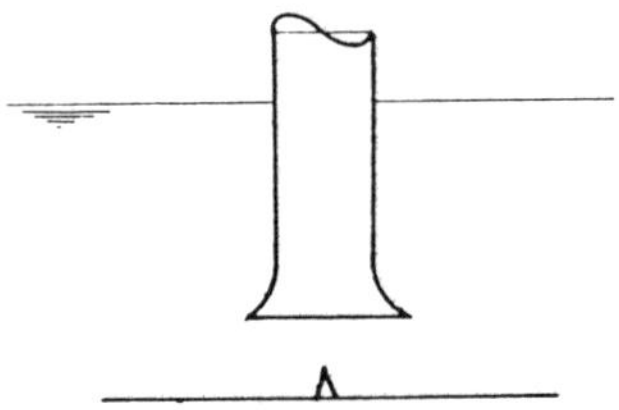
Tipo B Son vórtices similares en formación y movimiento al tipo A, pero de mayor magnitud e intensidad. Pudiendo ser intermitentes o continuos. En este tipo hay arrastre de aire o vapor, sólo que de insuficiente magnitud para afectar el funcionamiento de la bomba.	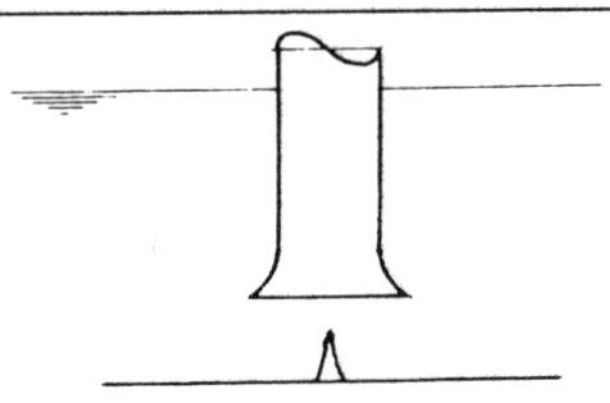
Tipo C La característica esencial de estos vórtices es el acompañamiento de fuerte ruido que por lo común es intermitente, puede variar de un leve rugido a un fuerte estallido. La dirección del núcleo de la columna de aire o vapor es vertical, comenzando del fondo y desapareciendo en el interior de la campana de succión.	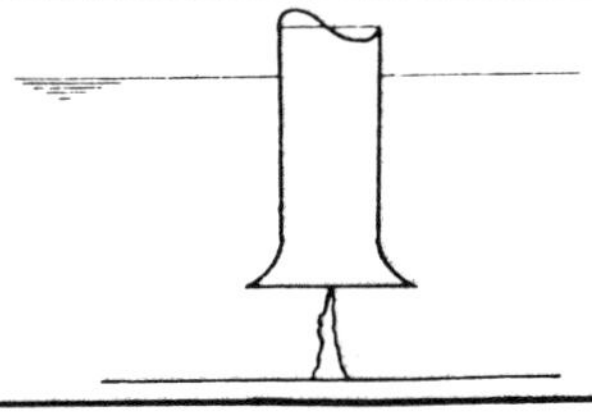

6.4.4 Condiciones de similitud

a) *Flujo general* En particular, en estos tipos de estructuras los fenómenos locales interesantes a tratar están estrechamente ligados a los patrones de distribución de presiones, mismos que deben ser semejantes en el modelo, por lo cual, no deben admitirse distorsiones. Las condiciones generales de similitud son las establecidas en el inciso 6.2, además de las condiciones de similitud particulares correspondientes a fenómenos tales como la cavitación y vórtices que, en algunos casos, son de gran importancia como se mencionó en los incisos 6.3.1 y 6.3.3, respectivamente.

b) *Cavitación* La posibilidad de cavitación puede evaluarse mediante el número de Thoma σ, también llamado de cavitación (forma particular del número de Euler E) definido por

$$\sigma = \frac{h_0 - h_{vap}}{v^2/2g} \qquad \textbf{(6.34)}$$

siendo

h_0 = carga de la presión absoluta
h_{vap} = carga de la presión de vaporización
v = velocidad media del flujo
g = aceleración debida a la gravedad

Apareciendo la cavitación por abajo de este valor.
Este parámetro adimensional, al ser igual en el modelo y en el prototipo, se obtiene

$$E_h = \frac{(h_0 - h_{vap})_p}{(h_0 - h_{vap})_m} = E_L \qquad \textbf{(6.35)}$$

c) *Vórtices* En la figura 6.27 se presentan las principales magnitudes físicas del flujo, del fluido y de la geometría de la estructura que influyen en la formación de vórtices superficiales con succión vertical que, tratadas éstas bajo análisis dimensional, dan como resultado la siguiente función homogénea.

$$F(Fr,\ Re,\ K,\ W,\ r/D_0,\ D_0/D,\ h/D,\ \theta) = 0 \qquad \textbf{(6.36)}$$

en la que

$Fr = v/\sqrt{gD}$ = número de Froude
$Re = vD/\upsilon$ = número de Reynolds
$K = \Gamma/vD$ = número de Kolf (Γ = circulación)
$W = v/\sqrt{\rho D/\sigma}$ número de Weber

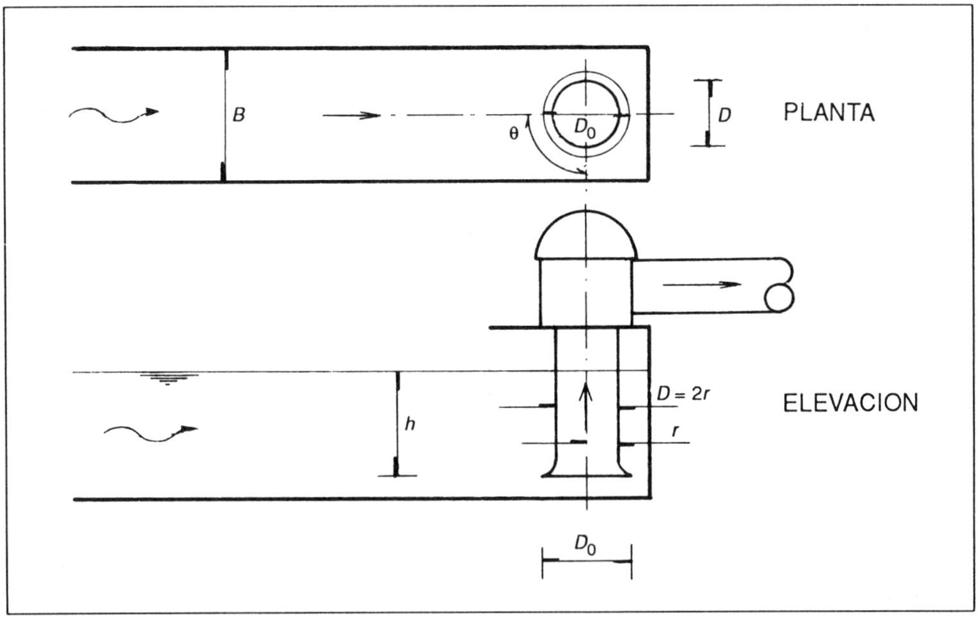

Figura 6.27 Cárcamo con bombeo vertical

Esta se obtuvo tomando como base el estudio sobre criterios para modelos de formación de vórtices en cárcamos de bombeo, realizado por Dhillon, Sakhuja y Paul, del Instituto de Irrigación y Energía de la India.

Otros autores, tales como H. O. Anwar, proponen utilizar el parámetro *Re,* de la forma $Q/\upsilon h$, denominándolo número de Reynolds, radial (R_r); mientras que L. L. Dagget, transforma el parámetro K en Γ_r/Q o $4Q/VD^2$ llamados, respectivamente, número de circulación (N_Γ) y número de Rossby (Ro). Por su parte, M. B. Amphlett, escribe el parámetro W como

$$W = Q^2 h\rho / A^2 \sigma, \text{ donde } A = \pi D^{2/4}$$

como en estos modelos debe cumplirse con la similitud de Froude y, dada la imposibilidad de satisfacer simultáneamente la similitud de Reynolds (inciso 2.5), a continuación se discuten los efectos de algunos de estos parámetros.

Para rangos estudiados de $0 < \Gamma_r/Q < 1.8$, $10^3 \leq Re \leq 10^6$, $W > 10^4$, $v^2 \rho D/\sigma > 120$, el efecto de la tensión superficial y densidad son insignificantes.

Para $Q/\upsilon D \geq 2.5 \times 10^4$, $Re \geq 10^4$ y para escalas mayores que 1:20, y valores D mayores que 9.4 cm, el efecto de viscosidad no se considera.

6.4.5 Efectos de escala

Como ya se ha mencionado, en modelos construidos bajo similitud gravitacional (Froude), la viscosidad y la tensión superficial llegan a tener gran importancia si las escalas son grandes numéricamente. En el caso de vertedores el efecto de escala es prácticamente cero, si $Re > 10^5$, (en este caso, $Re = q/\upsilon$, siendo q el gasto específico). De otra forma, el coeficiente de descarga C, del modelo debe corregirse para obtener el valor real del prototipo ($C_p = \eta_c C_m$) siendo $\eta_c = f(Re)$ el coeficiente de corrección del coeficiente de descarga, cuya gráfica se muestra en la figura 6.28, obtenido para flujo sin cavitación a superficie libre.

La depresión que experimenta el flujo debido al incremento de velocidades sin presencia de cavitación se evalúa con la siguiente ecuación

$$\sigma_0 = h_D / h_0 \qquad \textbf{(6.37)}$$

donde σ_0 es el coeficiente de depresión y h_D la carga de depresión, misma que debe ser menor que $h_{atm} - h_{vap}$ para evitar la cavitación (h_{atm} = carga de presión atmosférica). En condiciones de inestabilidad del valor de h_D, por la separación del flujo al inicio de la cavitación, éste se puede calcular de la forma siguiente

$$h_D \cong (1.1 \ \sigma_0 + 0.10) \ h_0 \qquad \textbf{(6.38)}$$

Dada la imposibilidad de satisfacer la condición de similitud de Reynolds, la modelación para las condiciones anteriores de depresión se hace compleja; por lo que para abatir errores en el cálculo de h_D y σ_0 para el prototipo, deben hacerse correcciones por efecto de escala al valor de σ_0 calculado en el modelo, de tal modo que σ_0 en el prototipo resulta ser

$$\sigma_{0_p} = \eta_{\sigma_o} \sigma_{0_m} \qquad \textbf{(6.39)}$$

siendo η_{σ_0} el coeficiente de corrección del coeficiente de depresión, graficado en la figura 6.25.

Como se indicó en el inciso 6.4.3b para el caso de la cavitación producida, además de satisfacer la condición de Froude, y de cumplir con la condición de Thoma y el valor de η_{σ_0}, ésta resulta ser igual a la unidad para valores de $Re > 10^5$.

Con respecto a la formación de vórtices en cárcamos de bombeo, el efecto de la viscosidad es muy pequeño cuando $Re = vD/\upsilon \geq 5 \times 10^4 \ (v/\sqrt{gD})$, estableciéndose que el valor mínimo del diámetro D de la tubería de succión debe ser 9.4 cm. Otro efecto de escala también presente en la formación de vórtices son las dimensiones del cárcamo, por lo que si el ancho $B \leq 3D$, la condición de similitud obliga a igualar las velocidades del modelo y del prototipo. Se recomien-

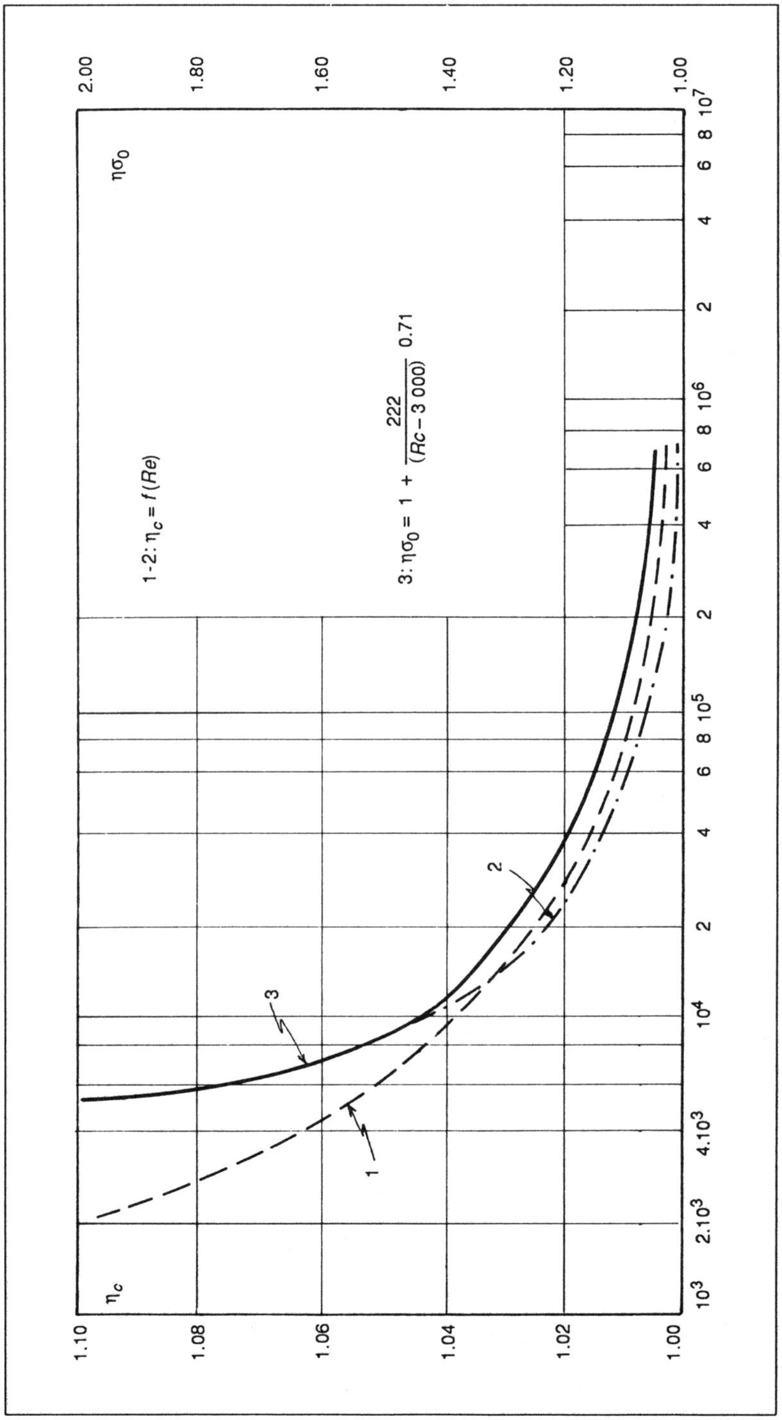

Figura 6.28 Relaciones de $\eta_c = f(Re)$ y $\eta_{\sigma_0} = f(Re)$ para condiciones sin cavitación (N. P. Rozanov 1.3. A. Sositsrov's 2)

tipo. Se recomienda aplicar esta misma condición para revisar el efecto de la sumergencia en la formación de vórtices.

6.4.6 Selección de escalas

Como se vio con anterioridad, para estos tipos de modelos sin distorsión, cuya escala se encuentra en un rango de 1:15 a 1:60 para vertedores y obras de toma siempre que $Re > 10^5$. Según Russell la escala más grande (numéricamente) para modelos de vertedores es determinada en función de la carga H mínima aceptable para un error admisible (ε) cuya ecuación es

$$\left(\frac{H - K_H}{H}\right)^{3/2} = 1 - \varepsilon \qquad (6.40)$$

denominándose K_H, carga de reducción, cuyo valor se muestra en la tabla 6.5. El valor máximo de ε es de 10%.

TABLA 6.6. Valores de K_H (Russell R. C. H. 1964)

Tipo de vertedor	K_H
Placa delgada	0.09 mm
Cresta redondeada	0.457 mm
Cresta ancha	$9.146 \times 10^{-4} \times$ long. mm

Para cárcamos de bombeo, de acuerdo con el criterio de Anwar, la escala máxima es 1:20, siempre que $R_r > 10^3$ y, según Jain, Garde y Ranga Raju, la escala máxima corresponde a un diámetro mínimo D igual a 9.4 cm.

6.4.7 Fronteras del modelo

Además de lo ya expuesto en el inciso 6.3.3, el modelo debe contener todos los detalles de las estructuras que entren en contacto con el flujo y que puedan afectarlo.

Las obras por estudiar, conforme a los patrones de flujo, deberán modificarse, si es necesario, hasta que permitan mejorar las condiciones de flujo en el acceso a los vertedores de demasías u obras de toma. En estos modelos la extensión lateral se limita prácticamente al ancho del cauce.

6.4.8 Datos para el diseño de los modelos

Finalmente, es necesario contar con valores de los gastos y niveles de operación admisibles en condiciones mínimas, máximas e intermedias. Para las estructuras internas se necesita la geometría y la ubicación del proyecto y, en algunos casos, de las condiciones de operación admisibles de estructuras internas, tales como, rejillas, compuertas, bombas, etc.

6.4.9 Construcción de modelos

Para la configuración respectiva se rellena con material de desperdicio y se compacta la tierra, el material empleado más común para la construcción del cauce es una mezcla de cemento y arena. Los muros son de ladrillo pegados con una mezcla de cemento y arena, e impermeabilizados para evitar filtraciones. La construcción de la configuración del cauce se efectúa a base de escatillones metálicos o de madera nivelados, correspondientes a secciones transversales con una separación no mayor de 50 cm. La superficie del cauce debe ser bastante lisa, ya que normalmente el coeficiente de rugosidad a escala resulta ser inferior al que se logra con trabajo de albañilería. Aun así los resultados son confiables, ya que las pérdidas por fricción no son de importancia por ser cortas las longitudes a representar.

Con respecto a las estructuras en el modelo y sin considerar la similitud elástica de las mismas, comúnmente se emplea madera, plástico, lámina metálica y plexiglás. En ciertas regiones del modelo a veces es conveniente construir paredes o fondos transparentes (plexiglás) para visualizar localmente el comportamiento del flujo, figura 6.29.

6.4.10 Instrumentación y equipo

Para estos modelos se necesita un sistema de bombeo con un tanque de almacenamiento y otro de carga constante para evitar fluctuaciones de gastos importantes en la alimentación del modelo, véase la figura 6.30. Al vaciar el modelo debe conducirse el agua al tanque de almacenamiento para usarla nuevamente. El equipo tradicional de medición es de tipo óptico o mecánico, y de reciente creación, acústico, térmico y otros accionados electrónicamente (anemómetros láser, de hilo caliente, ecosondas, de resistividad, de membranas de presión, etc.), que permiten medir el valor de las variables de interés en forma directa o indirecta.

6.4.11 Ejemplos de estudios

6.4.11.1 Obra de toma del canal del centro Esta obra se encuentra situada en la margen izquierda del Canal Endó a 115.89 m de la confluencia de los canales Dendho y Endó, que forma parte del Distrito de Riego del Río Tula, Hgo. El estudio de esta obra, a través de un modelo hidráulico, fue con el propósito de

Figura 6.29 Diferentes materiales de construcción para un modelo hidráulico

a) Vista exterior del tanque, con sistema de bombeo y descarga de excedencia

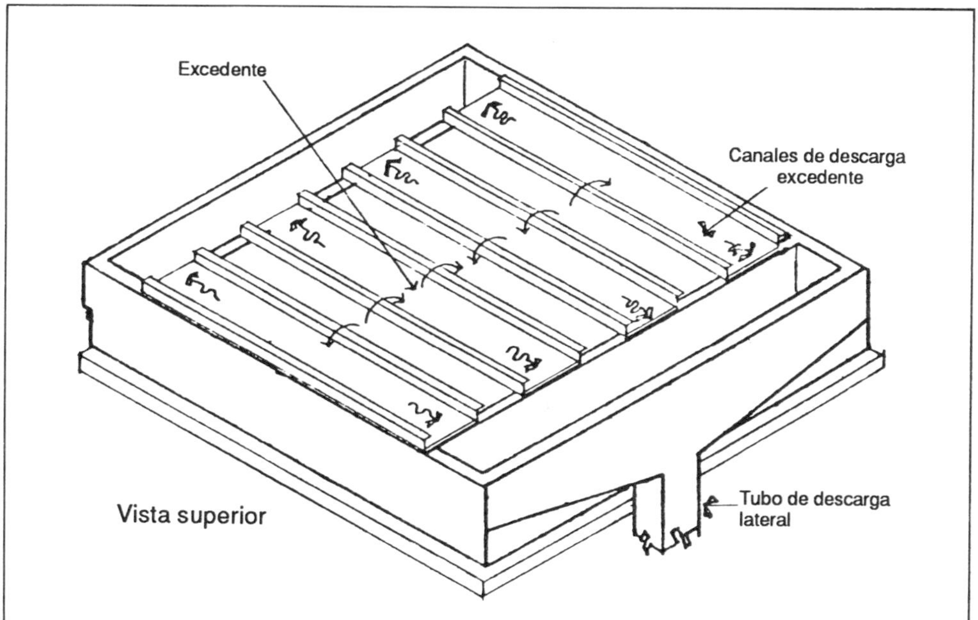

b) Canales de excedencia del tanque de carga constante

Figura 6.30 Tanque de carga constante

optimizar el funcionamiento hidráulico del flujo al pasar por el vertedor, canal de descarga y salida; habiéndose realizado el año de 1971 en el Laboratorio Hidráulico de la Secretaría de Recursos Hidráulicos, en Tecamachalco, D.F.

La estructura se integra de las siguientes partes:

a) **Estructura de control** La constituyen 4 compuertas deslizantes de 2.00 × 2.00 m, figura 6.31a.
b) **Conductos** Cuatro conductos cerrados de 40.00 m. de longitud y sección transversal cuadrada de 2.00 × 2.00 m.
c) **Descarga** La descarga de los conductos al Canal del Centro se hace con una caída vertical de 1.58 m, ligando la plantilla de los 4 conductos con la plantilla del Canal del Centro con una transición de 10.00 m de longitud y ancho variable de 9.05 m al final de la transición con los mismos taludes de 1.5:1 del Canal de Centro, figura 6.31b.

a) Estructura de control con 4 compuertas **b)** Descarga de los conductos al canal del centro

Figura 6.31 Estructuras del modelo hidráulico (Lab. Hidráulico SRH 1971)

El modelo, se construyó bajo la similitud de Froude, con escala de líneas $E_x = 25$, con la cual se reprodujeron las condiciones hidráulicas siguientes; gasto máximo por los cuatro conductos de 50 m^3/s y coeficiente de rugosidad (n) de 0.015. Para satisfacer esta rugosidad a escala ($n_m = 0.0087$) los conductores se hicieron con madera pulida y barnizada, se instaló una tapa de plástico transparente (lucita) en la parte superior de los conductos para observar el comportamiento del flujo.

El funcionamiento hidráulico de los conductos para gastos mínimos de 5 m^3/s era satisfactorio, figura 6.32a, no así para el gasto máximo de 50 m^3/s que formaba un vórtice en el primer conducto de la margen izquierda, figura 6.32b, introduciendo aire en el resto de los conductos, figura 6.33a. Esto obligó a modificar la transición de salida por otra con rampa y taludes, variando de verticales a 1.5:1, correspondientes al Canal del Centro en una longitud de 7.00 m.

a) Funcionamiento normal con gasto mínimo

b) Formación de vórtice a la entrada de los conductos con gasto máximo

Figura 6.32 Detalles del funcionamiento del modelo con geometría original (Lab. Hidráulico SRH 1971)

a) Arrastre de aire con la geometría original de la transición

b) Modificación final de la transición a la salida de los conductos

Figura 6.33 Detalles de los conductos (Lab. Hidráulico SRH 1971)

Con esta modificación, figura 6.33b se ensayó el modelo con diferentes gastos, observándose que el funcionamiento era aún incorrecto, por lo que se optó por modificar las condiciones de acceso a los conductos, desplazando aguas arriba la curva de transición de entrada, hasta alcanzar la distancia de 6.00 m, respecto al primer conducto de la margen izquierda, figura 6.34, con lo cual el funcionamiento de los cuatro conductos para gastos máximo y mínimo fue satisfactorio.

Figura 6.34 Funcionamiento del acceso modificado de los canales con gasto máximo (Lab. Hidráulico SRH 1971)

6.4.11.2 Obra de toma de la P.H. "Carlos Ramírez Ulloa" Este trabajo experimental se realizó en el Laboratorio de Hidráulica Experimental de la Comisión Federal de Electricidad (CFE), ubicado en la Central Hidroeléctrica Ing. Manuel Moreno Torres, Chiapas, y consistió en analizar los fenómenos hidráulicos locales generados en la bocatoma de la planta hidroeléctrica Carlos Ramírez Ulloa, *El Caracol,* de la CFE.

Para este trabajo fue necesario construir un modelo hidráulico sin distorsión a escala de línea 1:50, e integrado por el vertedor de excedencias, cortina y una parte del vaso. El piso y taludes del canal de acceso se representaron de concreto pulido y la topografía del vaso de concreto rugoso. La alimentación parte desde un cárcamo y por medio de bombeo el agua se conduce al modelo pasando por unos muros tranquilizadores y posteriormente al vaso. El control de niveles en el vaso se hizo con una tubería de extracción a la cual se le instaló una válvula de compuerta, que se operó manualmente. Para controlar el gasto descargado en cada unidad se adaptó en el tramo horizontal de la tubería a presión, una válvula de mariposa con graduaciones de aberturas, posteriormente este gasto se controló con un vertedor triangular ubicado aguas abajo.

El criterio adoptado para operar el modelo se basó considerando la eficiencia de la tubería en el prototipo a un 100%. La secuencia de los ensayos siempre fue subiendo el nivel del vaso, manteniéndolo constante de 20 a 25 minutos por cada 2 cm de carga (1.00 m. en el prototipo). Los ensayos realizados fueron desde el nivel mínimo de operación (NAMO) hasta el nivel de aguas máximas extraordinarias (NAME), basados en la tabla 6.7.

TABLA 6.7 Rango de operación y gastos

NIVELES EN EL VASO		GASTOS (M^3/S) POR UNIDAD
de	a	
495.00 (NAMO)	504.00	216.2
505.00 (MAMO)	514.00	237.9
515.00 (NAMO)	521.00 (NAME)	227.7

A continuación se presentan los diferentes esquemas de funcionamiento al variar el arreglo en la bocatoma y la geometría del canal de acceso. Cabe mencionar que la intensidad de los vórtices presentados se evaluó por observación directa y se clasificó de acuerdo a la tabla 6.8.

Primera alternativa. La bocatoma consta de tres unidades, la 1 y la 2 se construyeron de concreto hasta el final de la transición, utililizando tubos de hierro de 6" para la tubería a presión, con excepción de los codos que al igual que la unidad 3, se fabricaron de Lucita. La geometría de la bocatoma y del canal de acceso, se muestran en la figura 6.35, para las cuales los ensayos reportaron la siguiente información:

Para corte del canal de acceso a 90°, los vórtices que introducían aire a la toma se presentaron hasta la elevación 500 m. La llegada asimétrica del flujo a la toma formaba una zona de retorno que propiciaba la formación de vórtices intensos, incluso, cuando al nivel del vaso correspondía al NAME (elevación 521.00 m).

Para el corte del canal de acceso a 45° y ampliación lateral, el funcionamiento de las formas mejoraron, sin embargo, los vórtices con inclusión de aire conti-

TABLA 6.8 Clasificación de los tipos de vórtices (GonzáLez O. R. 1982)

TIPO	SIMBOLOGIA	DESCRIPCION
I		Se observa calma en la superficie
II		Corriente superficial incipiente en el sentido de las manecillas del reloj
III		Corriente superficial incipiente en el sentido opuesto a las manecillas del reloj
IV		Corriente definida que gira en el sentido de las manecillas del reloj
V		Corriente definida que gira en el sentido opuesto a las manecillas del reloj
VI		Inicio de vórtice con un cono máximo de 0.25 m en el prototipo que gira en el sentido de las manecillas del reloj
VII		Inicio de vórtices con un cono máximo de 0.25 m en el prototipo, que gira en el sentido opuesto a las manecillas del reloj
VIII		Vórtice intenso con un cono mayor de 0.25 m en el prototipo sin introducir aire en la bocatoma
IX		Vórtice intenso con un cono mayor de 0.25 m en el prototipo que introduce burbujas de aire en la bocatoma en forma intermitente

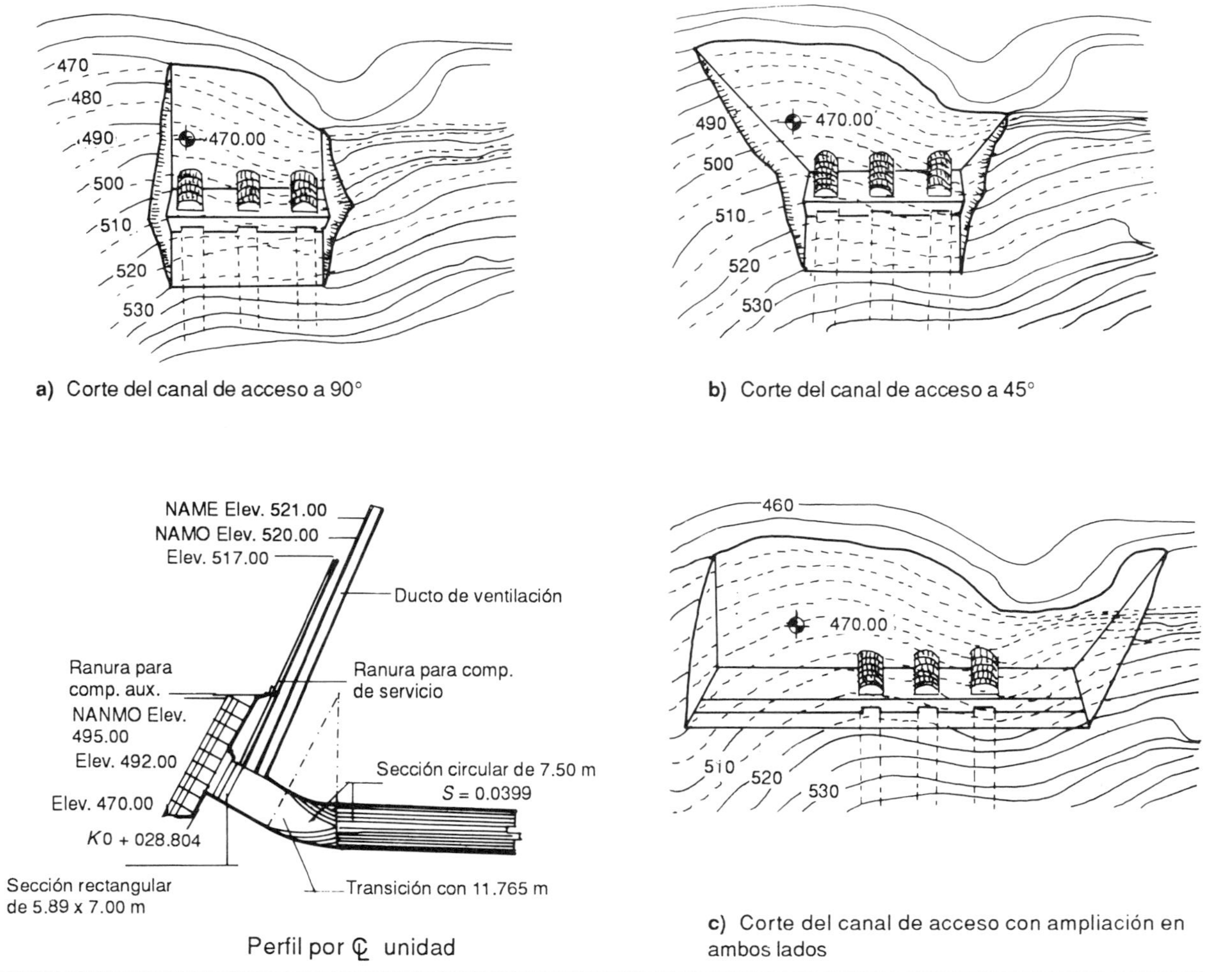

a) Corte del canal de acceso a 90°

b) Corte del canal de acceso a 45°

c) Corte del canal de acceso con ampliación en ambos lados

Figura 6.35 Esquema general de la obra de toma, primera alternativa (González O. R. 1982)

nuaron presentándose. Se observó que la mayoría de los vórtices se introducían a través de la ranura de la compuerta auxiliar y al obstruirla desaparecían los que arrastraban aire.

Segunda alternativa. Esta geometría elimina la transición en el codo, quedando recta con una longitud de 12.00 m. El modelo se construyó de lucita, tanto la bocatoma como la tubería a presión, y solamente se representó en la Unidad 2. Las rejillas de la bocatoma y compuerta auxiliar fueron las mismas de la primera alternativa, figura 6.36.

Los ensayos con esta alternativa indicaron que el funcionamiento de la toma presentaba ligera mejoría, puesto que los vórtices con inclusión de aire solamente se presentaban hasta la elevación 497.00, sin embargo, los vórtices continuaban introduciéndose a través de la ranura de la compuerta auxiliar. En esta etapa se realizaron varias modificaciones en la abertura de la compuerta auxiliar, ensayándose con el piso del canal de acceso a la elevación 465.00 y 470.00. Los resultados que se obtuvieron mostraron poca mejoría.

Tercera alternativa. La geometría de esta alternativa es diferente a las ensayadas. Se distingue por tener los macizos salientes, haciendo que el desarrollo de la elipse lateral sea mayor. La ranura guía de la compuerta auxiliar en la pared frontal desaparece y se amplía el área en la zona de rejillas. La bocatoma une dos transiciones a la tubería a presión. La primera inicia de sección rectangular a portal con una longitud de 12.00 m, a continuación existe un tramo en sección portal con una longitud de 13.62 m, en donde se encuentra una lumbrera para alojar la compuerta de servicio y el ducto de ventilación. Finalmente, continúa la última transición que va de sección portal a circular, también con una longitud de 12.00 m. La pendiente en el primer tramo de la tubería a presión es de 0.0653 y de 45 con respecto a la horizontal en el segundo, manteniéndose horizontal en el tercero. La berma en la toma se modifica a la elevación 491.75, figura 6.37.

Los resultados obtenidos fueron satisfactorios puesto que se eliminaron los vórtices que introducían aire y solamente se presentaron los vórtices de menor intensidad.

El estudio de cada alternativa con sus respectivas variantes se resume en tres grupos de variables todas ellas en función de la geometría de la estructura, por lo que al modificar ésta se obtuvieron diferentes esquemas de funcionamiento, que son:

Geometría del canal de acceso. Primera alternativa, se probaron diferentes geometrías que indican su influencia en la formación de vórtices. Así, un canal pequeño con paredes paralelas al eje de la toma mostró un esquema más crítico que un canal con paredes abiertas a 45°.

Geometría de la toma. De la comparación de los esquemas de vórtices, de la tercera alternativa con la primera y segunda, se aprecia la influencia del abocinamiento de la entrada, obteniéndose en la tercera alternativa un esquema libre de vórtices con inclusión de aire, presentándose únicamente vórtices de menor intensidad en los niveles bajos.

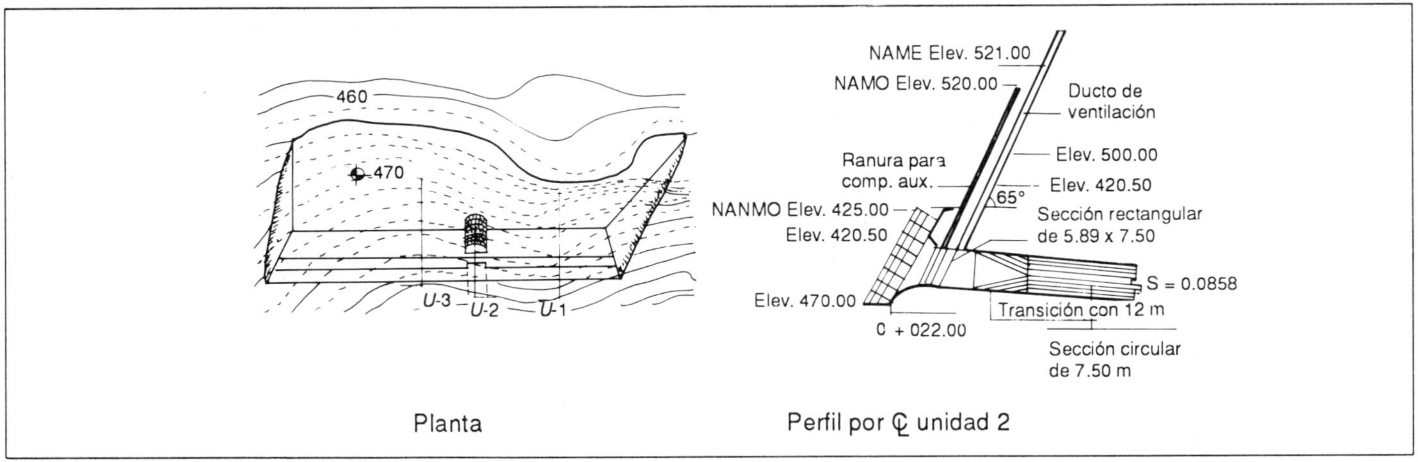

Figura 6.36 Esquema general de la obra de toma de la segunda alternativa (González O. R. 1982)

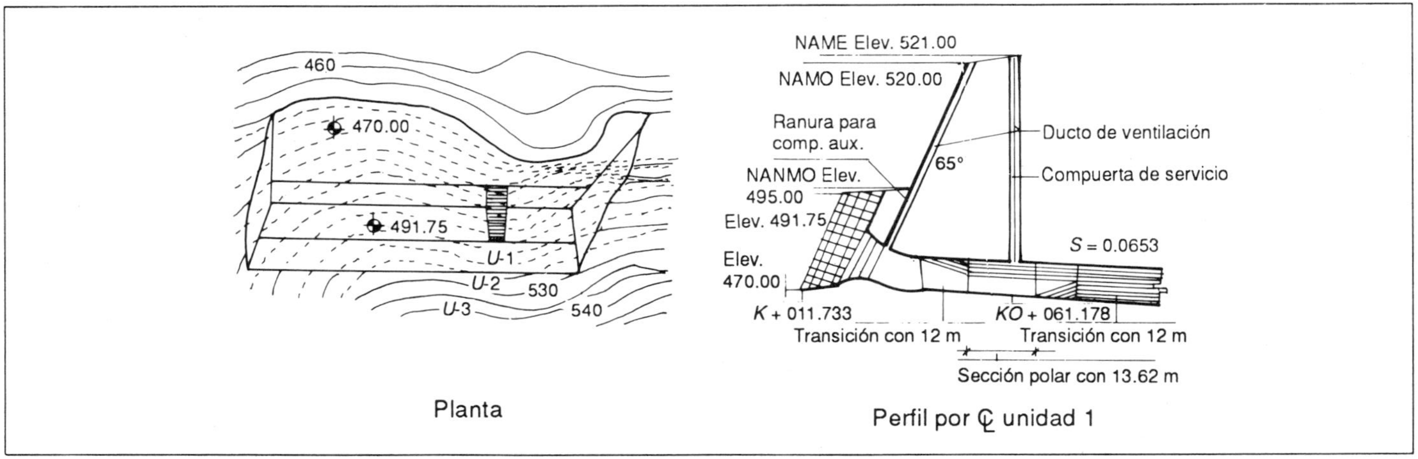

Figura 6.37 Esquema general de la obra de toma de la tercera alternativa (González O. R. 1982)

Ranura de la compuerta auxiliar. Los ensayos realizados en las tres alternativas mostraron que, cuando funcionaban con la ranura de la compuerta auxiliar abierta, esto influyó mucho en la formación de los vórtices. Los resultados obtenidos con la ranura obstruida fueron satisfactorios, ya que solamente se presentó inicio de vórtice.

6.4.11.3 Optimización de una cámara de bombeo del cárcamo de la planta termoeléctrica de Manzanillo, Col. La Comisión Federal de Electricidad de México encomendó al Laboratorio de Ingeniería Hidráulica (LIH) del Instituto Politécnico Nacional, en el año de 1980 la realización de los estudios de optimización en modelo hidráulico de una cámara de bombeo de una serie de cuatro del cárcamo de bombeo de la planta termoeléctrica de Manzanillo, Col. Esta se ubica en el interior de la Laguna de Cuyutlán sobre el litoral del Estado de Colima en el Océano Pacífico.

La optimización mencionada obligó a tomar las siguientes determinaciones:

a) Selección de una de 2 alternativas de geometría longitudinal de la cámara.
b) Obtención de la distancia L adecuada entre el muro M de la malla giratoria y el eje de la bomba (figura 6.38, a,b,c) para la alternativa seleccionada.
c) Definición de las modificaciones menores de la geometría de la cámara necesarias para que el flujo hacia la succión fuera correcto.

Para satisfacer lo anterior fue necesario cumplir lo mejor posible las siguientes condiciones ideales del flujo:

1ª *Uniformidad.* En una sección transversal convenientemente definida de la cámara, la magnitud y la dirección de las velocidades en todos los puntos de la sección deben ser iguales.
2ª *Permanencia.* La magnitud y la dirección de las velocidades no deben variar en función del tiempo.
3ª *Tipo de flujo.* El flujo debe ser de una sola fase, es decir, no debe haber arrastre de aire o de vapor.
4ª *Vorticidad.* No deben presentarse vórtices superficiales del tipo II y III ni vórtices sumergidos (véase la tabla 6.5).
5ª *Prerrotación del flujo.* El flujo que llega al impulsor de la bomba no debe presentar un giro excesivo. Varios fabricantes de bombas consideran aceptable una prerrotación menor de 5 rpm.

El modelo fue proyectado bajo la ley de similitud de Froude y las recomendaciones expuestas en el inciso 6.3.4, siendo la escala de líneas 1:8. En la figura 6.39 se muestra la instalación empleada.

La primera serie de ensayos de tipo preliminar indicó que el nivel del agua con mayor posibilidad de producir problemas fue a la cota - 1.18 m., mismo que se utilizó en el resto de los ensayos. La uniformidad del campo de velocidades de acceso a la campana, tanto en el espacio como en el tiempo, se estudió mediante lecturas de velocidad con micromolinete en una sección situada a una dis-

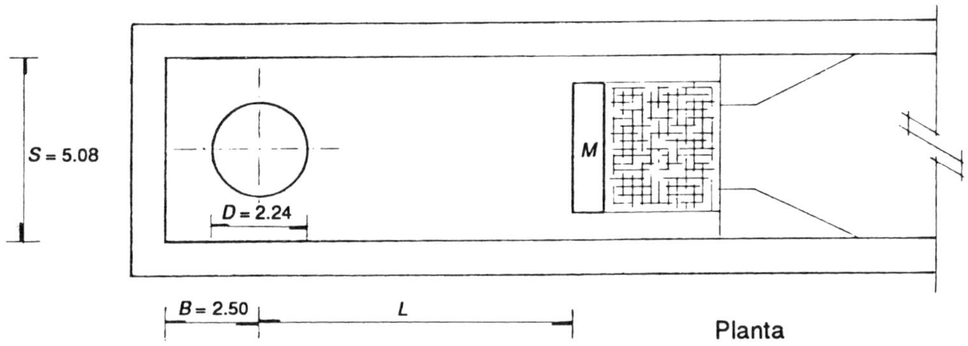

a) Alternativa I y II

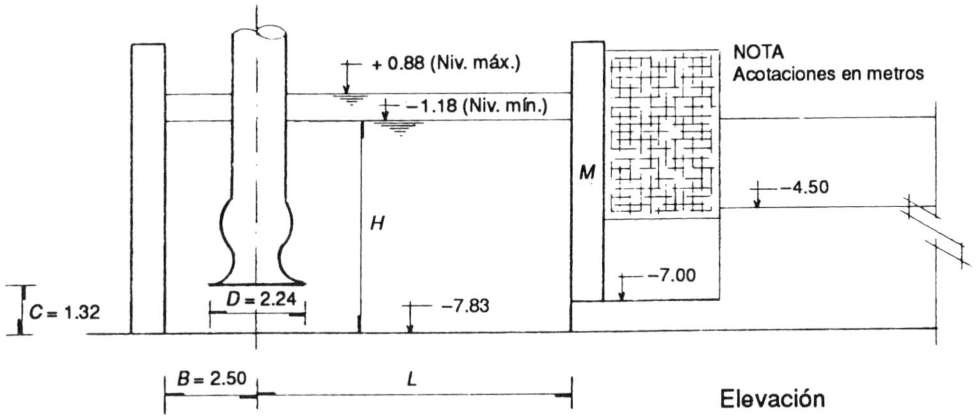

b) Elevación de alternativa I

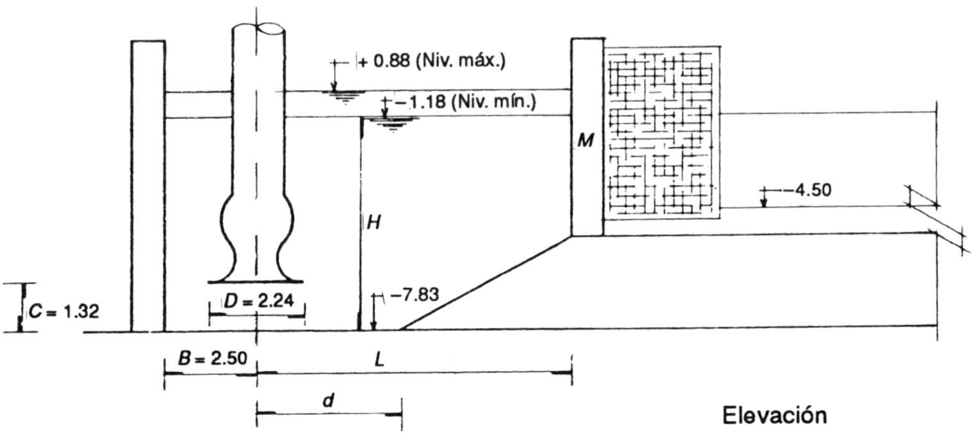

c) Elevación de la alternativa II

Figura 6.38 Alternativas de la cámara de bombeo del cárcamo de la P. T. Manzanillo, Col.

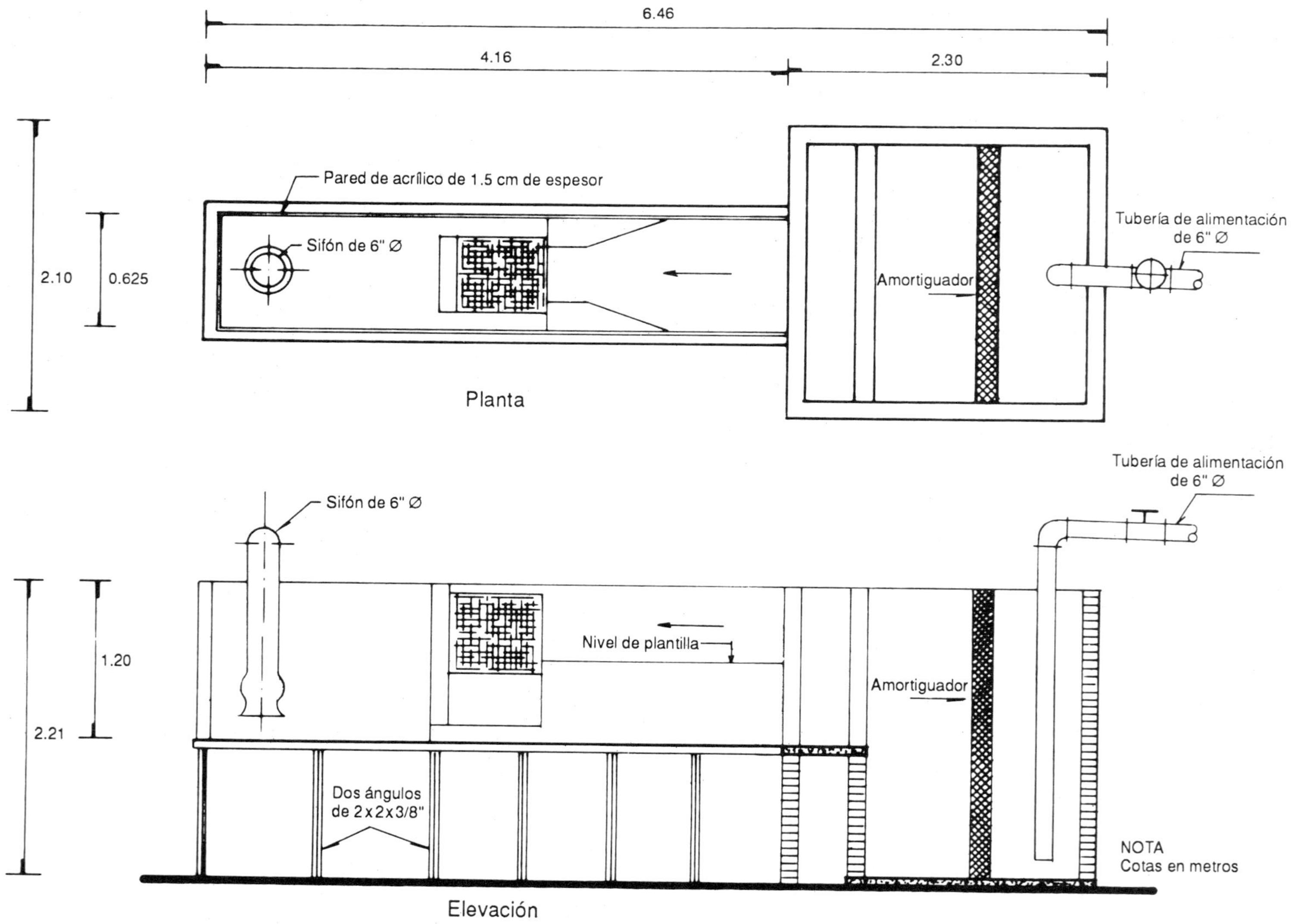

Figura 6.39 Arreglo del modelo de una cámara del cárcamo de bombeo de la P. T. de Manzanillo, Col. (R. Bonilla G. y L. Fragoso 1980)

tancia D, aguas arriba del eje de la bomba, utilizando trazadores de colorante e hilos de algodón sujetos al piso del cárcamo. La permanencia de las velocidades se observó a través de las lecturas continuas del micromolinete durante un intervalo establecido. Los hilos sujetos al piso indicaron de manera aproximada las líneas de corriente del flujo, cuyo movimiento mostró el grado de permanencia. Asimismo, los hilos delataron la formación de vórtices sumergidos.

El cumplimiento de la 5ª condición (prerrotación) se hizo visible con ayuda de una cruceta giratoria formada por 4 álabes planos verticales, la que fue colocada en el sitio aproximado a la carcasa del impulsor, habiéndose observado que la prerrotación se encuentra en las condiciones admisibles.

Los resultados de las mediciones para cada ensayo fueron presentados en cuadros semejantes al mostrado en la tabla 6.5, en la que se muestra el grado de vorticidad, el grado de uniformidad, distribución de velocidades enfrente y debajo de la campana de succión.

El grado de vorticidad es una evaluación cualitativa para lo cual se usó la escala de 0 a 5, correspondiendo el primer valor a condiciones exageradas de vorticidad, con bastante introducción de aire a la succión, y el segundo valor, a condiciones de funcionamiento óptimo (ausencia de vórtices).

El grado de uniformidad se aplicó a la distribución de velocidades frente a la campana de succión, cuyo valor es igual al del coeficiente de dispersión D:

$$D = S / \overline{X} \tag{6.41}$$

siendo

$$S = (m_2 / n)^{1/2} \text{ (desviación estándar)} \tag{6.42}$$

$$m_2 = \sum_{i=1}^{n} (X_i - \overline{X})^2 \text{ (segundo momento)} \tag{6.43}$$

X_i = datos de velocidad

$\overline{X}$ = media aritmética de los datos de velocidad

n = número de datos de velocidad

Un valor pequeño de D representa un mayor grado de uniformidad y viceversa. En la figura 6.40 se consignan los valores de D para ensayos con diferentes valores de L para las dos alternativas.

El análisis de la información condujo a las siguientes conclusiones; a) aun cuando la alternativa II presenta mayor grado de uniformidad que la alternativa I, manifiestan un aumento notable del valor de L, b) mientras que de acuerdo al grado de vorticidad la alternativa I alcanza mejor clasificación. Por estas razones, en la primera fase del estudio se definió la alternativa I como la más conveniente.

De los ensayos destinados a mejorar el funcionamiento hidráulico de la alternativa seleccionada se determinó que los difusores (baffles) no eran necesarios.

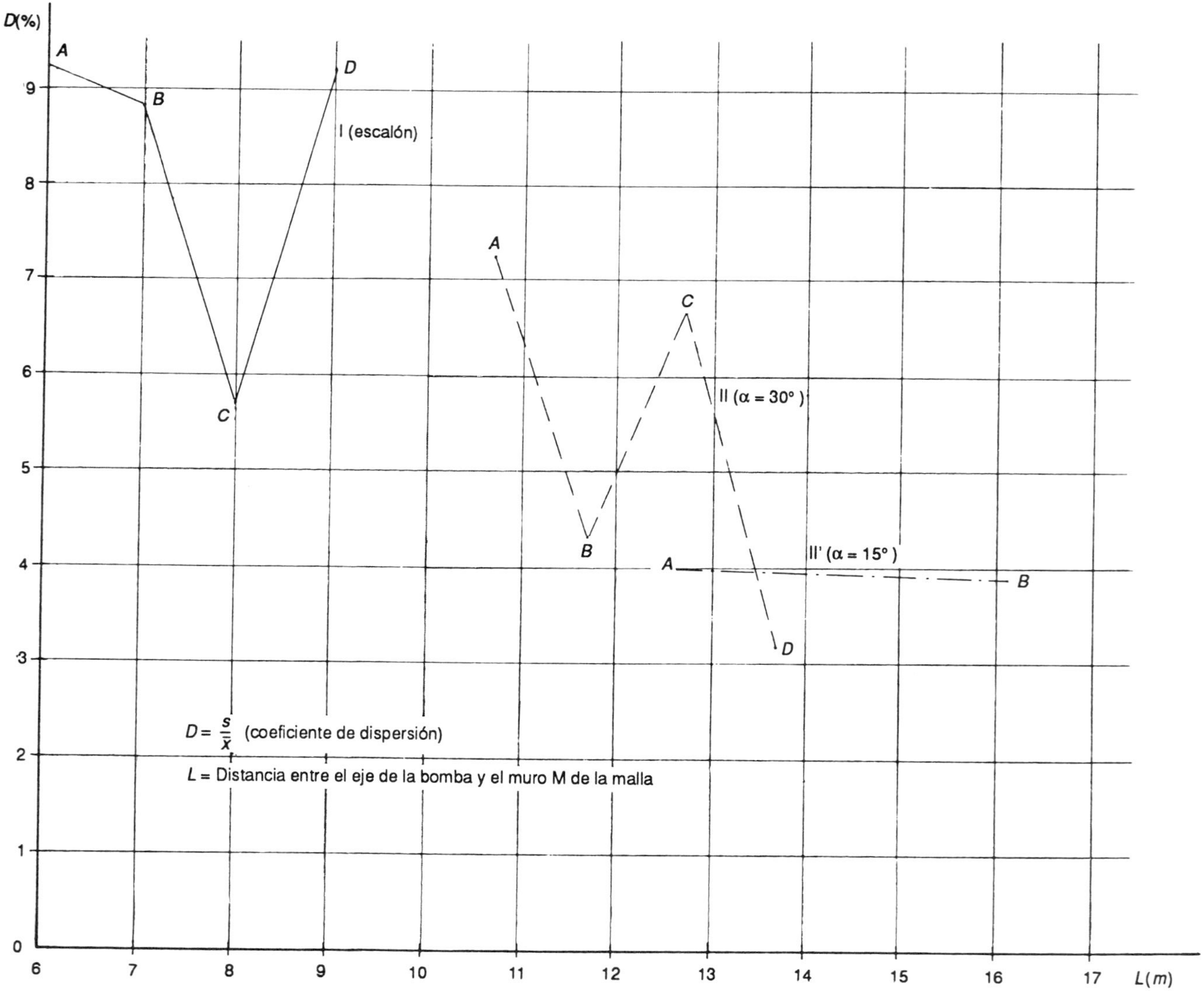

Figura 6.40 Coeficientes de dispersión contra L para las alternativas I y II (R. Bonilla G., M. L. Fragoso 1980)

Figura 6.41 Formación de vórtices sumergidos con hilos colocados en el fondo del modelo (Lab. Ing. Hidráulica ESIA-IPN)

6.4.11.4 Vertedor de la Presa Sta. Rosa, Jal. Por encargo de la Comisión Federal de Electricidad, el Instituto de Ingeniería de la Universidad Autónoma de México, construyó el modelo hidráulico del vertedor de la Presa Santa Rosa, Jal., con el objeto de cuantificar los efectos de la separación y las presiones negativas que, se sospechaba, existían en los puntos de falla. Además de estudiar las modificaciones a la geometría del umbral que impidieran o, en su defecto, disminuyeran los daños producidos.

El modelo se construyó a escala 1:50, reproduciéndose 40 000 m^2 de topografía en la zona de los accesos y la totalidad del vertedor, pilas y compuertas.

Las fronteras del modelo se construyeron con paredes de mampostería de tabique y la configuración topográfica con arena y una capa de concreto. El cimacio, la rápida y los bordos del vertedor se construyeron con mampostería de tabique, afinando la superficie exterior con concreto y una capa de lechada de cemento pulido. Las pilas sobre el cimacio se construyeron de madera debidamente tratadas y las compuertas de material plástico transparente.

El equipo de medición empleado fue un vertedor rectangular de pared delgada para medir el gasto de alimentación al modelo, un limnígrafo de gancho para medir la carga sobre la cresta vertedora y un tablero de piezómetros para cuantificar los cambios de presión. En la figura 6.42 se observa la ubicación de las tomas piezométricas, se instalaron 18 en un solo lado debido a la simetría de la obra.

Los ensayos se iniciaron con la geometría original de la obra y bajo las condiciones de operación donde se produjo el daño, se observó lo siguiente:

Al descargar diferentes gastos por la compuerta de la extrema izquierda se presentaban descensos grandes de presión cerca de la pared, sobre el umbral y aguas abajo de él, coincidiendo con la zona del prototipo donde se presentó la mayor erosión. Este fenómeno disminuía al operar todas las compuertas. Esto parecía indicar que las fallas en el concreto se debían a fenómenos de separación acompañados de presiones negativas y cavitación.

Para lograr en todos los puntos cargas de presión positiva o, en su defecto, cargas de presión negativa tolerables, se hizo un plan de ensayos para reducir la longitud original del umbral. Para lograrlo se ensayaron sus alternativas, figura 6.43, cada una, con base en un plan de operación de compuertas con las distintas combinaciones posibles de apertura. Corresponde a la alternativa I las condiciones originales del prototipo; a las alternativas 2, 3 y 4 diferentes longitudes de umbral; la alternativa 5 tiene la misma longitud de umbral que la alternativa 4, además de que los extremos son achaflanados, y la alternativa 6 es sin umbral.

Aun cuando los valores obtenidos de presión sólo permitan hacer comparaciones cualitativas y no cuantitativas, ya que no hay relación entre las presiones del modelo con las del prototipo, se puede llegar a las siguientes conclusiones y recomendaciones.

La alternativa 5 parece ser la más aceptable, ya que las condiciones que producen el daño se verán reducidas a un mínimo. La distribución de presiones es aceptable para la totalidad de los puntos. Sin embargo, las presiones negativas no desaparecen del todo, ya que éstas se presentaron principalmente cuando el vertedor trabajó con las dos compuertas extremas cerradas y las centrales abiertas, debido al efecto de separación del chorro en la zona central del umbral, véase la figura 6.44.

Se recomendó que, además de modificar la geometría del umbral, la operación de las compuertas sea de la siguiente manera: de 0 a 500 m^3/s se opera cualquier compuerta; de 500 a 2 000 m^3/s se opera cualquier compuerta, con excepción de la combinación de las dos centrales abiertas y así como las dos extremas cerradas.

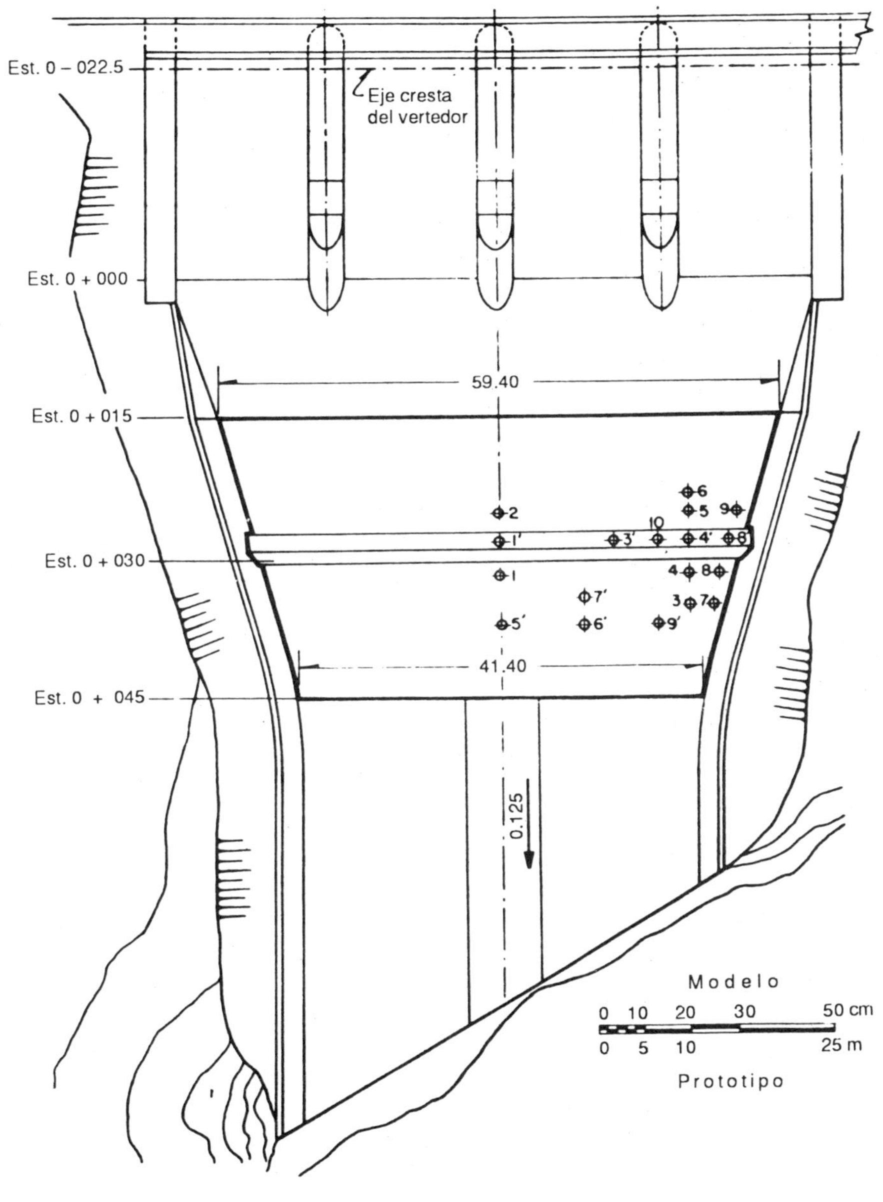

Figura 6.42 Ubicación de los piezómetros (G. Sotelo y R. Springall 1967)

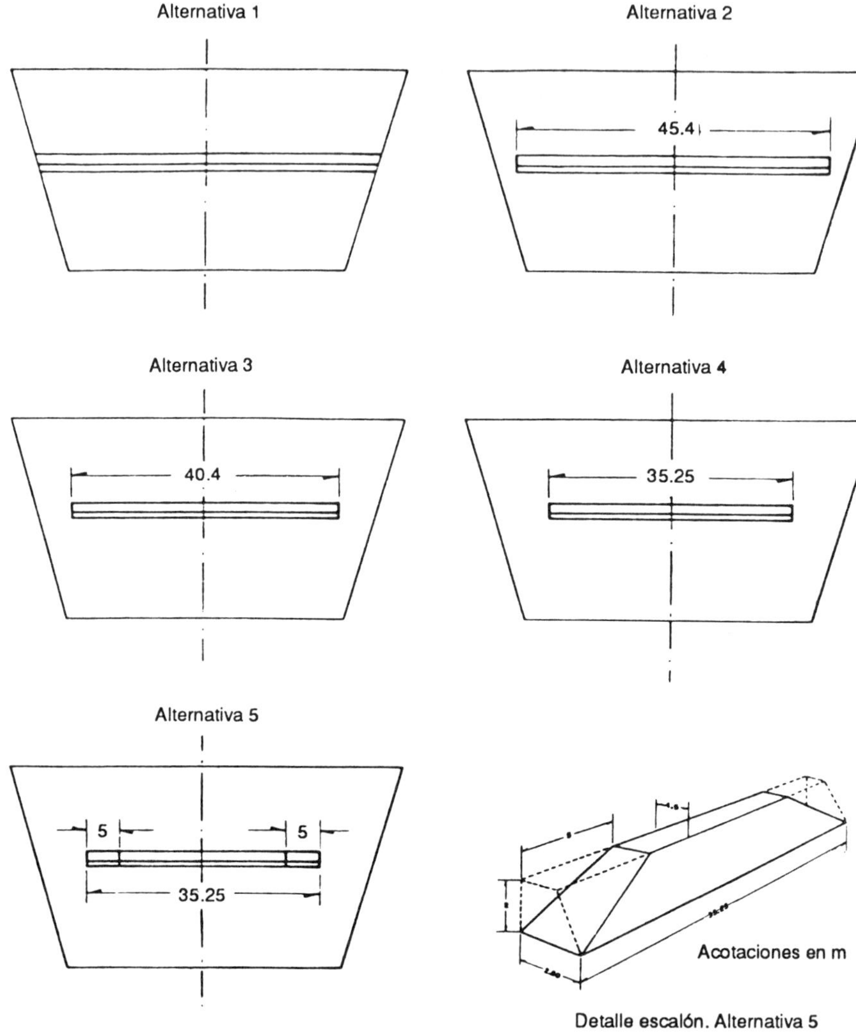

NOTAS: La sección transversal del escalón es la que se tiene en el prototipo. Acotaciones en m

Figura 6.43 Alternativas de escalones ensayadas (G. Sotelo y R. Springall 1967)

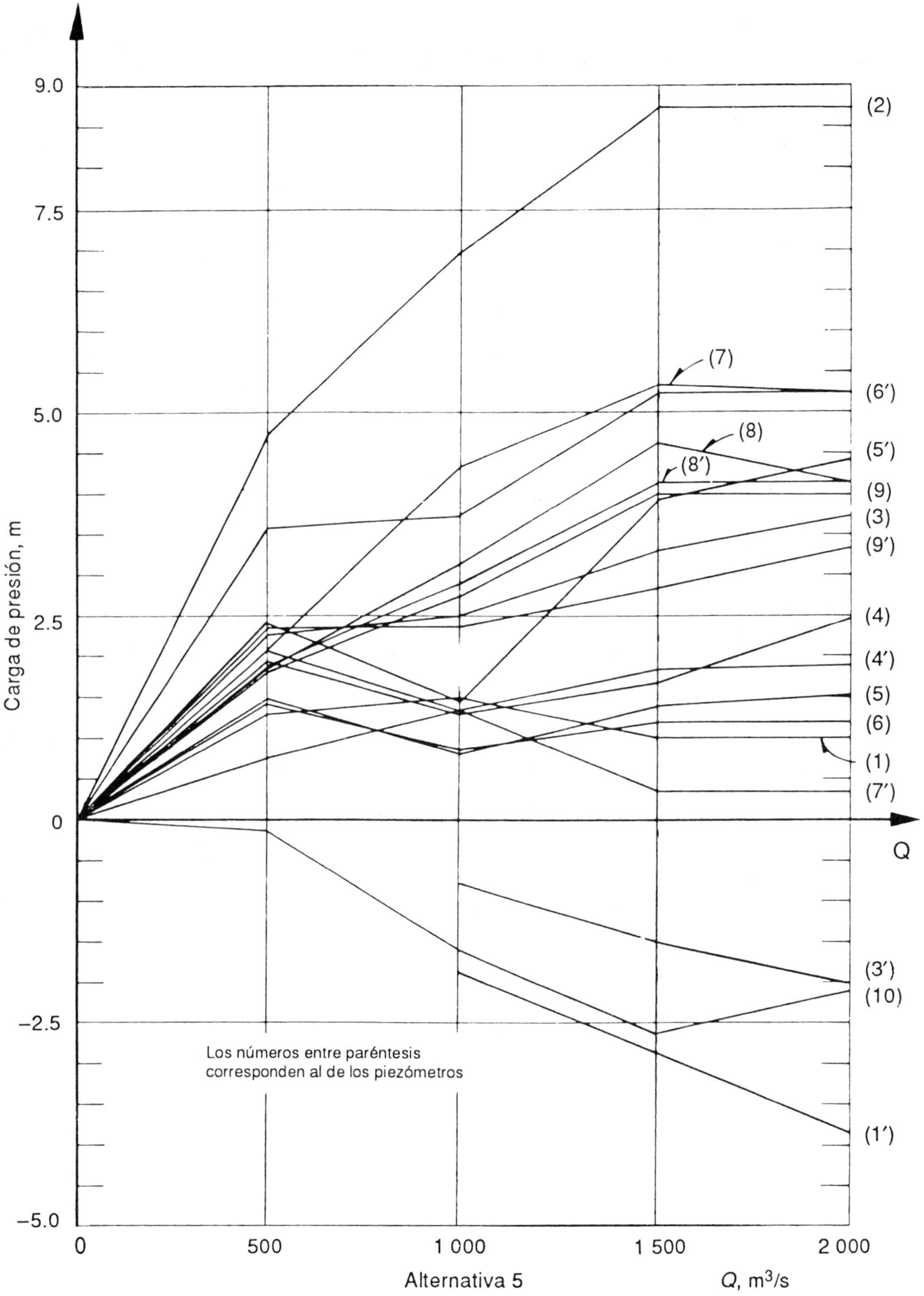

Figura 6.44 Cargas de presión gastos, para compuertas centrales abiertas (G. Sotelo y R. Springall 1967)

BIBLIOGRAFIA

1. Bonilla G. R. y Fragoso S. L., *Optimización experimental de una cámara de bombeo del cárcamo de la P.T.* Manzanillo, Col. Vol. III. VI Congreso Nacional de Hidráulica. AMH. Mérida, Yuc., México, nov., 1980.
2. De Vries M., *Scale Models Hydraulic Engineering.* Delf University of Technology. 1977.
3. Dhillon G. S., Sakhuja V. S. y Paul T. C., *Modelling Criteria for Vortex Formation at Pipe Intakes,* Vol. V. XIX Congress. IAHR. Nueva Delhi, India, 1981.
4. Dicmas J. L., *Development of an Optimum Sump Design for Propeller and Mixed Flow. Pump.* ASME informe No. 67 FE - 26.
5. González O. R., *Observaciones en modelo hidráulico de tres alternativas de diseño de la obra de toma de la P. H. Carlos Ramírez Ulloa "El Caracol".* VII Congreso Nacional de Hidráulica. AMH. México, D.F., oct., 1982.
6. Henderson F. M., *Open Channel Flow.* Macmillan Co. 1966.
7. Jain A. K., *Physical Modelling of Vortices at Intakes,* Vol. V. XIX Congress IAHR. Nueva Delhi, India, 1981.
8. Kobus H., *Hydraulic Modelling.* Pitman Books Limited. Londres, 1980.
9. Lozoya C. J. O., Villa Zertuche R. y Reyes A. J., *Modelo hidráulico del Río Pánuco.* V Congreso Nacional de Hidráulica, AMH, Vol. 4. Guadalajara, Jal., México, nov., 1978.
10. Prosser M. J., *The Hydraulic Desing of Pump Sumps and Intakes.* Bhra and Ciria, Londres, 1977.
11. Ramos S. J., y Ramírez R. A., *Una propuesta para el diseño de canales de alimentación curvo en régimen supercrítico.* X Congreso Latinoamericano de Hidráulica. AIHR. México, oct., 1982.
12. Rouse H., *Fluid Mechanics for Hydraulic Engineers.* Dover Publications, Inc. 1961.
13. Rozanov N. P., *Hydraulic Structures.* Stroyizdat Publishers Moscú, 1978.
14. Ruiz Castro V., García F. M., *Revisión al funcionamiento hidráulico de la estructura vertedora de la presa "La Patria es Primero",* Las Alazanas, Tamps., (en modelo), Vol. II. VII Congreso Nacional de Hidráulica. Asociación Mexicana de Hidráulica. México, D.F., oct., 1982.
15. Russel R. C. H., *Methods of Selecting Scales for Models in use at the Hydraulics Research Station.* Report No. INT40. Hydraulic Research Station. Wallingford, nov., 1964.
16. San Juan G. F., *Experimentación de modelos hidráulicos de fondo fijo.* Tesis profesional. ESIA, IPN. México, 1973.
17. Sharp. J. J., *Hydraulic Modelling,* cap. 7. Butterworths. Londres, 1981.
18. Sotelo A. G. y Springall G. R., *Modelo hidráulico de la Presa Santa Rosa, Jal.* Instituto de Ingeniería, UNAM. Reporte 135 México, mar., 1967.
19. U.S. Army Corps of Engineers, *Coastal Hydraulic Models.* Special report No. 5. Coastal Engineering Research Center. 1979.
20. Venkatraman C. P. y Shanker R. J. K., *Experimental Investigation of Scale Effects in Vortex Formation at Intakes.* Vol. V. XIX Congress IAHR. Nueva Delhi, India, 1981.
21. Vergara S. M. A., *Notas del Curso de Modelos Hidráulicos.* Sección de Graduados e Investigación ESIA, IPN. México, 1983.
22. Yalin M. S., *Theory of Hydraulic Models.* Macmillan, 1971.

7

Modelos fluviales de fondo móvil

7.1 GENERALIDADES

Los modelos de fondo móvil, al igual que para ríos, estuarios y playas se usan cuando es importante el movimiento de los materiales que componen las fronteras a causa del flujo del agua. Los problemas más frecuentes que se atienden con este tipo de modelos son los debidos principalmente a:

a) Cambios longitudinales y transversales del cauce por la erosión y sedimentación asociados a obras hidráulicas instaladas en el mismo.

b) Rectificación de cauces, eliminando curvas o meandros y protegiendo márgenes con espigones u otras obras.

En este tipo de problemas, como en todos donde tenga que tratarse la interacción hidrodinámica de una corriente con las características de los sedimentos, es sin duda muy complejo. Esta situación ha permitido a investigadores de diferentes nacionalidades establecer criterios particulares para resolver un mismo problema, existiendo discrepancia en los resultados que muchas veces es superior al 100% con respecto a los obtenidos en la naturaleza.

La misma dificultad que se establece para la selección del criterio analítico para tratar un problema de transporte de sedimentos, se presenta para seleccionar el criterio de similitud a emplear en modelos hidráulicos de fondo móvil, encontrándose con frecuencia posiciones opuestas, lo cual hace imposible encontrar o afirmar la existencia del criterio universal de similitud.

Por lo anterior es importante entender lo suficiente el fenómeno, la influencia de las variables relevantes para ser seleccionadas y, a partir de esto, establecer el criterio de similitud más adecuado.

Cabe mencionar que aun cuando el conocimiento del transporte de sedimentos generado por el oleaje es menos avanzado que para el caso de ríos, las condiciones de similitud para el primer caso son menos rigurosos que para el segundo.

Bernard Le Méhauté considera cuatro razones que hacen a un modelo de playa más viable que el modelo de un río y son:

a) En general los modelos de playa no necesitan de alguna condición de similitud de rugosidad del fondo, mientras que la necesidad de reproducir similarmente la pérdida de carga en canales fluviales impone una condición adicional sobre el tamaño del material a usarse en el modelo.

b) Normalmente se puede reproducir satisfactoriamente la evolución de la línea de playa ajustando la altura, periodo, dirección y duración del oleaje o la intensidad de la corriente por mareas, diferente al estado del mar correspondiente al prototipo. En el caso de ríos, es necesario reproducir el histograma típico del flujo y una topografía de detalle.

c) Cuando existe erosión en el cauce de un río, éste es inestable debido a la variación de gastos de escurrimiento.
En las playas rectas el patrón de flujo por lo general está bien determinado para una batimetría establecida, en consecuencia el transporte de sedimentos tiende a ser estable.

d) En general, los modelos de playas se construyen de material no cohesivo y de granulometría prácticamente uniforme, mientras que para ríos puede haber una amplia distribución del tamaño del mateiral y tener características cohesivas.

7.2 CONDICIONES DE SIMILITUD

El método para el estudio teórico y semiteórico del transporte de sedimentos, como anteriormente se mencionó, es variado, dependiendo del autor y del proceso del transporte. Sin embargo, de acuerdo al mecanismo del transporte, se pueden distinguir, en forma general, dos modos de transporte: el arrastre por el fondo (*deslizamiento, rodamiento* y *saltación*) y el de suspensión.

El arrastre por el fondo, se fundamenta en el inicio de movimiento de las partículas del sedimento que, de acuerdo a M. S. Yalin, los parámetros más representativos, del fluido, del flujo y del material, se agrupan en la función homogénea de la ecuación 5.1, habiéndose ya introducido los parámetros $Fr*$ y $Re*$ por A. Shields en 1936, cuyos valores experimentales fueron graficados junto con los de otros investigadores, dando como resultado el llamado "Diagrama de Shields", figura 7.1, y asociado a las formaciones de éste, que según F. M. Henderson, la formación del fondo es función de un parámetro β, definido por

$$1/\beta = D^{0.88}\left(\frac{U_*^2}{g^D}\right) \tag{7.1}$$

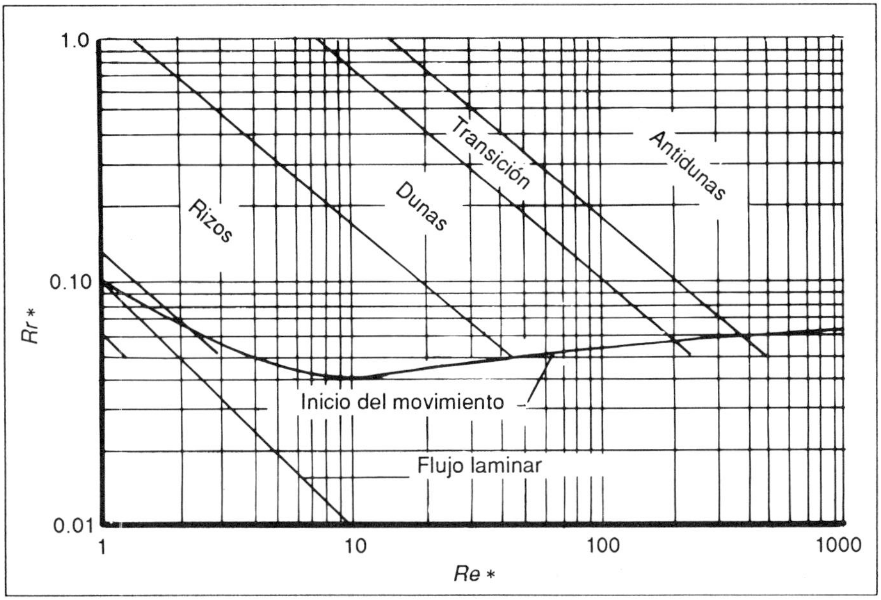

Figura 7.1 Diagrama de Shields (Richard H. French 1985)

que para arena de $\gamma_s = 2650$ kg/m^3, y viscosidad del agua 0.011 cm^2/s se tiene que

$$Fr* = \frac{456}{\beta^{1.41}} \left(\frac{U_* D}{\upsilon} \right)^{-5/6} \tag{7.2}$$

siendo los valores β, los mostrados en tabla 7.1, obtenidos por J. Bogardi.

Cabe mencionar que el considerar $U_* = (gdS)^{1/2} = (\tau_o / \rho)^{1/2}$ los parámetros $Fr*$ y $Re*$ (ecuaciones 5.1), toman la forma siguiente:

$$Fr* = \frac{dS}{\gamma' D} = \frac{\tau_0}{(\gamma_s - \gamma) D} \tag{7.3}$$

$$Re* = \frac{(gdS)^{1/2} D}{\upsilon} \tag{7.4}$$

siendo

d = tirante de agua
S = pendiente hidráulica
γ_s = peso específico del sedimento
γ' = peso específico relativo aparente del sedimento $\left(\frac{\gamma_s - \gamma}{\gamma} \right)$

TABLA 7.1 Valor de β para diferentes formaciones del fondo (F.M. Henderson 1966)

FORMACION DE FONDO	β (cm)
Inicio de movimiento	550
Formación de rizos	322
Desarrollo de dunas	66
Inicio de transición	24
Desarrollo de antidunas	18.5

D = diámetro del sedimento
τ_o = esfuerzo constante crítico e igual a $\rho U_*^2 = \rho g d S$
υ = viscosidad cinemática del agua
g = aceleración debida a la gravedad
ρ = densidad del agua
γ = peso específico del agua

El transporte en suspensión relaciona la velocidad de caída (W) del sedimento con la velocidad media del flujo del agua (U) , o bien, con la velocidad al corte (U_*). La ecuación 5.7 representa en primera instancia el transporte de una partícula del sedimento al caer dentro de una masa líquida en movimiento.

Con base en todo lo anterior se puede establecer, en forma general, que la similitud en un modelo fluvial de fondo móvil presenta la dificultad de reproducir, por un lado, el movimiento del material del fondo respecto al movimiento del agua y por otra parte, la rugosidad del cauce que depende del movimiento del sedimento y de las formaciones del fondo. Por tanto, la rugosidad no puede ser controlada o colocada de antemano, así que las escalas se obtendrán a partir de la satisfacción de las condiciones de las características del flujo y de las características del transporte del sedimento.

7.2.1 Similitud del flujo

Esta similitud implica satisfacer completamente la condición del flujo turbulento, o condición de Froude, para lo cual deberá cumplirse también que Re = $\frac{UR}{\upsilon} > 500$, ($R$ es el radio hidráulico). Por tanto, las escalas de velocidad, de gastos y de tiempo, son las mismas que se obtuvieron en el capítulo 6 y se anotaron en la tabla 6.3.

Otra condición por satisfacer es la de fricción, misma que también se trató en el capítulo 6 y es válida para modelos de fondo móvil. Sin embargo, para estos modelos la rugosidad debe corresponder al efecto conjunto de las partículas sólidas y a las formaciones del fondo, existiendo para ello varios métodos, entre ellos, el propuesto por Cruickshank-Maza, que evalúan la velocidad media del flujo U de la forma siguiente:

$$U = 7.58 \; W_{50} \left(\frac{d}{D_{84}}\right)^{0.634} \left(\frac{S}{\gamma'}\right)^{0.456} \tag{7.5}$$

para régimen inferior del flujo ($Fr < 1$ con rizos y dunas) y, cuando

$$\frac{1}{S} \geq 83.5 \left(\frac{d}{\gamma' \, D_{84}}\right)^{0.35} \tag{7.6}$$

$$U = 6.25 \; W_{50} \left(\frac{d}{D_{84}}\right)^{0.644} \left(\frac{S}{\gamma'}\right)^{0.352} \tag{7.7}$$

para régimen superior del flujo ($Fr > 1$ con ondas estacionarias y antidunas) y, cuando

$$\frac{1}{S} \leq 66.5 \left(\frac{d}{\gamma' \, D_{84}}\right)^{0.382} \tag{7.8}$$

cuando

W_{50}, = la velocidad de caída de las partículas con diámetro D_{50}, en un m obtenida mediante la figura 7.2 ó calculada con la expresión, $W = F_1 \; (g \gamma' D)^{0.5}$

$$\text{con } F_1 = \left(2/3 + \frac{36 \; \upsilon^2}{g \gamma' D^3}\right)^{0.5} - \left(\frac{36 \; \upsilon^2}{g \gamma' D^3}\right)^{0.5}$$

d = tirante medio, en m

D_{50} = diámetro que representa la mediana de la distribución granulométrica, en m

D_{84} = diámetro de las partículas correspondiente al 84% del peso de la muestra con partículas de tamaño inferior a

γ' = peso específico relativo aparente del sedimento.

S = pendiente hidráulica

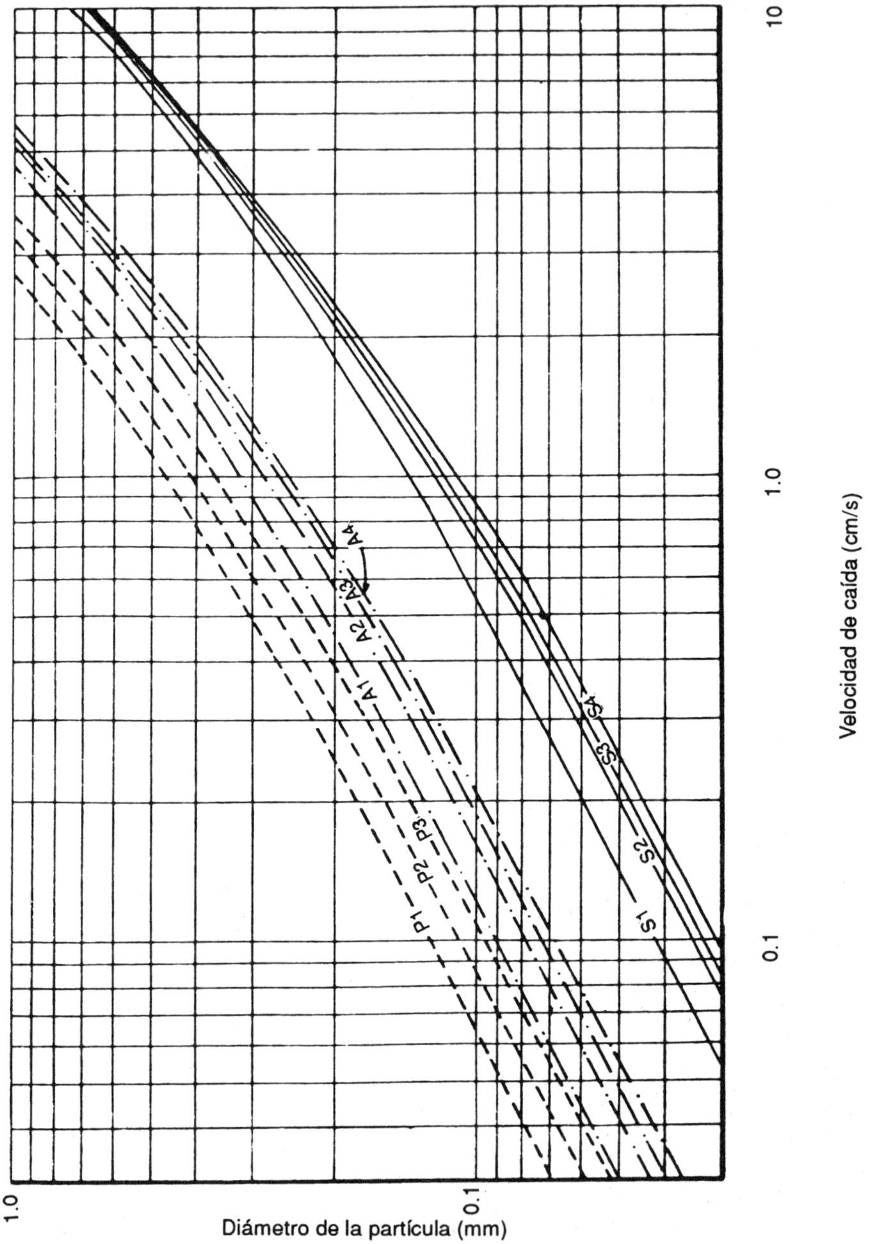

Perspex, densidad 1.18 | Antracita, densidad 1.35 | Arena, densidad 2.65

Perspex, densidad 1.18	Antracita, densidad 1.35	Arena, densidad 2.65
P_1 = 4.5°C (40°F)	A_1 = 4.5°C (40°F)	S_1 = 4.5°C (40°F)
P_2 = 15.5°C (60°F)	A_2 = 15.5°C (60°F)	S_2 = 15.5°C (60°F)
P_3 = 26.7°C (80°F)	A_3 = 21.1°C (70°F)	S_3 = 21.1°C (70°F)
	A_4 = 26.7°C (80°F)	S_4 = 26.7°C (80°F)

Figura 7.2 Curvas de velocidad de caída (Richard H. French 1985)

Debido a que las ecuaciones 8.5 y 8.7, son dimensionalmente homogéneas, y al aplicarlas en el modelo y en el prototipo, se obtiene de la 8.5 que

$$E_v = E_{w_{50}} \left(\frac{E_d}{E_{D_{84}}} \right)^{0.634} \left(\frac{E_s}{E\gamma'} \right)^{0.456} \qquad \textbf{(7.9)}$$

como $E_v = E_y^{1/2}$, $E_d = E_y$, y $E_s = E_y\, E_x^{-1}$ y sustituyendo en la ecuación anterior se llega a

$$E_{w_{50}} = E_y^{0.59}\, Ex^{0.456}\, E_{\gamma'_{84}}^{0.456}\, E_{D_{84}}^{0.634} \qquad \textbf{(7.10)}$$

Válida cuando el tamaño de las partículas sea menor que el del prototipo y mayor que 0.1 mm.

Otro criterio es el sustentado en la ecuación de Chezy, dando por resultado la ecuación 6.4 en la cual si $E_d = E_y$ y $E_g = 1$, resulta

$$E_c = (E_x / E_y)^{1/2} = \Delta^{1/2} \qquad \textbf{(7.11)}$$

Como el flujo se consideró completamente turbulento, el valor de C también se puede expresar como $C = K\,(d / D)^{1/6}$ donde k es una constante de proporcionalidad, y aplicable para fondos en el modelo sin formación de rizos o dunas y $Re* > 500$, de donde se obtiene

$$E_D = E_y\, \Delta^{-3} \qquad \textbf{(7.12)}$$

7.2.2 Similitud del transporte de sedimento

De igual manera, como se estableció en el inciso 5.2.2, la similitud del transporte del sedimento se puede llevar a cabo bajo el tratamiento individual de los granos o en su conjunto, aclarándose que las características del sedimento que aquí se trate corresponden a material no cohesivo.

a) Velocidad de caída. Las escalas derivadas y planteamientos hechos en el inciso 5.2.2a son aplicables a estos modelos, de modo que combinada la ecuación 5.15 con la ecuación 7.10 y $E\gamma' = 1$, se obtiene

$$E_{D_{84}} = E_y^{3.3}\, E_x^{-2.3} \qquad \textbf{(7.13)}$$

Si $E_{\gamma'} \neq 1$, entonces, de la combinación de las ecuaciones 5.7 y 7.10, resulta que

$$E_{D_{84}} = E_y^{3.3}\, E_x^{-2.3}\, E_{\gamma'}^{-0.72} \qquad \textbf{(7.14)}$$

b) Inicio de movimiento del sedimento. Estrictamente, si los valores de $Fr*$ y $Re*$ en el modelo y el prototipo fueran iguales, el estado del fondo de ambos sería el mismo. Sin embargo, varios investigadores, tales como

Bogardi, Henderson, Raudkivi, entre otros, aseveran que el par de valores $Fr*$ y $Re*$ que definen un punto debe quedar comprendido en la zona que produzca igual tipo de formación del fondo, por tanto, y de acuerdo con la curva de Shields, la similitud de inicio de movimiento se establece cuando $Re* > 500$, donde Fr es constante, por lo que $E_{Fr*} = 1$ y usando la ecuación 7.3, se obtiene:

$$E_D = E_y^2 \; E_x^{-1} \quad E_{\gamma'} \tag{7.15}$$

De esta ecuación se pueden deducir diferentes alternativas, las más comunes son:

b.1) Propuesta de las escalas lineales y el peso específico del material igual en el modelo y el prototipo, se calcula E_D.
b.2) Si se emplea el mismo material en el modelo y en el prototipo ($E_D = 1$; $E_{\gamma'} = 1$) entonces la distorsión del modelo deberá ser $\Delta = E_y$
En caso de satisfacer, $E_{Re*} = 1$, el valor de $E_D = E_x^{1/2} - E_y^{-1}$ que, combinado con la ecuación 8.15, resultan ecuaciones iguales a las obtenidas para modelos de playas con fondo móvil, ecuaciones 5.27.

c) Funciones de transporte. Esta condición de similitud se relaciona con el movimiento del conjunto de las partículas del sedimento, es decir, al gasto sólido arrastrado en m por unidad de ancho y de tiempo, Qs. Por tanto, el volumen total arrastrado en un determinado tiempo t_s (tiempo sedimentológico) por unidad de ancho será:

$$\text{Volumen / unidad de ancho} = Qs\, t_s \tag{7.16}$$

relación válida en el modelo y el prototipo, por tanto, la escala de tiempo sedimentológico E_{t_s} resulta ser:

$$E_{t_s} = \frac{E_x \; E_y}{E_{Q_s}} \tag{7.17}$$

para la obtención del valor de E_{Q_s}, podrán emplearse algunas funciones de transporte de las que existen, por ejemplo:

c.1) Criterio de B. Le Méhuaté. El valor de Q_s, por el fondo, puede expresarse en general como la función igual a la ecuación 5.43, que al llevarle al sistema modelo-prototipo, debe cumplirse con $E_{Fr*} = 1$, $E_{Re*} = 1$ y $E_D = 1$, además empleando la ecuación 5.24 se obtiene que

$$E_{Q_s} = E_y^3 \; E_x^{-3/2} \tag{7.18}$$

al sustituir 7.18 en 7.17 resulta que

$$E_{t_s} = E_y^{-2} \, E_x^{5/2} \tag{7.19}$$

c.2) Criterio de Meyer-Peter y Muller. Corresponde a una ecuación semiempírica empleada para cuantificar el arrastre por el fondo (qs), por unidad de ancho y por unidad de tiempo, en un flujo uniforme con pendiente de plantilla So igual a la pendiente hidráulica S, y sedimento con diámetro medio D de densidad ρ_s y peso específico γ_s. Esta ecuación tiene la forma adimensional siguiente:

$$\frac{qs}{\rho_s DU_*} = 8\,Fr*\left(1 - \frac{0.047}{Fr*}\right)^{3/2} \qquad \textbf{(7.20)}$$

Llamando al primer término, "número adimensional de transporte de sedimento q_*", mismo que debe ser igual en el modelo y el prototipo, por tanto

$$Eq_s = E_{\rho_s}\, E_d\, E_{U_*} \qquad \textbf{(7.21)}$$

Como q_s es igual a γ_s vol/t_s (peso por unidad de tiempo y unidad de ancho), γ_s igual a $\rho_s g$, resulta que

$$Eq_s = E_{\rho_s}\, E_x\, E_y\, E_{t_s}^{-1} \qquad \textbf{(7.22)}$$

igualando esta ecuación con la 7.21, y sustituyendo E_{U_*} igual a $E_y^{1/2}\, E_S^{1/2}$, véase el capitulo 7.2, se obtiene que

$$E_{t_s} = \frac{E_x\, E_y}{E_D\, E_y^{1/2}\, E_S^{1/2}} \qquad \textbf{(7.23)}$$

ahora, al considerar $Fr*$ igual en el modelo y el prototipo, entonces, de la ecuación 7.3 se obtiene

$$E_D = E_{\gamma'}^{-1}\, E_y\, E_s \qquad \textbf{(7.24)}$$

que al sustituirla en la 7.23 da como resultado

$$E_{t_s} = E_x^{5/2}\, E_y^{-2}\, E_{\gamma'} \qquad \textbf{(7.25)}$$

c.3) Criterio de Engelund. La expresión del gasto sólido arrastrado por el fondo q_s (kg/sm) está dada por

$$q_s = \frac{0.04\,\gamma_s\, U^2\, (dS)^{3/2}}{\gamma'^2\, g^{1/2}\, D_{35}} \qquad \textbf{(7.26)}$$

La escala respectiva resulta ser la que se indica a continuación, después de sustituir E_u por $E_y^{1/2}$, E_s por $E_y\, E_x^{-1}$ según la condición de Froude y considerando que el material tiene el mismo valor de γ_s en el modelo y el prototipo

$$Eq_s = E_y^4\, E_x^{-1/2}\, E_{D_{35}}^{-1} \qquad \textbf{(7.27)}$$

igualando esta ecuación con la 7.22 y haciendo $E_{\rho_s} = 1$, resulta que

$$E_{t_s} = E_y^{-3} E_x^{3/2} E_{D_{35}} \tag{7.28}$$

7.3 SELECCION DE ESCALAS

Como se indicó en el capítulo 6, las escalas lineales del flujo se determinan principalmente en función de varios aspectos prácticos, tales como la suficiente exactitud en la medición de los niveles del agua, sin rebasar los límites tolerables de la distorsión y cumpliendo con la similitud de Froude. Por otra parte, la selección de escalas de las características del sedimento dependen de la disponibilidad del material a emplear en el modelo. Finalmente, estos aspectos, y las condiciones de similitud del sedimento a emplear, conducen a la selección libre de ciertas escalas cuya combinación influye en la escala de tiempos sedimentalógicos y, por tanto, en la duración del experimento.

En caso de satisfacer las condiciones de flujo y de fricción que tome en cuenta la influencia de las formaciones del fondo (dunas, rizos y antidunas), podrán seleccionarse libremente cuatro escalas cuando se utilice la ecuación 7.10, o bien, dos escalas para la condición correspondiente a la ecuación 7.12.

Si las condiciones de similitud a satisfacer son las del flujo, de fricción y la del transporte del sedimento mediante la velocidad de caída, la ecuación 7.14 podrá resolverse si se seleccionan libremente tres escalas. Si la condición de similitud del transporte del sedimento es el inicio de movimiento de éste (según Shields), las ecuaciones 5.1 y 7.15, podrán resolverse al seleccionar tres escalas libremente. En el caso de utilizar funciones de transporte, tal como el criterio de Le Méhuaté, deberán seleccionarse libremente tres escalas, en tanto que son cuatro para el criterio de Meyer-Peter y Muller (ecuación 7.23) y tres para el criterio de Engelund.

El valor de las escalas más comunes para este tipo de modelos son las siguientes; para la escala de líneas horizontales (E_x) comprendida entre 1:100 y 1:500, para la escala de líneas verticales entre 1:50 y 1:100 con distorsión máxima de 5. Los materiales a emplear para representar el sedimento pueden tener las características descritas en el inciso 5.3. En México es frecuente utilizar arena y baquelita.

7.4 CONSTRUCCION

Con base en la información de campo respecto a la historia de la formación del cauce (ancho, profundidad, meandros, gastos, etc.), obras construidas en él, se determina las fronteras del modelo y el equipo de alimentación y reproductor de los gastos.

En general, para la construcción de estos modelos se recomienda seguir los lineamientos planteados en los incisos 4.7, 5.5 y 6.3.4. Además, la conformación del cauce con el material móvil se acostumbra hacerlo con escantillones, o tarrajas, apoyados sobre placas, plataformas o rieles laterales al cauce, nivelados y tomando como referencia un banco de nivel, las secciones del cauce se separan un máximo de 50 cm.

En relación con la *granulometría* del material móvil del prototipo, se recomienda que cuando el material sea prácticamente uniforme (desviación estándar $\sigma < 3$), se utilice una sola escala de diámetro medio ($E_{D_{50}}$). Cuando la granulametría sea extendida ($\sigma > 3$), se recomienda seccionarla y calcular la escala $E_{D_{50}}$ para cada sección.

7.5 ENSAYOS

Para reproducir adecuadamente el fenómeno representativo del transporte de sedimento y estudiarlo, es necesario calibrar y verificar el modelo para obtener información útil y confiable.

El Instituto de Ingeniería de la Universidad Autónoma de México, ha desarrollado un método auxiliar de calibración que consiste en ejecutar las escalas con base en tres grados de libertad de la corriente (tirante, ancho y pendiente) en una instalación aparte del modelo, y dejar el cuarto grado de libertad (corriente lateral y desarrollo de meandros) para tratarlo directamente en el modelo, figura 7.3.

La instalación auxiliar consiste en un canal con un ancho aproximado de cuatro veces el ancho medio del cauce del modelo del río y una longitud mínima de

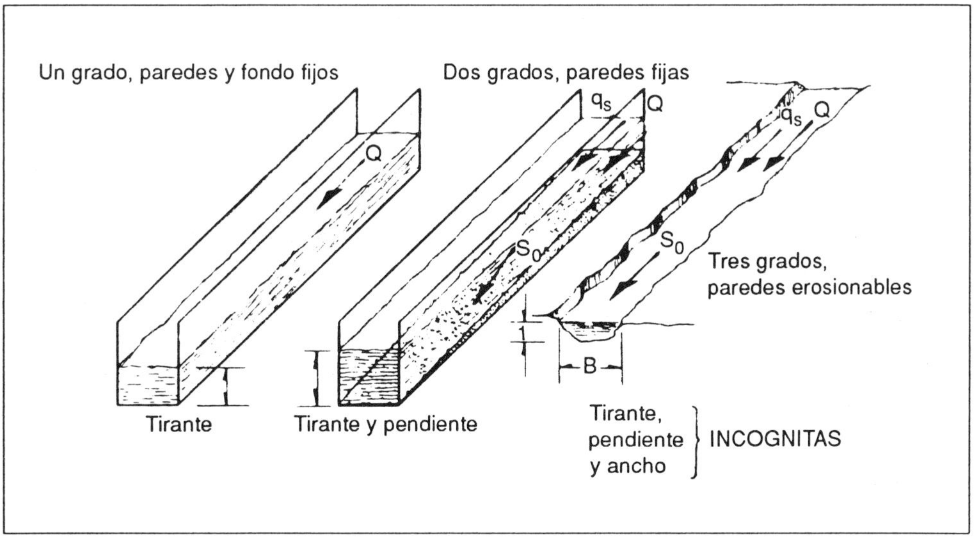

Figura 7.3 Grados de libertad de la corriente (Maza A. J. A. 1968)

veinte veces el mismo ancho. Se debe contar con un sistema de medición de niveles de agua en cualquier punto, por lo que se recomienda colocar un limnímetro montado sobre rieles, figura 7.4. Asimismo, deberá contar con la instalación de suministro y medición del gasto de agua, una compuerta en el extremo aguas abajo para controlar los niveles del agua y pendientes y un tanque de sedimentación del material sólido.

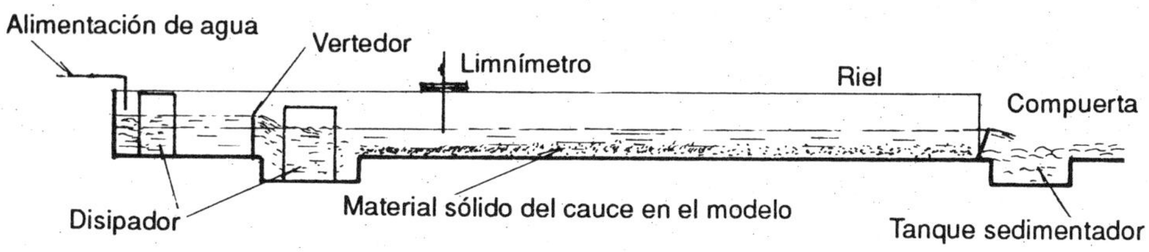

Figura 7.4 Canal auxiliar para determinar las escalas de un modelo de río de fondo móvil

El fondo del canal se llena con material seleccionado para usarse en el modelo, se forma en el centro un cauce piloto con ancho y profundidad menores que la sección del río a escala; alimentándose con el gasto formativo que se había calculado previamente.

Durante la operación, se alimenta el modelo con material sólido (en forma manual o mecánica), calculando previamente el gasto en función de las escalas propuestas. Al cabo de unas horas de operación se mide la pendiente en el primer tramo del modelo y se compara con la original. Si ésta ha aumentado, significa que la alimentación del material es grande, por lo que se vuelve a formar el cauce piloto en condiciones originales y se repite la prueba con gasto menor. Por el contrario, si la pendiente ha disminuido, la alimentación debe hacerse con mayor gasto sólido.

Después de estos ensayos de prueba-error, se llega a controlar la pendiente que no cambie en un tiempo promedio de 300 horas, haciéndose al final de este tiempo el levantamiento de las secciones transversales de la parte central del canal, en donde no ha habido influencia de la alimentación de la entrada ni del remanso. Se comparan estas secciones con las del río a escala. Si las secciones levantadas son menores que las del río, se ajustan sus dimensiones aumentando el gasto líquido y, por tanto, el sólido, se cambian las escalas, o bien, se escoge un material con menor granulometría o de menor densidad. Si por el contrario las secciones obtenidas son mayores que las del río, entonces el ajuste consistirá en reducir el gasto líquido y sólido, se cambian las escalas o se selecciona un material de mayor granulometría o de mayor densidad.

Cabe señalar que este procedimiento de calibración se ha utilizado ampliamente para problemas en donde es necesario conocer los corrimientos laterales y delimitar zonas de erosión y depósito, sin que se necesite conocer el arrastre de material sólido del prototipo, ni los tiempos que dure el arrastre. Una vez calibrado el modelo se procede a verificar su funcionamiento representando una condición de flujo conocida y su efecto en el prototipo, de modo que durante esta etapa el modelo aún pueda adecuarse, básicamente la relación de alimentación del gasto líquido y sólido.

A continuación, se encuentra listo el modelo para ensayar alternativas de solución instalando obras con los siguientes propósitos: para estabilización de márgenes, para mejorar las condiciones del flujo, de protección a la erosión o para evitar la sedimentación. Empleándose, según el caso, espigones, muros marginales, pedraplenes, represas, otras estructuras o dispositivos especiales.

7.6 EJEMPLOS DE ESTUDIO

7.6.1 Modelo del río Suchiate

Dada la naturaleza sinuosa del río Suchiate, principalmente en el tramo comprendido entre el punto de confluencia con el río Cabuz y la desembocadura, se produce el corrimiento del límite internacional entre México y Guatemala, establecido éste por el tratado del 17 de octubre de 1983 como la línea que sigue la parte más profunda del cauce, por lo que el objeto principal de este modelo consistió en estudiar la forma de fijar el cauce actual del río.

Fue el Instituto de Ingeniería de la Universidad Autónoma de México que, a solicitud de la Comisión de Límites y Aguas en México y Guatemala, llevó a cabo tales estudios.

El modelo representa aproximadamente los últimos 25 km del río, desde la desembocadura hasta el puente internacional de ferrocarril donde se presentan los principales problemas motivo del estudio, consistentes en movimientos de la línea internacional y en la erosión e inundación de terrenos valiosos para el cultivo, figura 7.5.

La escala de líneas horizontales fue de 1:150, definida en función del espacio disponible en el laboratorio y la escala vertical se determinó en función de la condición de similitud del transporte de sedimento y del material a utilizar que, para este caso, fue arena negra de origen volcánico con densidad aparente $(\gamma_s - \gamma)$ igual a 0.935 y diámetro medio de 0.223 m.

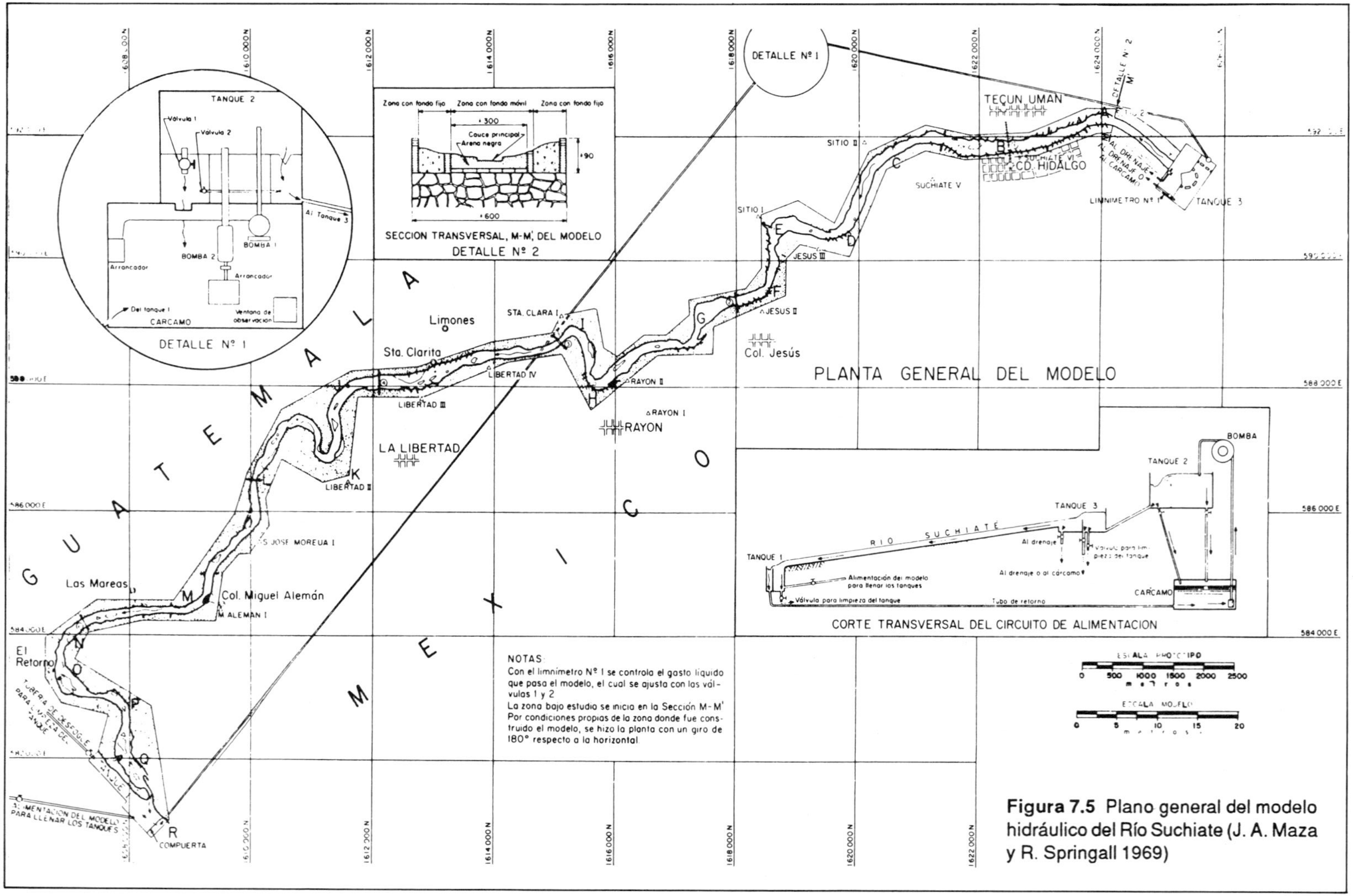

Figura 7.5 Plano general del modelo hidráulico del Río Suchiate (J. A. Maza y R. Springall 1969)

Las características hidráulicas del río en el tramo de referencia, definidas después de estudios hidrológicos fueron:

a) Gasto medio 160 m^3/s tirante de 1.12 m y velocidad media de 0.98 m/s.
b) Gasto de la avenida máxima 3000 m^3/s tirante de 6.52 m y velocidad media de 3.17 m/s.
c) Pendiente media del tramo igual a 0.00083566.
d) Ancho de la sección representativa de 145 m.
e) Diámetro medio del material igual a 0.939 mm.

Para obtener las escalas de líneas verticales, las del diámetro y densidad aparente del material, se estudiaron diferentes alternativas que correspondieron a los métodos de la velocidad de caída de Altunin y de Einstein-Chien. En la tabla 7.2 se muestran los valores de las escalas obtenidas bajo distintas condiciones iniciales.

TABLA 7.2 Escalas de líneas verticales, horizontales y del diámetro del material para diferentes condiciones de similitud (J. A. Maza-R. Springall 1969)

Método	E_x	E_y	E_D	$E_{(\gamma_s - \gamma)}$	OBSERVACIONES
Altunin	150*	44	13.8	0.993*	
Altunin	150*	24	4*	0.993*	Se utilizó m = 0.631 m real = 0.758
Altunin	150*	33	7.5	0.993*	Se escogió m = 0.695
Einstein	150*	33.5	0.37	13.6	Se escogió m = 1/6 $E_c = 1.0$; $E_\eta = 1.0$
Einstein	150*	12	1.02	0.993*	Se escogió m = 1/6 $E_\eta = 1.0$ con $E_c = 2.53$
Vel. de caída	150*	46	4*	0.993*	* En todos los casos significa disponibilidad

Los métodos utilizados imponen determinadas condiciones, ya sea al modelo en sí, o al material granular del fondo. Así, el método de Einstein exige que el modelo sea distorsionado, que el material por utilizar sea menos denso y con un diámetro mayor que el del prototipo, en cambio, el método de Altunin tiene diferentes condiciones de acuerdo con la zona en donde se encuentre el tramo del río por estudiar. Para el modelo en estudio, Altunin también exige que éste sea distorsionado, aunque se puede escoger un material de cualquier densidad. Los diámetros están supeditados a la densidad escogida. Por otra parte, el método de la velocidad de caída permite una libertad absoluta, ya que el modelo puede ser o no distorsionado y el material más o menos denso. La única limitación que imponen los tres métodos es que el diámetro del modelo no sea tan pequeño que el material se salga del rango de las arenas y llegue a ser un limo.

En la tabla 7.2 se observa que el método de Einstein no puede ser utilizado; por un lado, porque cuando los coeficientes y exponentes de sus respectivas fórmulas adquieren sus valores normales, necesita un material 13.6 veces menos denso que el del prototipo y, por otro, porque si se obligan las condiciones impuestas por el material disponible, exige una distorsión de 12. En suma, el método de Einstein no permite utilizar arena negra y exige un material artificial. Con el método de Altunin, si se trabaja con el material disponible en el laboratorio, se puede contruir un modelo con E_y = 24; es decir, con una distorsión de 6, aproximadamente. En esas condiciones, m vale 0.631, que es un poco menor que el calculado para el prototipo, el cual vale 0.738. Si se toma m = 0.695 se puede aumentar la escala E_y a 33, lo que obliga a eliminar parte del material más grueso para trabajar con una escala de diámetro de 7.5. Finalmente, según el método de la velocidad de caída, que toma en cuenta todas las limitaciones sin hacer algún ajuste, es necesario que E_y sea igual a 46. No puede hacerse el estudio sólo con base en el último método, pues sus hipótesis básicas son muy elementales; pero sí puede servir de guía para la selección de las escalas previas a la calibración.

Actuando con cierta lógica se tomó como escala vertical el promedio de los valores obtenidos con el método de la velocidad de caída y el de Altunin, escogiendo así una escala vertical igual a 35, con lo que la distorsión del modelo es de 4.28. Conocido el valor de la escala de líneas verticales se procedió a construir y calibrar el modelo.

La alimentación de agua en el modelo se realizó con un sistema de dos bombas, una de 300 l/s y la otra de 15 l/s de capacidad. El modelo tenía en su parte inicial un tanque elevado, para dar carga, y otro en su extremo aguas abajo, para mediciones, con una compuerta para controlar los niveles.

En la parte del cauce de avenidas que no había sido afectada en los últimos 15 años se construyó de fondo fijo. El cauce principal, así como la zona adyacente del cauce de inundación, donde el río podía llegar a moverse, se construyó de fondo móvil con arena volcánica de 0.27 mm de diámetro medio y con una densidad de 2.65.

Dada la magnitud del modelo y la complejidad de su calibración, se decidió hacer una calibración auxiliar en una masa de arena de 27.50 m de largo por 9 m de ancho cubierta con una capa de arena de 300 cm de espesor.

Después de varios ensayos, combinado el gasto líquido y el sólido, complementados con cálculos aplicando el criterio de Altunin, para ver qué tan estable sería la sección en el tiempo, y los métodos de Eguiazarov, Einstein, Goncharv y Garde Albetson, para cuantificar el gasto sólido arrastrado, se determinó que para el gasto líquido de 3 l/s y el sólido de 2 kg/h, las tendencias generales de depósito y erosión en el cauce del río en el modelo y el prototipo eran bastante satisfactorias, excepto en dos zonas bien definidas.

La primera es una curva aguas abajo de López Rayón II, que llegó a erosionarse demasiado. La segunda zona era la cercana a la desembocadura, la cual se había dejado fuera del estudio, porque el material del modelo no reproducía en el prototipo el material más fino que existe en ese lugar. Afortunadamente, ninguna de las dos zonas alteró el funcionamiento del conjunto, y en ellas no se encontraba ninguna de las obras de protección por estudiar.

A continuación se procedió a ejecutar ensayos para observar erosiones laterales, y las protecciones respectivas, habiéndose concluido lo siguiente:

Los resultados obtenidos de la selección de escalas y calibración del modelo permitirán que en lo futuro, cuando se desee estudiar cualquier zona del río Suchiate, sujeta a erosiones marginales, se pueda evitar el proceso de calibración, si se usa el mismo material y se construye el modelo con las mismas escalas. Sin embargo, en caso de disponerse de algún material menos denso, sería oportuno utilizarlo, puesto que se observó que con el material empleado se necesitan muchas horas de ensayo para cada prueba. Con un material menos denso serían necesarias menos horas de prueba en el modelo para obtener resultados parecidos a los observados.

De acuerdo con las observaciones realizadas durante la calibración general de modelo del río, así como en las pruebas efectuadas al estudiar la protección de algunas curvas, figura 7.6, se concluyó que las zonas que la ameritan de inmediato son, según su orden de importancia:

Figura 7.6 Protección de márgenes del río (J. A. Maza y R. Springall 1969)

La margen mexicana en López Rayón I.

La margen guatemalteca aguas abajo de López Rayón I, secciones D-3 hasta D-5.

La margen guatemalteca aguas abajo de Ponciano, entre las secciones G-5 y G-7.

Frente a la colonia Miguel Alemán. En esta zona deberán proyectarse también obras de conservación de la margen mexicana, entre las secciones L-1 a L-16 y M-0 a M-2.

Mientras se construyen las protecciones recomendadas conviene observar con cuidado, y periódicamente, las zonas indicadas, en especial donde se deben construir urgentemente. Como ya se dijo, esas observaciones se hacen con base en monumentos, o referencias, que se colocan convenientemente en la cercanía de las orillas actuales, en tal forma que se puedan conocer los corrimientos laterales con facilidad. También se puede hacer lo anterior con levantamientos topográficos que, necesariamente, serán más costosos y emplearán más tiempo.

Hay otras zonas, de menor interés actual que se deben examinar periódicamente, esas zonas son:

La inmediata aguas arriba de la curva de Ponciano en la margen mexicana, y la guatemalteca, entre las secciones C-1 a C-6.

La margen guatemalteca, inmediatamente aguas abajo de Jesús.

La orilla guatemalteca, frente a Santa Clara I, así como la mexicana inmediata aguas abajo de esta curva. Es decir, entre las secciones I-3 a I-6, ambas márgenes quedan a la salida de la curva de la Libertad.

Toda la curva de la Libertad.

Todo lo que aquí se ha mencionado tendrá validez durante los años 1968, 1969 y tal vez 1970. Después de este tiempo ya habrán cambiado las condiciones de las orillas, principalmente si no se protegen y, por lo tanto, será necesario estudiar cada zona en particular otra vez. También podrá suceder que alguna zona con erosión baja o nula, en la actualidad, empiece a ser erosionada muy fuerte por el hecho de hacerse más pronunciada la curva. Tal vez entonces requiera mayor atención.

Todas las obras propuestas deberán hacerse con protecciones marginales, o espigones, cuya longitud de trabajo sea en promedio de unos 20 m. En esas condiciones las obras por construirse no causarán erosiones en la margen opuesta.

BIBLIOGRAFIA

1. Cruickshank V. C., Maza A. J. A. y Springall, G., *Estudio de erosiones en el puente del río Tepeji, sobre la carretera México-Querétaro.* Reporte 268. Instituto de Ingeniería UNAM. México, 1970.
2. Instituto de Investigaciones Eléctricas, A.2.15. *Técnicas experimentales.* CFE. México, 1983.

3. French R. H., *Hidráulica de canales abiertos,* Cap. 14. McGraw-Hill, México, 1985.
4. Le Méhauté D. B., A *Comparison of Fluvial and Coastal Similitude,* Vol. II. Cap. 69, Proc. Coastal Engineering. Washington D. C., 1970.
5. Maza A. J. A. y Springall G. R., *Modelos fluviales de fondo móvil y su calibración.* Reporte 190. Instituto de Ingeniería UNAM. México, 1968.
6. Maza A. J. A. y Springall G. R., *Modelo del Río Suchiate.* Reporte 219. Instituto de Ingeniería, UNAM. México, 1969.
7. Maza A. J. A. y García F. M., *Obras de encauzamiento del Río Verde.* Vol. 2. IV Congreso Nacional de Hidráulica. A.M.H. Acapulco, México, 1987.
8. Maza A. J. A., *Introduction to River Engineering.* División de estudios de Posgrado. Facultad de Ingeniería UNAM. 1986.
9. Novak P. y Cábelka J., *Models in Hydraulic Engineering Physical Principles and Design Applications,* Cap. 6. Pitman Advanced Publishing. Londres, 1981.
10. Sharp J. J., *Hydraulic Modelling,* Cap. 7. Botterworths. Londres, 1981.

8

Modelos de estuarios

8.1 INTRODUCCIÓN

Las regiones bajas de los ríos, próximas a su desembocadura al mar, y donde generamente el cauce se ensancha y los efectos de flujo y reflujo de las mareas son importantes, se llaman *estuarios*. En éstos y en otros almacenamientos grandes de agua como son las lagunas litorales, se llevan a cabo complejos comportamientos del movimiento del agua, debido a la interacción simultánea de la corriente de los ríos, del oleaje y de las mareas, incluyendo la morfología del estuario o laguna, formación de playas y arrastre litoral, así como los numerosos trabajos u obras que se construyen.

Los problemas más frecuentes a estudiar en estas regiones son los ocasionados por la navegación, debida al crecimiento de la población y fenómenos meteorológicos: dimensionamiento y trazo de canales, dragado y tiro de material, cambios de patrones de flujo, erosión y depósito de material en las márgenes, con terminación por descargas, modificación del medio, escolleras y espigones, rellenos, construcción de obras internas, cambio de salinidad, sobreelevación por tormenta, bordos, etc.

El tratamiento de estos problemas puede hacerse empleando las técnicas de modelación hidráulica o matemática, ambos con alto grado de dificultad de simulación completa de los fenómenos a estudiar al mismo tiempo.

La similitud completa del sistema modelo-prototipo, en un modelo hidráulico de un estuario, debería de reproducir la geometría y rugosidad del prototipo, así como los cambios de nivel del agua, patrones de corrientes, distribución de salinidad, transporte, acumulación y erosión de sedimentos, distribución de oxígeno disuelto, temperaturas, difusión de contaminantes, mezclas, sobre elevación por vientos, oleaje local, etc., sin embargo, no todos los fenómenos son necesarios estudiarlos simultáneamente, algunos son insignificantes, o irrelevantes. Por tanto, es recomendable seleccionar el fenómeno en el prototipo que podría ser más significativo para estudiarse en el modelo con aproximación aceptable.

8.2 CONDICIONES DE SIMILITUD

La ecuación dinámica de traslación de la onda de marea, en un estuario en forma unidireccional, que satisface la ecuación de movimiento de ondas de largo periodo con disipación de energía por fricción, está dada por

$$\frac{du}{dt} = \frac{\partial u}{\partial t} + u\,\frac{\partial u}{\partial x} = -\,g\,\frac{\partial u}{\partial x} - g\,\frac{u\,|\,u\,|}{C^2\,d} + ku \tag{8.1}$$

siendo

$$C = \left(\frac{8g}{f}\right)^{1/2} = \text{coeficiente de Chezy}$$

f = coeficiente de fricción de Darcy
K = coeficiente de Coriolis $2w$ sen ϕ
w = velocidad angular de rotación de la Tierra o frecuencia
ϕ = latitud del estuario

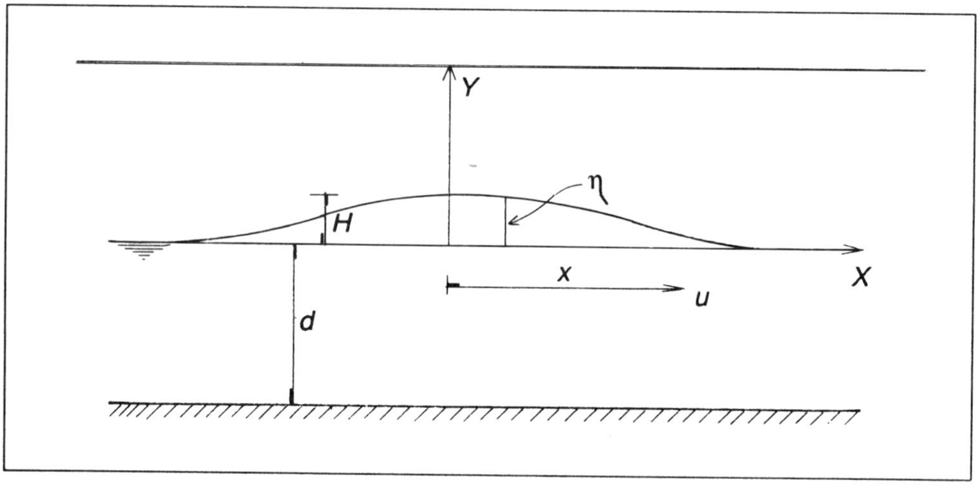

Figura 8.1 Onda de marea propagándose en un estuario

La ecuación 8.1 es válida en el prototipo y en el modelo, por tanto, si ésta se escribe en función de las escalas correspondientes se obtiene:

$$\frac{E_u}{E_t}\left(\frac{\partial u}{\partial t}\right)_m + \frac{E_u^2}{E_x}\left(u\,\frac{\partial u}{\partial x}\right)_m = -\,\frac{E_g\,E_y}{E_x}\left(g\,\frac{\partial u}{\partial x}\right)$$

$$z - \frac{E_g \; E_u^2}{E_C^2 \; E_y} \left(g \; \frac{u \,|\, u \,|}{C^2 d} \right)_m + E_k \; Eu \; (ku)_m$$

dividiendo entre $E_u^2 \; Ex^{-1}$, resulta

$$\frac{E_x}{E_u \; E_t} \left(\frac{\partial u}{\partial t} \right)_m + \left(u \; \frac{\partial u}{\partial x} \right)_m = - \frac{E_g \; E_y}{E_u^2} \left(g \; \frac{\partial u}{\partial x} \right)_m$$

$$- \frac{E_g \; E_x}{E_C^2 \; E_y} \left(g \; \frac{u \,|\, u \,|}{C^2 \; d} \right)_m + \frac{E_k \; E_x}{E_u} \; (ku)_m \qquad (8.2)$$

Para que la ecuación 8.1 sea igual a la ecuación 8.2 es necesario que

$$\frac{E_x}{E_u \; E_t} = \frac{E_g \; E_y}{E_u^2} = \frac{E_g \; E_x}{E_C^2 \; E_y} = \frac{E_k \; E_x}{E_u} = 1 \qquad (8.3)$$

De estas igualdades se observa que las condiciones de similitud, entre la segunda y tercera igualdad, corresponden a las de un flujo permanente a superficie libre (inciso 6.2). La primera igualdad, se llama "condición de similitud de Strouhal", correspondiente al número adimensional de Strouhal ($S = \ell / ut$), que relaciona las condiciones hidrodinámicas en un flujo no permanente. La cuarta igualdad corresponde a la condición de similitud de Coriolis, que relaciona las condiciones hidrodinámicas bajo la influencia de la rotación de la Tierra.

Combinando las condiciones de similitud de Strouhal y de Froude para $E_g = 1$, se obtiene que:

$$E_u = E_y^{1/2}$$

$$E_t = E_x \; E_y^{-1/2} \qquad (8.4)$$

De igual manera, combinando las condiciones de similitud de Froude y el de fricción (tercera igualdad) se determina que

$$E_C = (E_x \, / \, E_y)^{1/2} \qquad (8.5)$$

Ahora, combinando la condición de Strouhal ($S = \; / ut = w \; / u$) y la condición de Coriolis, se obtiene para ésta que, $E_t = 1$ cuando $E_w = E_{\text{sen} \; \phi} = 1$ (igual velocidad de rotación de la Tierra y latitud para el modelo y el prototipo) lo cual es incompatible con la ecuación 8.4 y, por tanto, habría un efecto de escala.

Por otra parte, si es necesario representar oleaje en la zona del mar frente a la comunicación del estuario, así como el transporte de sedimentos, deberá cumplirse con las condiciones de similitud tratados en los incisos 4.2, 5.2 y 7.2.

8.3 SELECCION DE ESCALAS

En general, los modelos hidráulicos de estuarios son distorsionados geométricamente, lo cual le da mayor validez a los resultados, por tanto, el grado de distorsión y las escalas, dependen del área a reproducir, de la naturaleza del problema a investigar y otras consideraciones (véase el inciso 3.2).

La escala vertical, se recomienda estar comprendida entre 1:50 a 1:100. Cuando el rango de variación de niveles sea de ± 1.0 cm y un error admisible de ± 0.1 mm, la escala horizontal se determinará, entre otros factores, en función del grado de turbulencia deseada, de la duración de la marea, del espacio disponible, de la rugosidad, del equipo de medición, del material de fondo móvil a representar. Por este motivo las escalas horizontales más comunes, están comprendidas entre 1:300 y 1:2000, con distorsión geométrica Δ de hasta 10 para modelos de fondo fijo, donde se estudien problemas de niveles, mareas, corrientes, intrusión salina, presión de calor y sobreelevaciones por tormenta. Para valores de Δ de hasta 20, se pueden usar para estudios de niveles de mareas, patrones de flujo, intrusión salina y sobreelevación por tormenta. Para modelos con fondo móvil se recomienda distorsiones menores que 5. La figura 8.2, propuesta por H. Kobus, puede emplearse para seleccionar escalas en función de la distorsión y del tiempo de duración de la marea.

8.4 EFECTOS DE ESCALA

Los efectos de escala más significativos se presentan cuando los modelos son distorsionados. Así, para las condiciones de flujo, es necesario colocar una rugosidad artificial, véase el inciso 3.4. Las condiciones de oleaje de corto periodo no se pueden reproducir adecuadamente, véase el inciso 4.5, por lo que en el modelo, a base de ensayo y error, se deberá determinar el oleaje que permita simular el efecto del movimiento de suspensión del sedimento.

Para el efecto de vientos locales, cuando se tenga que estudiar sobre elevaciones o tiempos de decaimiento de contaminación en ensayos de dispersión, los resultados deben ser corregidos analíticamente.

El gradiente de velocidad lateral y salinidad, generados por el efecto de la fuerza de Coriolis, se puede simular mediante el ajuste de la rugosidad artificial. Se pueden utilizar otros métodos para simular la fuerza de Coriolis, por ejemplo, mediante la instalación de cilindros giratorios distribuidos en el modelo, o construyendo éste sobre una plataforma giratoria.

8.5 FRONTERAS DEL MODELO

El criterio para establecer fronteras, descrito en los incisos 4.4 y 6.3.3, se aplica a los modelos de estuarios. Sin embargo, cabe considerar la necesidad de espacios para alojar el sistema de control de niveles por marea o de descarga de apor-

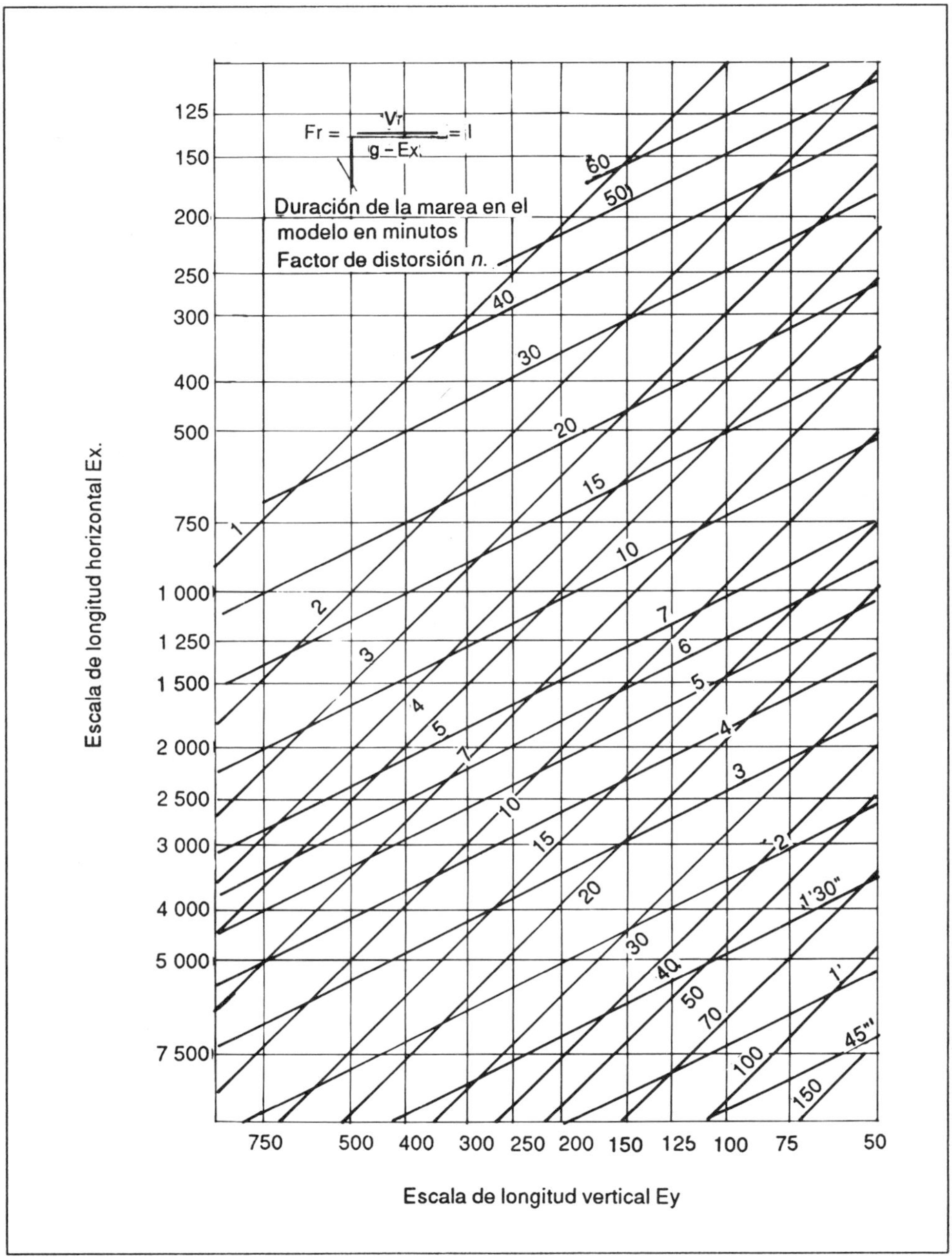

Figura 8.2 Selección de escalas en función de la distancia y tiempo de duración (H. Kobus)

taciones fluviales, así como el sistema de control de velocidades de flujo y reflujo; para ello es necesario utilizar vertedores, válvulas de distribución, bombas, cárcamos y tanques de almacenamiento.

Cabe agregar que las fronteras en el lado del mar deben extenderse a distancias suficientes de las entradas u obras de protección o encauzamiento, de modo que los patrones de flujo de las corrientes generadas no sean afectadas. Como una regla de orden general, se estima que la parte marítima del modelo de un estuario debe ser del mismo orden que el área de la parte del estuario para evitar dificultades de operación con el generador de mareas, figura 8.3.

Figura 8.3 Fronteras de un modelo fluvial en su descarga al mar e instalación de un generador de mareas

8.6 DATOS DE CAMPO

Para la simulación más exacta de los fenómenos a estudiar en el modelo es necesario contar con la mayor información de campo relativa a:

a) Batimetría Levantamientos de detalle con curvas de nivel a cada metro como máximo, ejecutados en varios años, que permita conocer los cambios del fondo y sitios particulares, tales como canales, bocas, (comunicaciones con el mar), barras, erosiones y bancos, etc. Estos levantamientos deberán coincidir con otros estudios, tales como de corrientes, mareas, salinidad, vientos, avenidas, difusión, etc.

b) **Levantamientos topográficos** Estos corresponden principalmente a las áreas contiguas al estuario, que muestren las zonas de inundación y taludes de los bordes.

c) **Mareas** Registros de mareas simultáneas desde la comunicación con el mar hasta el interior del estuario, distribuidos en el mayor número de sitios posibles y de interés. De estos registros se obtendrá la información de variación de niveles de agua, amortiguamientos y defasamientos de la onda de marea, para condiciones extremas y medios de marea astronómica en ciclos completos, así como el efecto del viento.

d) **Corrientes** Es necesario conocer la distribución de velocidades de las corrientes en secciones transversales de los canales de comunicación, así como en diferentes puntos del interior del estuario coincidentes con las mediciones de marea. Estas mediciones deberán de hacerse simultáneamente en cada sitio y a diferentes profundidades, para indicar la dirección de las mismas.

e) **Escurrimientos superficiales** Los escurrimientos superficiales importantes, ríos y descargas de desechos urbanos e industriales, deberán ser aforados. Cuando se traten problemas de salinidad es conveniente efectuar aforos detallados antes y después de las brigadas de medición de salinidad y velocidades.

f) **Salinidad** Deberán efectuarse brigadas de medición simultáneas con las de velocidades en todas las estaciones y profundidades, además de puntos más alejados aguas arriba para conocer la extensión de la cuña salina.

g) **Temperatura** Para problemas de descargas de agua caliente, es necesario hacer mediciones de temperatura en el estuario o mar, según esté ubicada la descarga en diferentes puntos y profundidades del área afectada y, en particular, en el cono de la descarga. Estas brigadas de medición deben coincidir con las de marea, corrientes y salinidad.

h) **Dispersión** Para conocer el comportamiento del cono de descarga deberán efectuarse mediciones de dispersión, coincidiendo con las brigadas de mareas, corrientes, salinidad y temperatura.

i) **Sedimentos** Es importante realizar brigadas de trazadores (fluorescentes o radiactivos) para estimar el movimiento de los sedimentos frente y lateralmente al desembocar en el mar. También es posible por medio de levantamientos batimétricos frecuentes estimar los volúmenes de material movidos por oleaje, corrientes o dragado.

j) **Oleaje** Cuando se desea observar el comportamiento del acarreo litoral respecto a otros factores, es necesario representar en el modelo el oleaje; para representar éste se necesita saber su dirección de incidencia, su altura, periodos y distribución, así como la deformación en su propagación.

8.7 CONSTRUCCION

Los métodos de construción y los materiales descritos en los incisos precedentes, se aplican a los modelos de estuarios, sin embargo, cabe hacer notar que, en general, cuando estos modelos tienen que representar un área grande de una superficie acuática, es conveniente que éstas se construyan bajo cubierta cuando los vientos locales sean frecuentes y de velocidad suficiente para generar oleaje y sobreelevaciones que afecten la operación y las condiciones hidrodinámicas del sistema.

8.8 INSTRUMENTACION Y EQUIPO

La generación de mareas a escala puede hacerse empleando equipos de bombeo y compuertas. Este sistema es el que se emplea más en México, consta de un tanque de almacenamiento y cárcamo de bombeo, bombas de gasto constante, programador, compuertas y/o válvulas de control de gasto y conductos de retorno al tanque, véase la figura 6.7. El programador puede ser de tipo disco, gráfico o digital que, ligado al control de marea (flotador o sonda), abre o cierra las compuertas para aumentar o disminuir el gasto que se descarga al modelo, es decir, cuando asciende la marea entonces se necesita mayor volumen de agua, por tanto, la válvula o compuerta se cierran y cuando desciende la marea se necesita menor volumen y en ese caso la válvula o compuerta se abren, regresando el agua excedente al tanque para ser rebombeada. La figura 8.4 muestra un generador de mareas tipo mecánico.

Para la generación de corrientes se puede emplear un sistema parecido al de generación de mareas, véase la figura 6.8. Se instalan compuertas o válvulas en sitios estratégicos de los límites del modelo, de modo que éstos se abran para dejar escapar cierto gasto que obligue a presentar las velocidades y niveles semejantes al prototipo, aun cuando el gasto no corresponda al de la escala.

Cuando el escurrimiento corresponde al lapso de la marea en ascenso (flujo) se alimenta agua en el lado del mar y se abren las compuertas o válvulas aguas arriba y, en caso contrario, si el escurrimiento corresponde al descenso de la marea (reflujo) se abren las compuertas o válvulas ubicadas en la zona del mar. Tanto el movimiento de las compuertas como el de válvulas del sistema de bombeo deben corresponder a un programa calibrado que opere en forma automática el sistema.

En las figuras 6.7 y 6.8 se muestra otro procedimiento. Este opera para escurrimientos en flujo y reflujo y consta de una bomba de gasto constante, una válvula repartidora y tuberías de carga y descarga. Debido a que es necesario medir el gasto de alimentación, éste se hace instalando vertedores, tubos Venturi, correntómetros o diafragmas.

Por lo que se refiere a los generadores de oleaje, son necesarios para observar el comportamiento de los accesos de estuarios; podrá emplearse cualquiera de los tipos tratados en el inciso 4.8 y bajo las mismas recomendaciones.

Figura 8.4 Generador de mareas con programador tipo disco y compuerta

8.9 EJEMPLOS DE ESTUDIO

8.9.1. Punta Pichos Pajaritos, Ver.

Este sitio se localiza a 30 km aguas arriba de la desembocadura del Río Coatzacoalcos al Golfo de México en el estado de Veracruz, frente al Puerto de Coatzacoalcos, y forma parte de las márgenes del río y del canal de acceso a la Laguna de Pajaritos, en el cual se encuentran instalaciones portuarias de Petróleos Mexicanos (PEMEX).

El problema de esta zona es la continua erosión que sufren dichas márgenes por la corriente del río, oleaje que entra del mar, el flujo y reflujo de las mareas, esta ación combinada ocasiona problemas a la navegación de las embarcaciones de PEMEX, debido a que depositan el material erosionado en el canal de acceso a la laguna.

El propósito de este estudio fue el de probar diferentes alternativas de protección, determinar los efectos de los nuevos patrones de flujo generados sobre el acceso al canal de navegación y recuperar 16 ha de terreno perdidas.

El estudio se llevó a cabo a solicitud de PEMEX en el Laboratorio de Ingeniería Hidráulica de la Escuela Superior de Ingeniería y Arquitectura del Instituto Politécnico Nacional en el año de 1985, para lo cual fue necesario construir un modelo

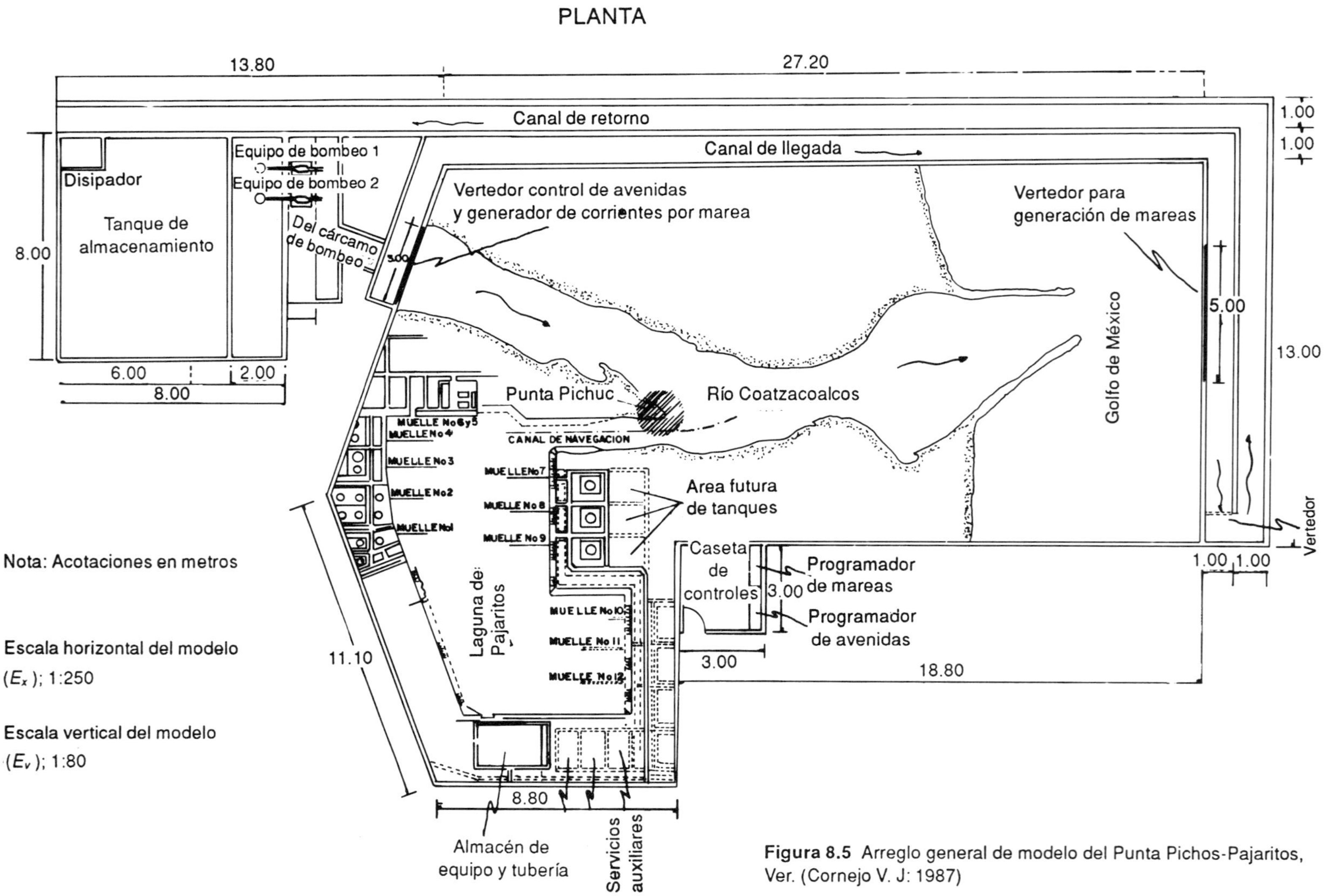

Figura 8.5 Arreglo general de modelo del Punta Pichos-Pajaritos, Ver. (Cornejo V. J: 1987)

hidráulico de fondo fijo. Sobre éste se colocó material de baquelita, arcilla y colorantes como trazadores para observar las tendencias de cómo de movía el sedimento, figura 8.5.

Las condiciones de similitud a cumplir fueron:

a) $Fr = \dfrac{v}{(g_d)^{1/2}}$, ($Fr$) número de Froude

b) $Re = \dfrac{vd}{\upsilon} > 500$, ($Re$) número de Reynolds

c) $K = \dfrac{\tau_o L}{\rho g d^2}$, ($k$) coeficiente de fricción

donde:

v = velocidad media del flujo
d = tirante de agua
g = aceleración de la gravedad
ρ = densidad del agua
υ = viscosidad del agua
τ_o = esfuerzo cortante en el fondo e igual a ρu_*^2
L = longitud del cauce
u_* = Velocidad al corte, asociada a la velocidad media, mediante la expresión $v/u_* = 6.25 + 5.75 \log d/\varepsilon$, siendo ε el tamaño de la rugosidad.

Combinando las condiciones de similitud de Froude y fricción, resulta que $E_{u_*} = E_y\ E_x^{-1/2}$, que para un modelo sin distorsión sería $E_y = E_{u_*}$, lo cual indica que el valor de la rugosidad relativa (d/ε) en el prototipo y el modelo deberían ser iguales, situación generalmente imposible, y en el caso particular del Bajo Río Coatzacoalcos $d/\varepsilon = 12/0.0003 = 40.000$, y por tanto, $v/u_* = 32.71$, así que, si para el modelo se considera una escala horizontal $E_x = 250$, tirantes del orden de 15 cm y rugosidad de fondo (ε) del orden de 1 mm resulta que $d/\varepsilon = 150 \neq 40\ 000$

Lo anterior implica que el modelo debe ser distorsionado, de modo que al proponer una escala de líneas horizontales $E_x = 250$ (en función del espacio disponible en el laboratorio), y al combinar la escala de E_{u_*} con $E_y = E_x^{1/2}$ y la relación Ey/Eu_*, resulta que

$$E_y = E_x\ [0.19 + 0.18 \log d/\varepsilon]^2 = 84.5$$

que para fines prácticos de construcción se optó por una escala vertical $E_y = 80$, que indica una distorsión Δ de 3.125, y la escala de velocidades horizontales $Evx = 8.94$, la de tiempos $E_t = 27.95$, de gastos $E_Q = 178\ 885.4$ y de volúmenes $E_{vol} = 5 \times 10^6$.

El arreglo general del modelo se presenta en la figura 8.5 que incluye 6 km del río la laguna de Pajaritos y un frente marítimo de 3.5 km. En las fotografías de

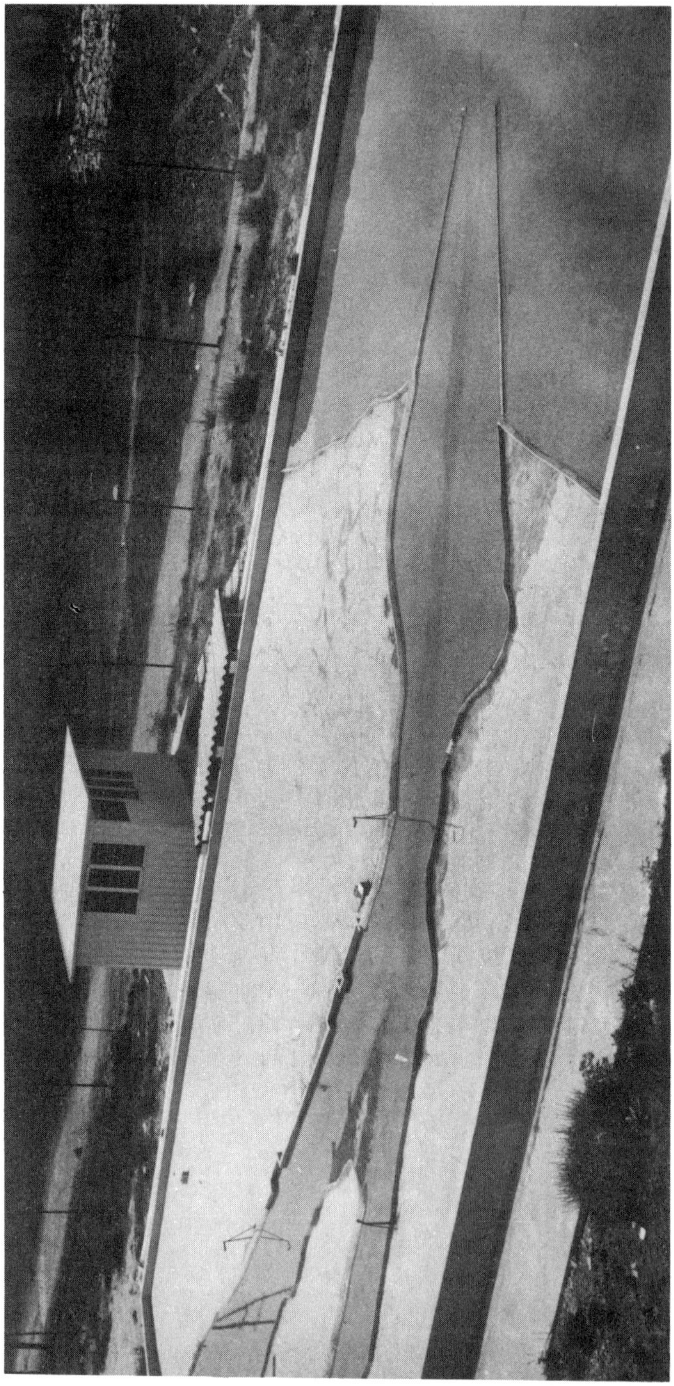

Figura 8.6 Arreglo general del modelo de Punta Pichos-Pajaritos, Ver. (Cornejo V. J. 1987)

la figura 8.6 se observa el proceso de construcción y una panorámica del mismo; la batimetría empleada fue de un levantamiento de 1983. Cabe mencionar que la plantilla fue pintada de color verde oscuro para resaltar la trayectoria de los flotadores al momento de tomar las fotografías y así conocer el patrón de flujo, figura 8.7. La pintura en cuanto al número de capas aplicadas, 4, dependió de la calibración de la rugosidad.

El modelo se equipó con un generador de corriente cuyo arreglo se muestra en la figura 8.8 y el diagrama del controlador automático en la figura 8.9. Este generador incluye un tanque de almacenamiento de 130 m^3, el cual se conecta a una bomba de 20 hp para suministrar un gasto constante de 35 l/s que pasa por el repartidor, y dependiendo de su posición es el gasto que se suministra o se extrae del modelo. Para medir los niveles se emplearon limnímetros de punta con precisión de $\pm$ 0.1 mm, figura 6.9. Las velocidades se midieron con micromolinetes electrónicos de $\pm$ 0.01 m/s de precisión, figura 6.10.

Los ensayos que se realizaron en el modelo hidráulico fueron para calibrar y definir los patrones de corrientes obtenidos por las brigadas de campo, de estudios hidrológicos y condiciones de mareas y probar las alternativas de obras de protección.

Las calibraciones consistieron en ajustar el generador de corrientes, definiendo la curva de posiciones del repartidor contra gastos, figura 8.9, tomando como base las lecturas del micromolinete instalado en la tubería de salida del repartidor y la sección del río 2 + 000. Asimismo, se reprodujeron los gastos para ciclos de mareas, vivas y muertas para épocas de estiaje y de avenidas.

La rugosidad se calibró en función de las curvas gasto-velocidad-tirante, colocando pintura sobre el acabado de la plantilla del modelo, de acabado pulido con mortero arena-plastocemento, figura 8.10.a.

Los patrones de flujo se definieron para tres curvas de gastos, correspondientes a ciclos completos de mareas representativas de las estaciones de primavera (C_1), verano (C_2) y otoño (C_3), la de invierno es similar a la de otoño, por tal motivo no se realizó. Asimismo, se ensayó con avenidas de 3 000, 5 000 y 7 000 m^3/s.

La configuración de los patrones de flujo se efectuaron en la zona de Punta Pichos, abarcando desde la sección del río 2 + 000 a la 4 + 000, así como el canal de acceso a la Laguna de Pajaritos. Los patrones se obtuvieron para cada hora del ciclo completo de marea (del prototipo) utilizando flotadores distribuidos en la zona y fotografiando éstos con una exposición entre 5 y 10 segundos, lográndose registrar su trayectoria y poder así determinar las características, magnitud, dirección y forma de la corriente, figura 8.7.

Cuando se estimó que era excesiva la influencia del viento sobre los flotadores, se corrigió la magnitud de la corriente por este factor.

Para observar la tendencia a la erosión y depósitos del material en la zona de Punta Pichos, en condiciones reales, se hicieron ensayos en canal de velocidades de 19.00 m de largo, 0.60 m de ancho y de alto, en el que se observó el inicio del movimiento del sedimento. Se emplearon muestras de material del prototipo, cuyas características generales son: arcilla con arena fina con D_{60} menor

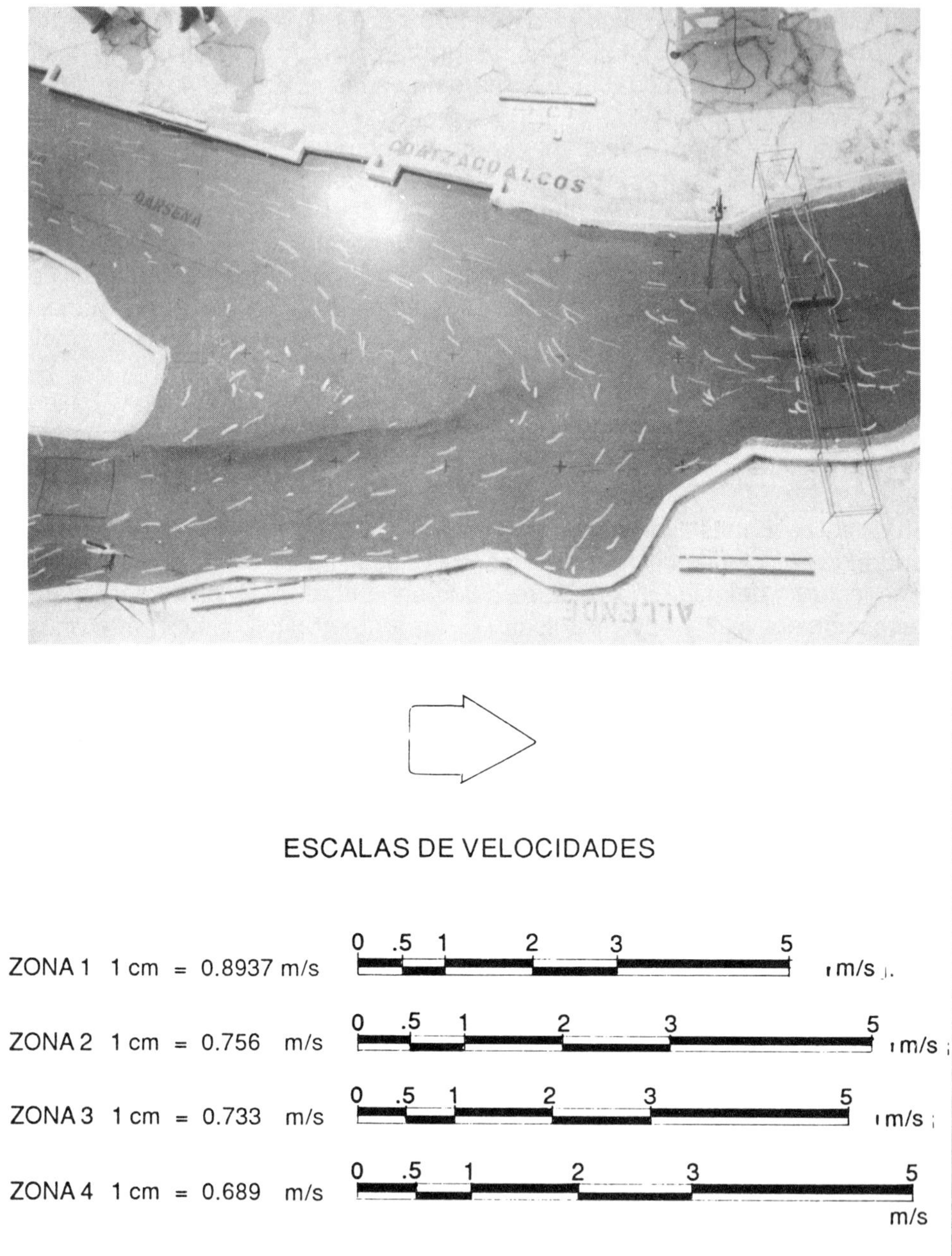

Figura 8.7 Patrón de flujo con trayectoria de flotadores (Cornejo V. J. 1987)

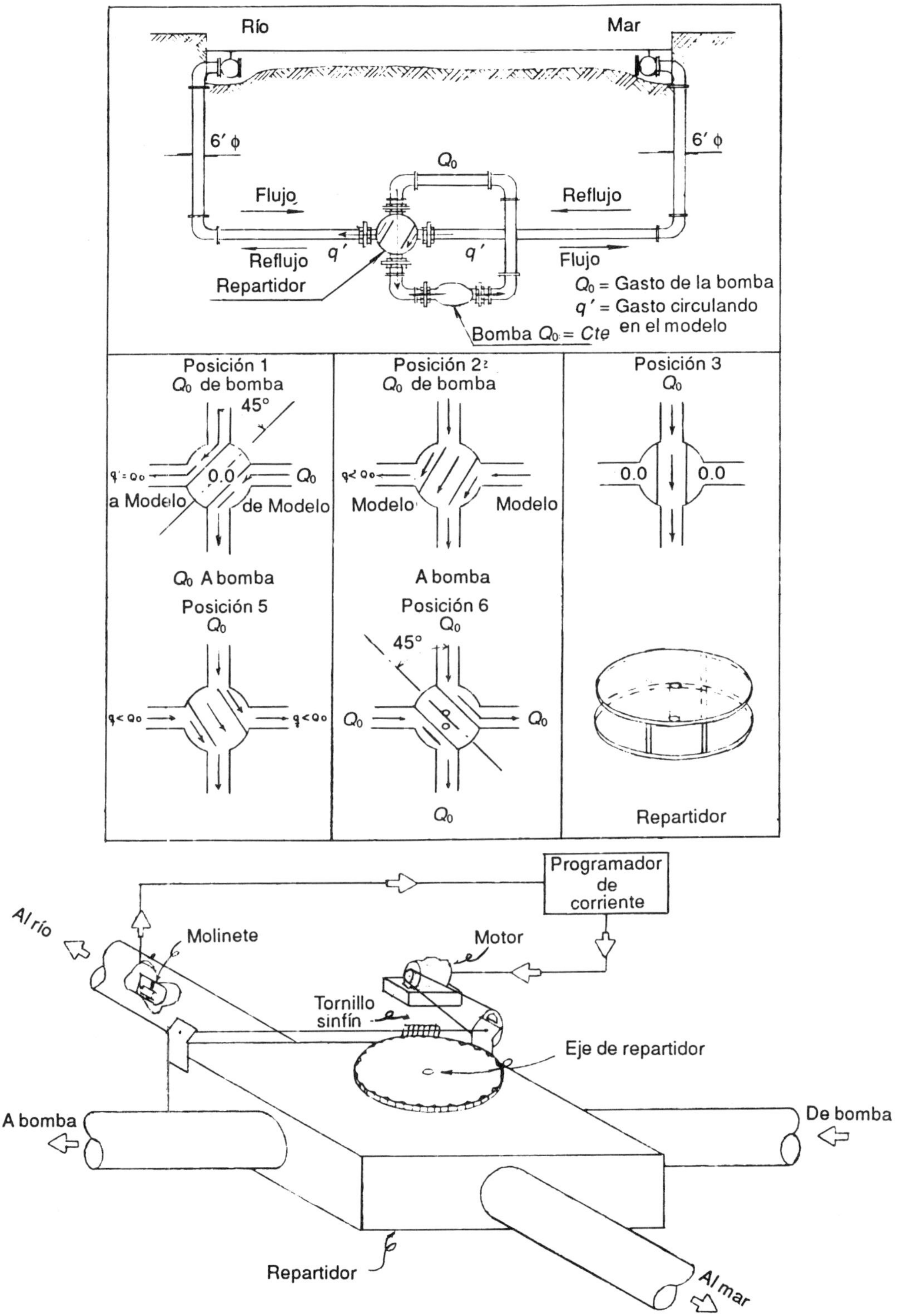

Figura 8.8 Arreglo de generador de corrientes (Cornejo V. J. 1987)

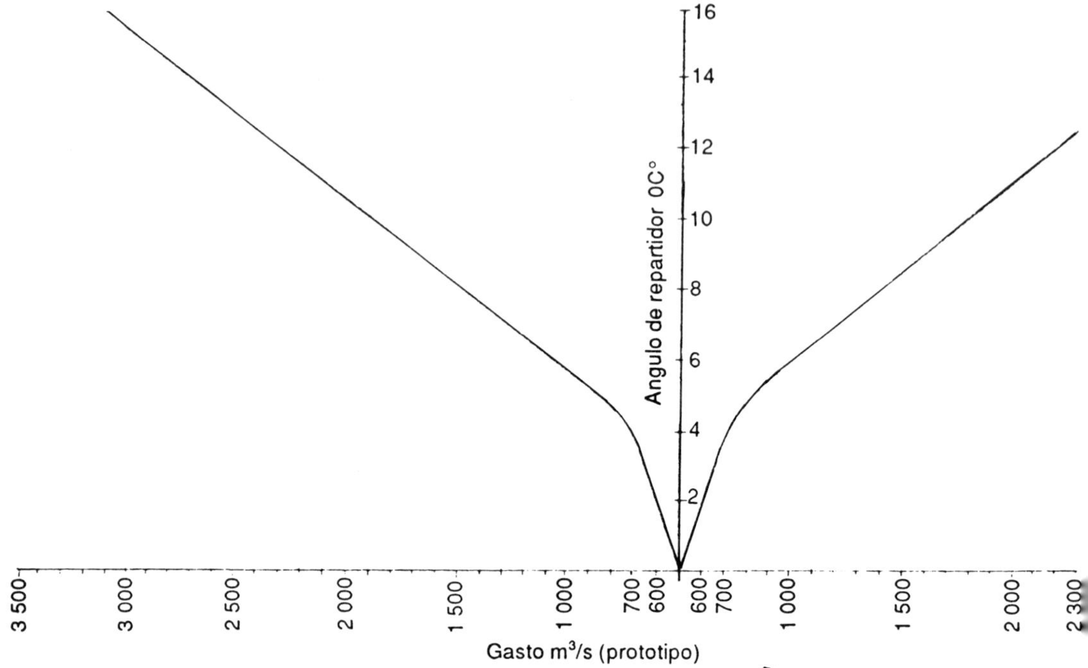

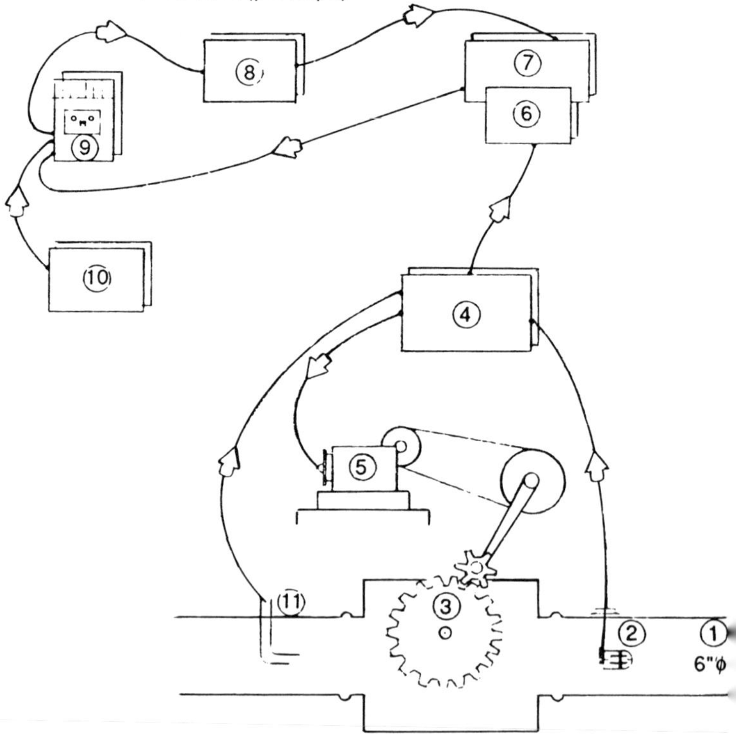

1. Tubería
2. Micromolinete
3. Repartidor
4. Servo-control
5. Motor
6. Convertidor digital analógico
7. Decodificador
8. Lector de programa
9. Grabadora
10. Base de tiempo
11. Tubo de Prandtl (Pitot)

Figura 8.9 Diagrama de control automático del generador de corrientes (Cornejo V. J. 1987)

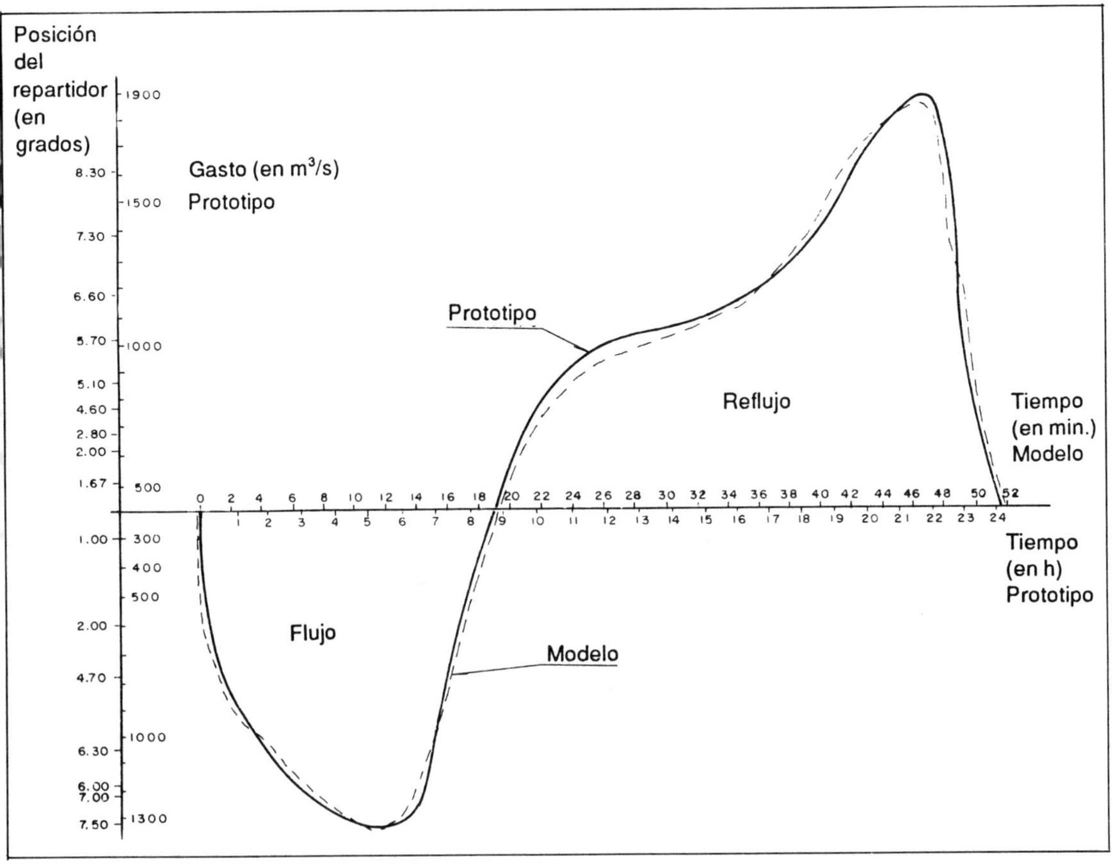

Figura 8.10 a Curva de gastos en un ciclo de marea de verano en el Bajo Río Coatzacoalcos (kilómetro 2 + 000)

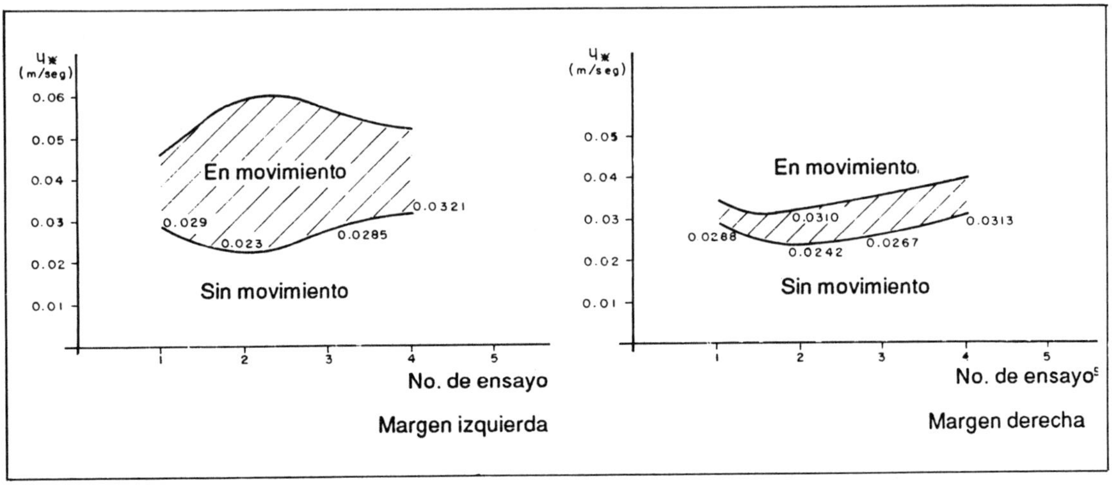

Figura 8.10 b Velocidad de corte de inicio de movimiento de los sedimentos cohesivos del Bajo Río Coatzacoalcos, Ver. (kilómetro 2 + 000) (Cornejo V. J. 1987)

de 0.070 mm y peso específico $\gamma_s = 2.45$ ton/m³, hallando que la velocidad al corte para el inicio del movimiento es la que se muestra en la figura 8.10b.

Con base en esta información, se seleccionó baquelita de $\gamma_s = 1.35$ ton/m³, que al ensayar para diferentes condiciones de flujo medio se determinó que el diámetro de mejor comportamiento fue de 0.8 mm. Para observar la depositación del material en suspensión se inyectó arcilla disuelta en agua a la altura de la sección 2 + 000, para el caso de flujo, y en el reflujo a la altura de la sección 4 + 000, reproduciendo la curva C_1, y las zonas de mayor depósito como ocurre realmente.

En las alternativas analizadas se recupera un área de 16 hectáreas aproximadamente, al realizar los ensayos para definir los patrones de corrientes con la curva C_3, con avenidas de 3 000, 5 000 y 7 000 m³/s. En cada ensayo se inyectó colorantes y confeti en las proximidades de las obras y en las secciones del Río 2 + 000 y 4 + 000, con el fin de observar los cambios que se producen en la corriente, debido a las obras de protección de Punta Pichos.

Alternativa I, consistió en rellenar con baquelita la zona perdida de Punta Pichos. Los cambios significativos que se apreciaron en el patrón de corrientes, en relación con el correspondiente a las condiciones reales de Punta Pichos, fueron en la entrada al canal de acceso a la Laguna de Pajaritos donde la circulación de la masa de agua está más acentuada.

La baquelita con la que se restituyó la Punta no se movió bajo la acción de la corriente. Sin embargo, ésta queda expuesta al oleaje y efecto del paso de los buques, que al no tener protección destruirán la Punta.

Alternativa II, se ideó empleando baterías de espigones, para restituir Punta Pichos, colocando 4 espigones cada 230.00 m entre sí con su morro en la línea batimétrica (– 5.00 m), con orientaciones con respecto al eje del Río (sección 3 + 000), de 30° para la alternativa II*a*, 60°, para la alternativa II*b* y 90° para la alternativa II*c*, respectivamente.

En condiciones de flujo, las corrientes alrededor de los espigones son más favorables que durante el reflujo, ya que en este segundo caso se presentan corrientes de retorno.

En el caso del oleaje local y de las ondas de estela por el paso de los barcos, la solución utilizando una batería de espigones no es muy eficiente, ya que el terreno del espacio libre entre espigones queda expuesto a la erosión.

Alternativa III, con protección marginal de Punta Pichos, se simuló alrededor del área restituida, considerando tres variantes:

alternativa III*a*, como protección marginal simple;
alternativa III*b*, consiste en una protección marginal con dos espigones, uno en el vértice (lado Norte) y el otro a 506.00 m aguas arriba, con una longitud de 40.00 y 70.00 m, respectivamente, orientados a 60° con respecto al eje del Río (sección 3 + 000);
alternativa III*c*, consiste en una protección marginal con un espigón en el vértice (lado Norte) de 40.00 m de longitud, orientando a 60° con respecto al eje del Río (sección 3 + 000).

TABLA 8.1 Comparación de alternativas de protección de Punta Pichos, Ver. (Cornejo V. J. 1987)

CONCEPTO	ALTERNATIVA						
	I	II - a	II - b	II - c	III - a	III - b	III - C
1. Inversión	mínima	máxima	máxima	máxima	media	máxima	máxima
2. Mejora el patrón de corrientes hacia aguas abajo	regular	regular	regular	regular	regular	bien	bien
3. Mejora el patrón de corrientes hacia aguas arriba	regular	mal	mal	regular	regular	regular	regular
4. Aprovechamiento del área recuperada	mal	regular	regular	regular	excelente	excelente	excelente
5. Menor obstáculo a la navegación	excelente	mal	mal	mal	excelente	mal	mal
6. Mayor protección contra el oleaje	mal	bien	bien	bien	excelente	excelente	excelente
7. Mayor protección contra los efectos debidos al paso de barcos	mal	bien	bien	bien	excelente	excelente	excelente
8. Facilidad constructiva	mal	bien	bien	bien	excelente	excelente	excelente
9. Reducción de remolinos en el canal de acceso	regular	bien	bien	bien	regular	bien	bien
10. Tiempo de construcción	mínimo	máximo	máximo	máximo	medio	máximo	máximo
11. Favorable para recibir el material de relleno	mal	mal	mal	mal	excelente	excelente	excelente
RESUMEN	NO RECOMENDABLE	REGULAR	REGULAR	BUENA	EXCELENTE	REGULAR	BUENA

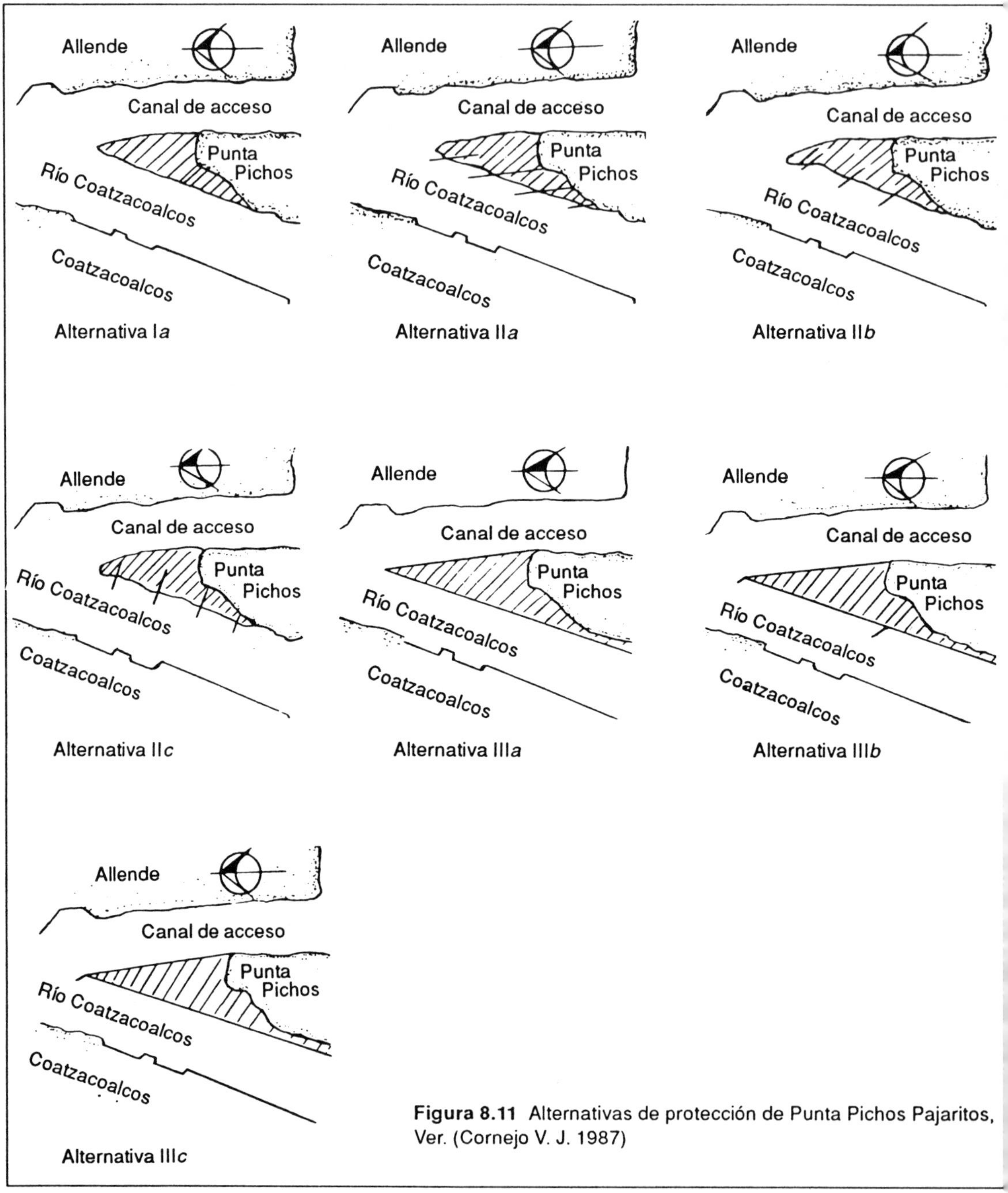

Figura 8.11 Alternativas de protección de Punta Pichos Pajaritos, Ver. (Cornejo V. J. 1987)

Los patrones de corrientes de estas alternativas no difieren mucho, por lo que una solución con protección marginal trabaja satisfactoriamente sin necesidad de los espigones.

El sistema de protección marginal de la alternativa III*a* orienta las corrientes satisfactoriamente y protege la erosión que causarían las corrientes, el oleaje y efectos del paso de los barcos. Estas obras contribuyen a reducir la magnitud de la masa de agua que penetra en la Laguna de Pajaritos, reduciendo así el azolvamiento en ésta.

Con el fin de seleccionar la alternativa que presente las mayores ventajas, se elaboró la tabla 8.1, donde se analizan diferentes cualidades para las siete alternativas estudiadas (mostradas en la figura 8.11). Dentro de estas cualidades destacan los aspectos relacionados con la inversión necesaria, eficiencia en relación con su influencia en las corrientes, oleaje y paso de los barcos, facilidad en su ejecución y tiempo de construcción.

La alternativa III*a* referente a la protección marginal indica ser la de mayores ventajas, clasificada como excelente, la longitud de protección marginal es de 2 020 m, recuperándose un área de 163 700 m^2, aproximadamente, que puede ocupar un volumen de relleno aproximado de 920 000 m^3 al nivel + 3.00 (NBM SIZIGIAS).

Las alternativas II*c* y III*c* fueron clasificadas como buenas y corresponden a protecciones marginales con dos y un espigón, respectivamente.

Las alternativas II*a*, II*b* y III*b* fueron clasificadas como regulares y corresponden a baterías de espigones a 10° y 90°, respectivamente.

La alternativa I fue clasificada como no recomendable y corresponde a la restitución de Punta Pichos sin proteger.

8.9.2 Modelo hidráulico a marea del Puerto de Corinto, Nicaragua, C. A.

El puerto de Corinto es un puerto natural ubicado en la costa del Pacífico de la República de Nicaragua, al NW de la capital, sobre la latitud 12°28'25" y longitud 87°11'25", dentro del estero Doña Paula y protegido de la acción del oleaje por la Isla Cardón y por la Península de Castañones, véase la figura 8.12. Este puerto es el de mayor movimiento marítimo del país y donde el acceso de las embarcaciones se hace a través del canal Cardón (entre la Isla Cardón y la Isla Aserradores, sobre la cual se sitúa el puerto) y el canal de Barra Falsa (entre Isla Cardón y Península de Castañones). Estas condiciones físicas actuales muestran dificultades al arribo de embarcaciones de gran calado, ya que las profundidades necesarias en el presente son de 10 m y de 11 m en el futuro, para cualquier condición de marea en ambos casos,

La ejecución de la profundización del canal obliga a realizar estudios del transporte litoral con el propósito de estimar áreas de sedimentación del dragado del mantenimiento. Por tal motivo, el Gobierno de Nicaragua, solicitó al Gobierno de México su cooperación para la realización de tales estudios, incluyendo los que se efectuaron en el modelo hidráulico construido en el Laboratorio Hidráulico de la Secretaría de Marina durante los años de 1972 a 1975.

Las condiciones hidrográficas del sitio son las siguientes: el puerto se encuentra en el interior del estero Doña Paula, el cual lo forman otros más pequeños y ríos de descargas reducidas y, por tanto, no se toman en cuenta en el funcionamiento hidráulico del estero en relación con el prisma y el gasto de marea. Este gasto durante el flujo, y en la Sección I, es de 56.5×102 m^3/s para una altura de marea de 1.35 m, mientras que en las secciones J y K les corresponde, respectivamente, 1/3 y 2/3 del gasto anterior.

Respecto al oleaje, éste procede principalmente de las direcciones sur y oeste, la primera corresponde a un oleaje del orden de 40% mayor que el segundo, y, se registra durante las estaciones de primavera, verano y otoño, mientras que el del oeste es durante el invierno, teniendo en ambos casos periodos y alturas significantes de 0.80 a 2.60 m y de 6 a 20 segundos, respectivamente.

La marea que predomina en esta zona es semidiurna con valores de altura media de 1.50 m y máxima de 3.50 m. De las corrientes inducidas por mareas, medidas en las secciones I, J y K, se observó que las correspondientes al reflujo son mayores que en flujo, principalmente en las secciones I y K. Las velocidades máximas registradas en cada una de las secciones, tanto en flujo como en reflujo en el fondo y en la superficie (datos de la marea del 12 de marzo de 1970), resultaron ser siempre superiores a las velocidades medias necesarias para iniciar el arrastre de la arena.

El patrón de flujo de corrientes superficiales, trazados con flotadores fuera de la bahía en flujo y reflujo, muestran trayectorias con orientación suroeste, mientras que en el interior de la bahía la corriente se aproxima al trazo del canal de navegación. Dada la falta de datos simultáneos, de corrientes de marea y oleaje, no se conoce la influencia de éste sobre aquéllos. La conformación del fondo marino fuera de la costa revela líneas batimétricas paralelas a la playa, presencia de bancos de arena entre la Isla Cardón e Isla Aserradores y al noroeste de la Isla Cardón, así como la barra en el acceso de la bahía en el canal de Boca Falsa.

Se hicieron estimaciones de la capacidad de arrastre de arena por efecto del oleaje, las cuales mostraron que a lo largo de las playas de la Isla Aserradores y de la Península de Castañones existe un acarreo neto anual de 3 000 m^3 hacia el noroeste en la zona primera y de 35 000 m^3 hacia el sureste en la segunda zona. Estas cantidades no se consideran muy alejadas de las reales, de otra manera, de ser mayor el gasto, los bajos formados hubieran alcanzado proporciones muy superiores a las actuales. Por otra parte, de los sondeos de material ejecutados en el interior y exterior de la bahía, mostraron que el material más grueso, $D_{50} = 0.85$ mm, se concentra sobre el canal de navegación entre las profundidades de 7 y 15 m. La zona donde el diámetro del material es el más pequeño, corresponde a la barra de Boca Falsa ($D_{50} = 0.09$ mm) mientras que en el Banco Swayer y en la Sección I, son de 0.25 mm y de 0.135 mm, respectivamente.

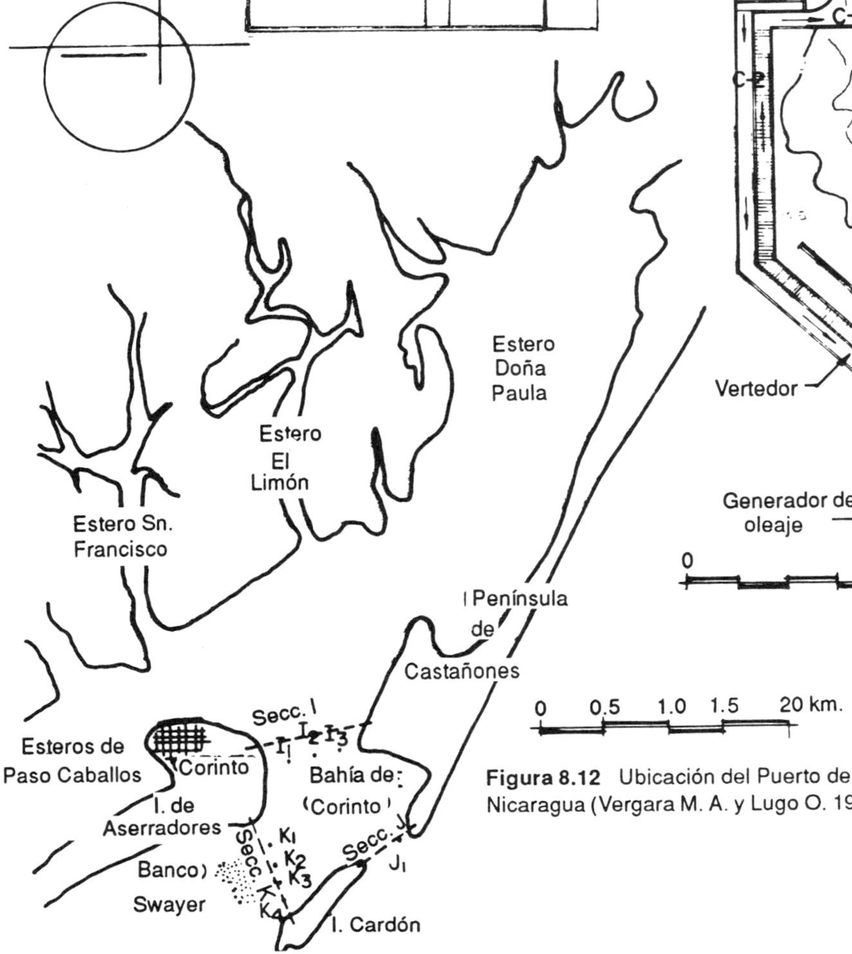

Figura 8.12 Ubicación del Puerto de Corinto, Nicaragua (Vergara M. A. y Lugo O. 1976)

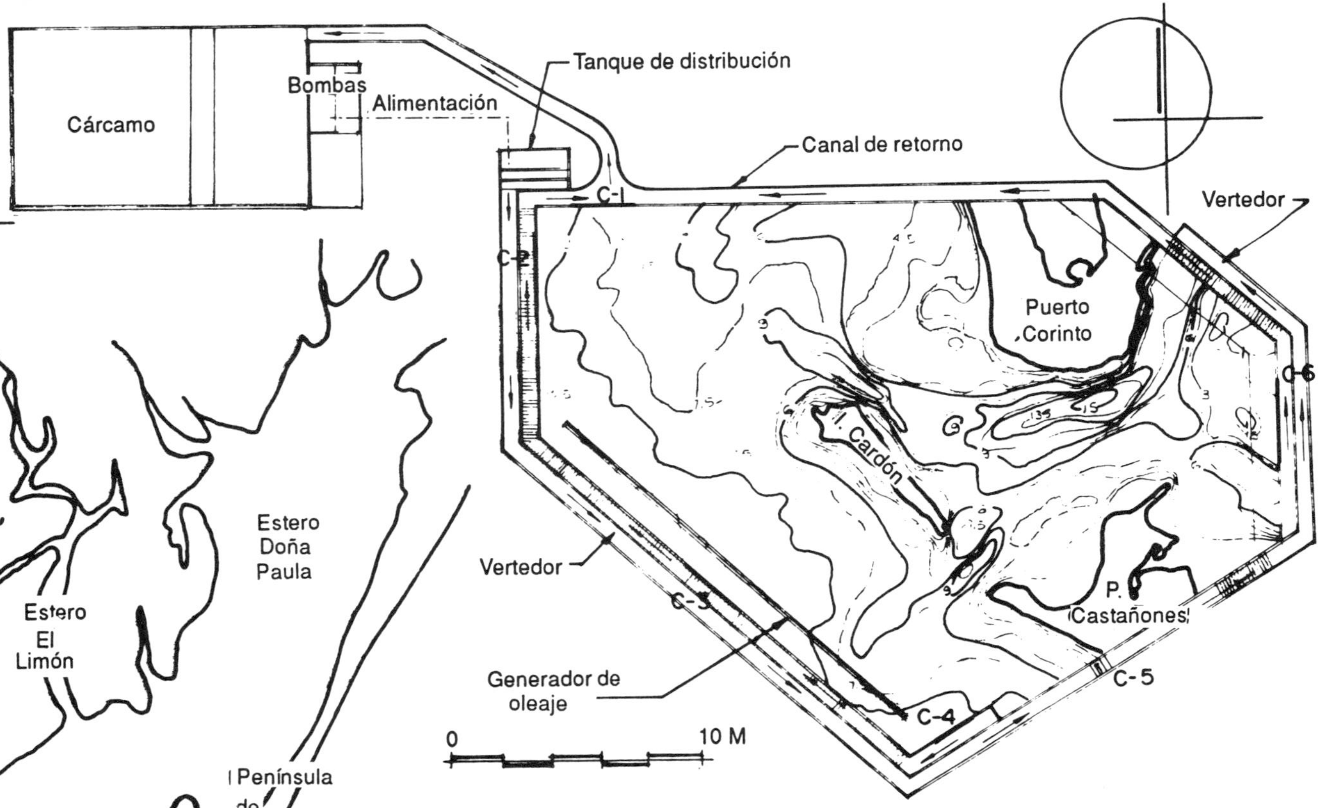

Figura 8.13 Modelo hidráulico (Vergara M. A. y Lugo O. 1976)

El propósito de la construcción del modelo fue para probar, observar y optimizar las alternativas de soluciones preventivas en el comportamiento de las corrientes de marea del acceso al puerto, debido a la ampliación y reorientación del canal de navegación.

Debido a las limitaciones de área, en el laboratorio el modelo quedó limitado por el lado del mar, hasta la batimétrica 11 m, en relación con el nivel de bajamar medio inferior, y se representaron lateralmente 3.6 km de costa que incluyen la Isla Cardón y 1 km de playa sobre la Isla Aserradores y Península de Castaños, respectivamente, satisfaciendo de esta manera las áreas importantes del estudio. Por la parte de la bahía y el estero, el área de la primera fue total, en cambio se eliminó el estero como vaso de almacenamiento, figura 8.12 y 8.13.

El modelo fue construido de fondo fijo con escalas lineales: horizontal E_x = 1:100, y vertical E_y = 1:30. De estas escalas, las restantes más importantes que aquí se anotan fueron obtenidos con base en la similitud de Froude.

E_x; 1:100 = escala de líneas horizontales
E_y; 1:30 = escala de líneas verticales
$E_v = E_x^2\ E_y$; $1{:}3 \times 10^5$ = escala de volúmenes
$E_Q = E_y^{3/2}\ E_x$; $1{:}16.43 \times 10^4$ = escala de gastos
$E_{v_x} = E_y^{1/2} = 5.47$ = escala de velocidades horizontales
$E_t = E_x\ E_y^{-1/2}$; 1:18.23 = escala de tiempos
$E_s = E_y\ E_x^{-1}$; 1:3.33 = escala de pendientes

El modelo se construyó de concreto sobre el cual se colocaron placas metálicas de 2 cm de ancho por 12 cm de longitud y normales al flujo, las cuales funcionaron como rugosidades artificiales. El equipo instalado fue el correspondiente al de reproducción y medición de todos los fenómenos importantes considerados, que incluyen niveles de marea, velocidades de corrientes y olas (dirección SW).

La calibración del modelo consistió en: ajustar el equipo programador y medidor de mareas, el control de 6 compuertas instaladas alrededor del modelo (4 en el lado del mar, 1 en el canal de alimentación y 1 en el lado del estero), así como el equipo generador y medidor de oleaje y la distribución de rugosidades artificiales, la cual se ajustó hasta obtener las elevaciones de la marea empleada y sus correspondientes velocidades generadas.

La comparación de las curvas de mareas, entre el modelo y el prototipo de la figura 8.14, muestra una buena representación a escala.

La comparación de las velocidades medias entre el prototipo y el modelo se hace en la figura 3, las cuales resultaron ser ligeramente mayores en el modelo, en el punto K-1 con una desviación Δ de 10 cm y excelente concordancia en el punto K-4.

Los patrones de flujo de corrientes superficiales en el interior de la bahía (trazados con colorantes) muestran una buena semejanza entre el modelo y el prototipo, sin embargo, al noroeste de la Isla Cardón hay divergencias importantes que causa la presencia de la compuerta de descarga No. 1.

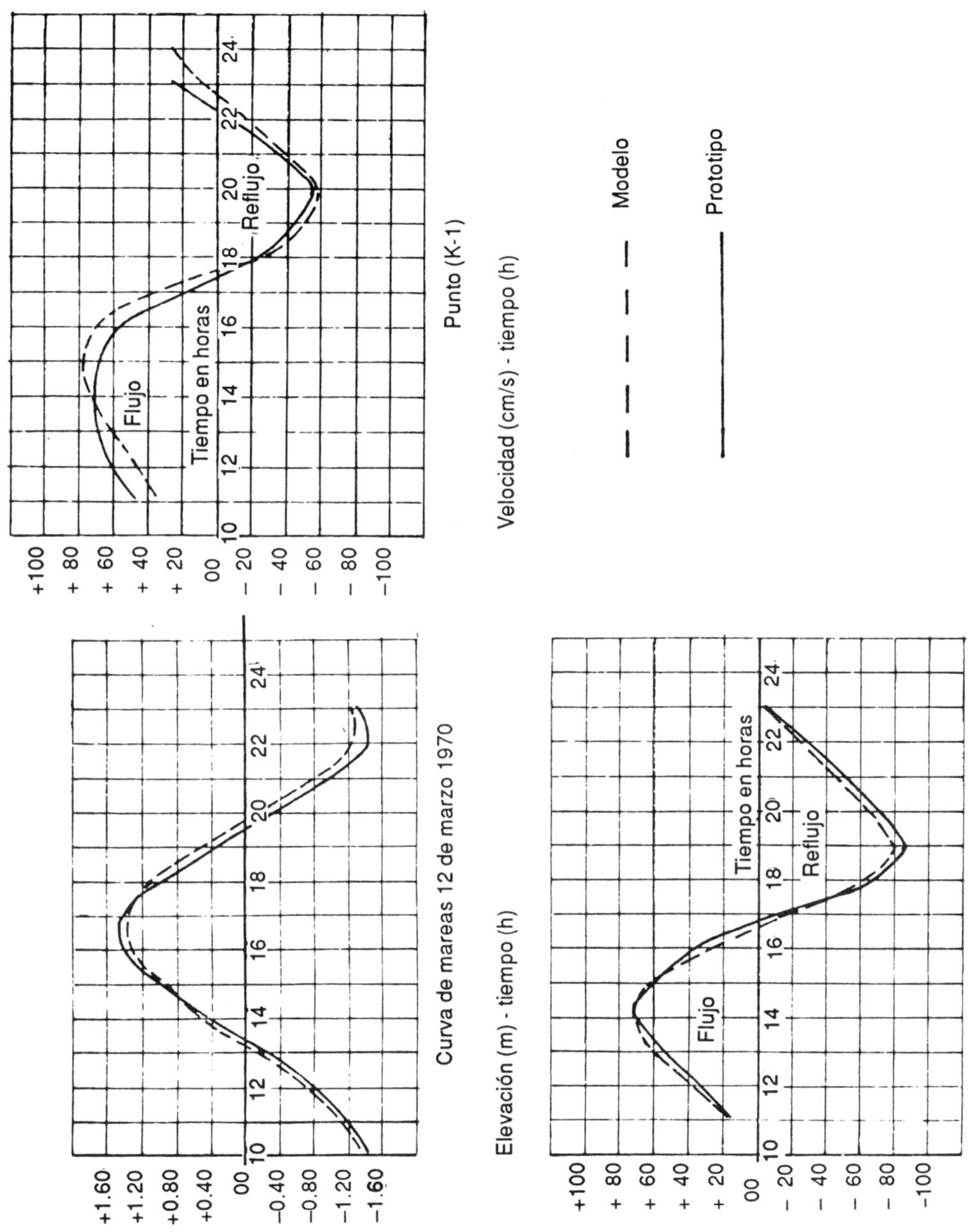

Figura 8.14 Curvas de mareas y de velocidades en el modelo y el prototipo (Vergara M. A. y Lugo O. 1976)

Con fines de observación cualitativas se realizaron ensayos para determinar la posibilidad del modelo en simular el movimiento de sedimentos, para lo cual fue necesario seleccionar el material a emplear como trazador, habiéndose encontrado que el butirato responde mejor que la baquelita para olas de poca altura y la baquelita en las condiciones contrarias. Para tales ensayos se empleó esta última con 0.2 mm de diámetro medio, que se colocó en varias regiones del modelo utilizando una cuadrícula dibujada en el fondo del mismo.

Con el propósito de conocer los cambios que ocasionaría una obra de distintas longitudes colocada sobre el Banco Swayer, que sería desde la playa hacia el mar, se ejecutó una serie de ensayos únicamente con mareas de los que se pudo observar lo siguiente:

a) El incremento de velocidades sobre el eje del canal (punto K-4) fue de 5 cm/s en el punto máximo del diagrama durante el flujo y de 8 cm/s en el reflujo. En esta última etapa (reflujo), se observó que es mayor el tiempo con velocidades mayores que en condiciones normales (sin obra). Lo anterior se originó para la mayor longitud de obra ensayada.

b) Con la misma disposición de la obra anterior se observó que el flujo hacia Boca Falsa se incrementó.

En relación con los ensayos de tendencia de acarreo de sedimentos, una parte de éstos se hicieron con marea y otra con marea y oleaje, en los cuales se pudo observar:

a) Para ensayos sólo con marea, en la zona del Banco Swayer, la tendencia del acarreo es hacia el interior de la bahía y hacia el canal de navegación en las proximidades de la Isla Cardón. Al NW de la misma Isla el material fue movido ligeramente hacia el interior del canal. En la región de la playa de la Isla Aserradores, la tendencia del acarreo se manifestó hacia el oeste, pero en proporciones mucho menores que en la región del Banco Swayer. En la región de Boca Falsa el material sufrió poco desplazamiento hacia el oeste.

b) Para ensayos con marea y oleaje se observó que en la región del Banco Swayer la tendencia también es hacia el interior de la bahía, mientras que en las otras áreas, a excepción de Boca Falsa, la tendencia es hacia el Norte.

c) Para ensayos con marea, oleaje y obra (escollera), el material colocado en la región del Banco Swayer y en el interior de la bahía, prácticamente no sufrió movimiento, excepto en el extremo de la escollera donde el material se distribuyó a lo largo de la misma. Al norte de la obra, se vio que el material tuvo tendencia de arrastre hacia el Este, en la región noroeste de la Isla Cardón el material se desplazó ligeramente hacia el norte y en Boca Falsa hacia el sur.

Las conclusiones de estos ensayos fueron:

a) El modelo se consideró suficientemente calibrado para las condiciones establecidas de batimetría, de marea y corrientes, aun cuando las velocidades sobre el punto K-4 manifestaron un defasamiento de una hora en el pico del flujo.

b) En esta primera etapa de ensayos se estimó que el movimiento del material por efecto de marea no es importante, y que en el prototipo lo debe ser en menor escala, pues las condiciones empleadas en el modelo correspondieron en épocas equinocciales (12 de marzo de 1970), que además de ser la más grande en el año, resultan ligeramente superiores a las necesarias para iniciar el movimiemnto de los granos de arena.

c) La presencia del oleaje en el acarreo de sedimentos muestra que todo el material que llegue al Banco Swayer, (quizá por oleaje del NW) queda atrapado indefinidamente (formación de un *tómbolo*), sin embargo, dado que el volumen es pequeño (que coincide con los cálculos teóricos) el crecimiento del banco es lento.

d) Como la presencia de una escollera que reduce el ancho de la zona del canal Cardón en las condiciones actuales, no causa cambios importantes, no se recomienda la construcción de este canal.

BIBLIOGRAFIA

1. Cornejo V. J., *Contribuciones al uso de los modelos hidráulicos marítimos de fondo móvil.* I Congreso Nacional de Ingeniería Hidráulica Marítima Portuaria. México, oct. 1987.
2. De Vries M., *Scale Models in Hydraulic.* Engineering International Institute for Hydraulic and Environmental Engineering.
3. Kobus H., *Hydraulic Modeling.* Pitman Books Limited. Londres, 1980.
4. *Modelo de la Laguna Madre, Tamps.* Primer Informe Secretaría de Recursos Hidráulicos. México, 1972.
5. Novak P. y Cabelka J., *Models in Hydraulic Engineering.* Pitman Advanced Publishing Program. Londres, 1981.
6. U.S. Army Corps of Engineers, *Hydraulic Models Coastal Engineering Research Center.* Special Report No. 5. may., 1979.
7. Vergara S. M. A. y Lugo E. O., *Modelo hidráulico a marea del Puerto de Corinto, Nicaragua, C. A.* IV Congreso Nacional de Hidráulica. Acapulco, México, oct., 1976.

9

Estabilidad de estructuras portuarias

9.1 INTRODUCCION

En este capítulo se estudiarán las estructuras que genéricamente se denominarán *rompeolas* o *diques,* cuya función puede ser: a) de encauzamiento en las descargas de ríos o bocas de lagunas litorales, en cuyo caso también se les llama "escolleras", b) proteger a las embarcaciones del oleaje en el interior del puerto, c) retener, mediante espigones, el material acarreado por acción del oleaje a lo largo de la playa.

De acuerdo a su geometría existen dos tipos: los rompeolas a talud (de roca natural, artificial o combinados) y los rompeolas verticales (de bloques de concreto o celdas metálicas). La combinación de ambos da origen a los rompeolas mixtos, compuestos de muros verticales sobre una base de enrocamiento, véase la figura 9.1.

A continuación sólo se tratarán los modelos para estudiar la estabilidad de rompeolas a talud. Estos pueden ser de tipo bidimensional (en canales de ola, donde la dirección del oleaje incidente es perpendicular a un tramo de la estructura) o tridimensional (en tanques de ola o de morros, donde el oleaje llega en forma oblicua en una parte importante del rompeolas, que ocasiona cambios de orientación de éste). Lo anterior se aplica al estudio de estabilidad de estructuras de enrocamiento para la protección longitudinal de playas.

La falta de una estructura de este tipo o su inestabilidad, ocurre por:

a) **Condiciones de cimentación,** cuando el suelo del fondo del mar presenta grandes asentamientos.
b) **Erosión,** si el fondo se compone de arena y ésta se mueve por la acción del oleaje, forma un cauce al pie de la estructura, causando deslizamiento de los elementos de la coraza.

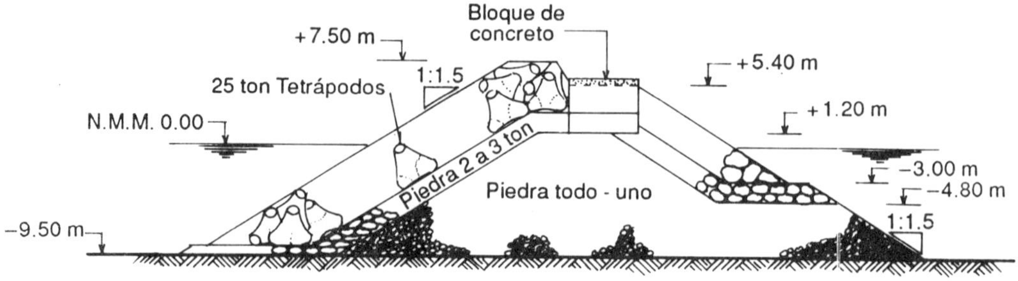

a) Tetrápodos y enrocamientos

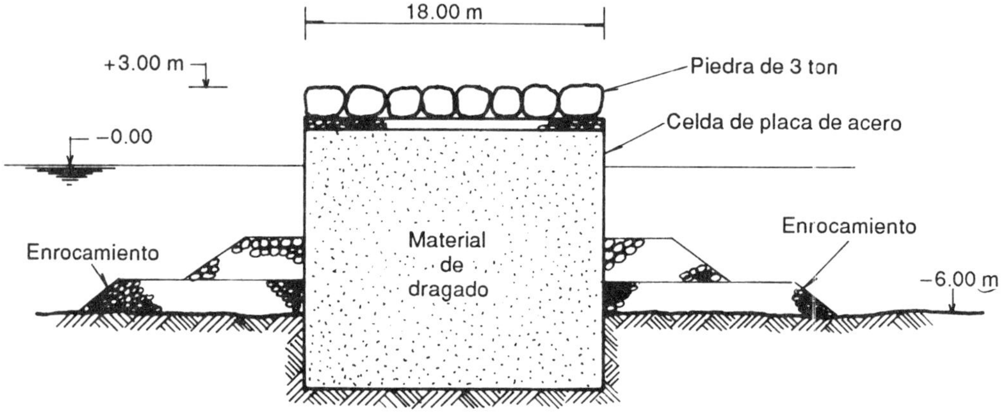

b) Celular con pilas metálicas rellenos de material dragado

NOTA
Elevaciones y cotas en metros

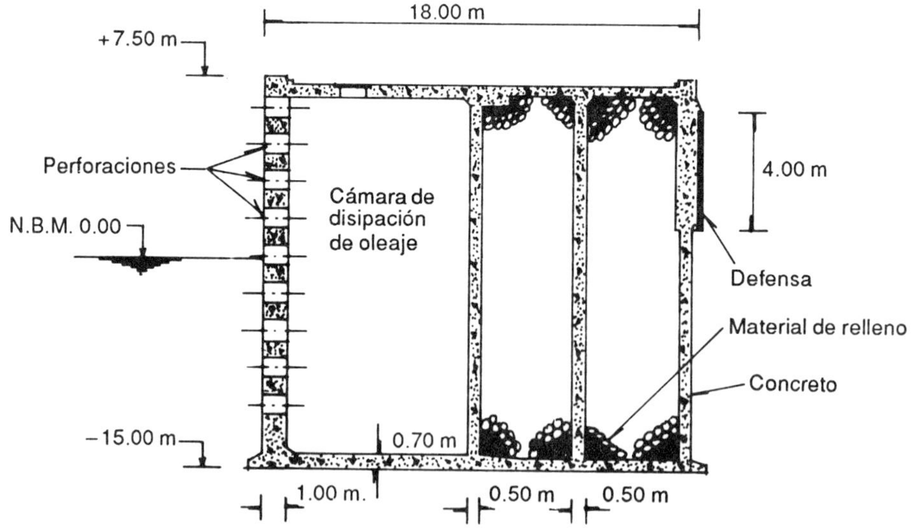

c) Tipos de rompeolas (Shore Protection Manual)

Figura 9.1 Tipos de rompeolas (Shore Protection Manual)

c) **Acción directa del oleaje,** el ascenso y descenso continuo de las olas sobre el talud del rompeolas, crea un flujo en el interior de éste que se concentra en el nivel más bajo de la ola que desciende. Esto da origen a una fuerza normal que trata de mover de su lugar a los elementos que constituyen la estructura. Asimismo, las fuerzas de arrastre y de flotación favorecen a la falla de volcamiento. Por otra parte, cuando una ola rompe sobre la estructura, además de las fuerzas anteriores, se presenta la de impacto, que obliga también a un desacomodo de los elementos y existe el riesgo de que sean arrastrados hacia abajo.

Si se considera únicamente la acción directa del oleaje, las variables que intervienen en el estudio son:

(H) altura de la ola

(T) periodo de la ola y su distribución respecto al tren de olas incidentes (oleaje regular o irregular), incluyendo el tipo de acción

ϕ = condición de oleaje con o sin rompientes

β = ángulo de incidencia del oleaje

R = ascenso del oleaje sobre la estructura (run-up)

(f_1) = rebase del oleaje sobre la estructura

(d) = profundidad de desplante de la estructura

(P) = peso de los elementos

ρ_e = densidad de los elementos rocosos

ρ_a = densidad del agua

$\propto$ = ángulo del talud del rompeolas

θ = ángulo de la pendiente de la playa

$\left(\delta = \dfrac{\rho_e}{\rho_a}\right)$ = densidad relativa de los elementos

(φ) = forma de los elementos, asociada a la trabazón de los mismos (Z)

(e) = espesores de las capas de material que integran la estructura

r = permeabilidad de las capas de enrocamiento

(f_2) = fricción entre los elementos y entre las capas

(k_e) = colocación de los elementos (bien acomodados o al azar)

ℓ = situación de la sección por estudiar (en el cuerpo o en el morro)

D = criterios de diseño (con o sin daño)

En la figura 9.2 se presentan las variables correspondientes a una sección de un rompeolas, casi perfecto, situado a una profundidad $d > 1.3\ H$ (condición sin rompiente) y sin rebase de la ola.

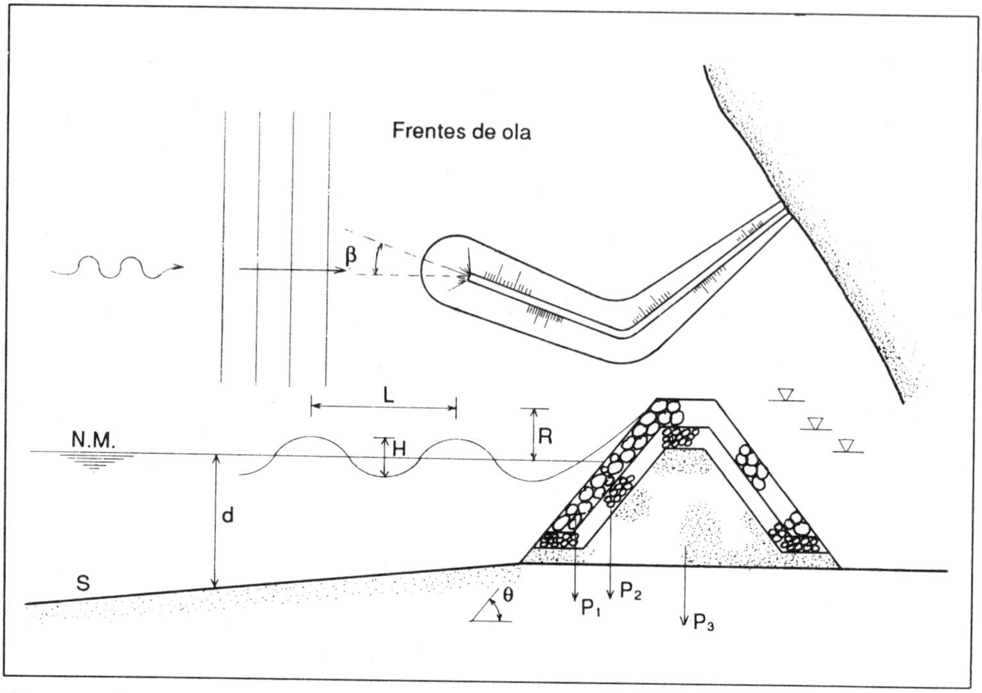

Figura 9.2 Factores que intervienen en la estabilidad de un rompeolas de enrocamiento

9.2 CONDICIONES DE SIMILITUD

Un rompeolas de enrocamiento sujeto a la acción de una ola de corto periodo, genera fuerzas que levantan y hacen rodar los elementos de la coraza, las cuales las contrarresta el peso de las rocas y la fuerza de fricción que se genera entre ellas.

Las fuerzas, producto del oleaje son: de inercia y de arrastre, que combinadas dan la expresión siguiente:

$$F = C_1 \ \ell_e^2 \ \frac{\gamma_a}{g} \ v \tag{9.1}$$

siendo

v = la velocidad del agua que fluye alrededor de los elementos de la coraza

ℓ_e = una característica lineal de los elementos, de modo que el área de éstos proyectada perpendicularmente a la velocidad sea $k_a \ \ell_e^2$ y el volumen $k_v \ \ell_e^3$; siendo k_a y k_v coeficientes de área y volumen, respectivamente

γ_a = peso específico del agua
g = aceleración debida a la gravedad
C_1 = coeficiente que es función de los de arrastre, C_D y la masa virtual, C_m, (ambos función de la forma y del número de Reynolds), también de k_a, k_v, así como de la aceleración del flujo entre los elementos (dv/dt)

Tomando en cuenta la velocidad del flujo v, igual a la velocidad de la partícula en la cresta de una ola en el momento de romper, y considerando también que es igual a la celeridad C de la propia ola, se tendrá

$$v = v_b = C = (gd_b)^{1/2} \tag{9.2}$$

siendo d_b la profundidad en la cual rompe la ola de altura $H_b = kd_b$, y k es un coeficiente función de la relación de esbeltez $\gamma = H/L$

Sustituyendo el valor de d_b en la ecuación 9.2, y ésta en la 9.1, se obtiene

$$F = C_1 \; \ell_e^2 \; \gamma_a \; H_b / k \tag{9.3}$$

Por otra parte, el peso sumergido individual de los elementos es

$$p' = k_v \, \ell_e^3 \; (\gamma_e - \gamma_a) \tag{9.4}$$

donde γ_e, es el peso específico de los elementos.

El valor de p', resultaría igual a la fuerza de fricción y, por tanto,

$$k_v \; \ell_e^3 \; (\gamma_e - \gamma_a) = C_1 \; \ell_e^3 \; \gamma_a H_b / k \tag{9.5}$$

Si en esta ecuación se sustituye la relación γ_e / γ_a por δ, y el valor ℓ_e despejado de la ecuación correspondiente al peso P individual de los elementos fuera del agua ($P = a \; k_v \; \ell_e^3 \gamma_e$), resulta

$$\frac{p \; (\delta - 1)^3}{\delta \; H_b^3} = \left(\frac{C_1}{k \; k_v^{2/3}} \right)^3 \gamma_a \tag{9.6}$$

donde

$$\frac{C}{k \; k_v^{2/3}} = f \; (C_D, \; C_m, \; k_a, \; k_v, \; dv/dt, \; H/L) \tag{9.7}$$

Considerando ahora que la fuerza F y las producidas por una ola no rompiente, sean iguales en la primera aproximación (corrigiéndose esto con un coeficiente que sea función de la profundidad relativa d/L), permite generalizar la ecuación 9.6 para oleaje rompiente o no. También incluye el efecto de la fuerza de fricción, con base en parámetros tales como: ángulo del talud, forma, colocación y trabazón de los elementos. Al participar el efecto del ascenso de la ola, los espesores, la permeabilidad y el ángulo de la pendiente de la playa, se tendrá la ecuación siguiente:

$$P\,\frac{(\delta - 1)^3}{\delta\; H^3} = \gamma_a\; f\;(C_D,\; C_m,\; k_a,\; k_v,\; dv/dt,\; H/L,\; d/L\;\; H/d,\; \alpha,\; \theta,\; r,\; k_e,\; z,\; e,\; \varphi) \tag{9.8}$$

o simplemente

$$\frac{P\;(\delta - 1)^3}{\delta\; H^3} = \gamma_a\; f \tag{9.9}$$

designando a la función $(1/f)^{1/3}$ como el número de estabilidad N_s, obtenido experimentalmente e igual a $(K_D \cot \alpha)^{1/3}$, donde a K_D se le llama *coeficiente de Hudson* y utiliza todos los parámetros mencionados. La ecuación 7.9 se transforma en

$$P = \frac{\gamma_e\; H^3}{K_D\; (\delta - 1)^3 \cot \alpha} \tag{9.10}$$

y se llama *ecuación de R. Hudson*, misma que se debe aplicar en el modelo y el prototipo.

Del análisis anterior se concluye que las fuerzas predominantes son de tipo gravitatorio y de inercia, por lo que la condición de similitud dinámica a emplear es la de Froude, además la de Airy para la geometría del oleaje.

9.3 SELECCION DE ESCALAS

Para representar los diagramas de presiones alrededor de los elementos rocosos, así como la reflexión del oleaje, deberán construirse sin distorsión los modelos de estas estructuras cuya escala permita ignorar los efectos de la viscosidad y tensión superficial. Asimismo, lograr que los costos de construcción, operación y análisis sean mínimos.

Kamel realizó estudios en modelos de escalas diversas, 1:75, 1:1, y 1:05 en los que comparó la relación de la altura de la ola incidente (H) con la altura de la ola de dise; o para condiciones "sin daño" ($H_{D=0}$), con respecto a Re: de igual manera relacionó Re, y N_s mediante la siguiente ecuación

$$N_s = \frac{\gamma_e^{1/2}\; H_{D=0}}{(\gamma_e/\gamma_a - 1)\; p^{1/3}} = f\left(\frac{g^{1/2}\; H_D^{1/2}\; \ell_e'}{\upsilon}\right) = f\;(Re) \tag{9.11}$$

siendo,

$(g\; h_D)^{1/2}$ = la velocidad del flujo producido por el oleaje

ℓ_e = $(p/\gamma_e)^{1/3}$, longitud característica de los elementos.

En las figuras 9.3 y 9.4 se muestran los resultados, habiéndose encontrado que existe un valor Re_c, denominado número de Reynolds crítico, e igual a 3×10^4; para éste y valores mayores, el efecto de escala disminuye bastante.

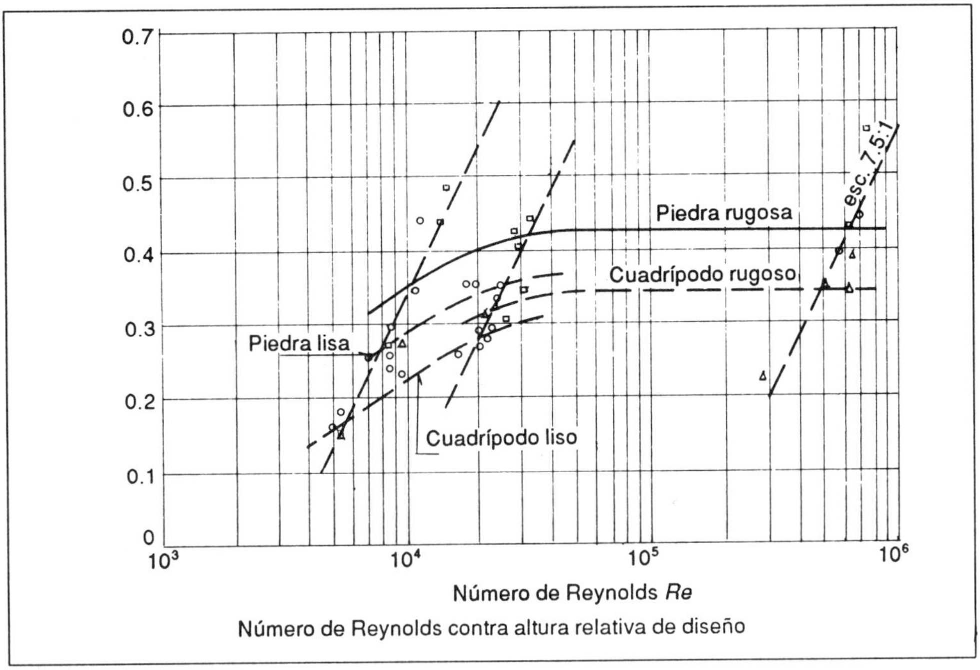

Figura 9.3 Número de Reynolds (*Re*) vs. altura relativa de diseño ($H/H_{D=0}$) (Adel M. Kamel 1920)

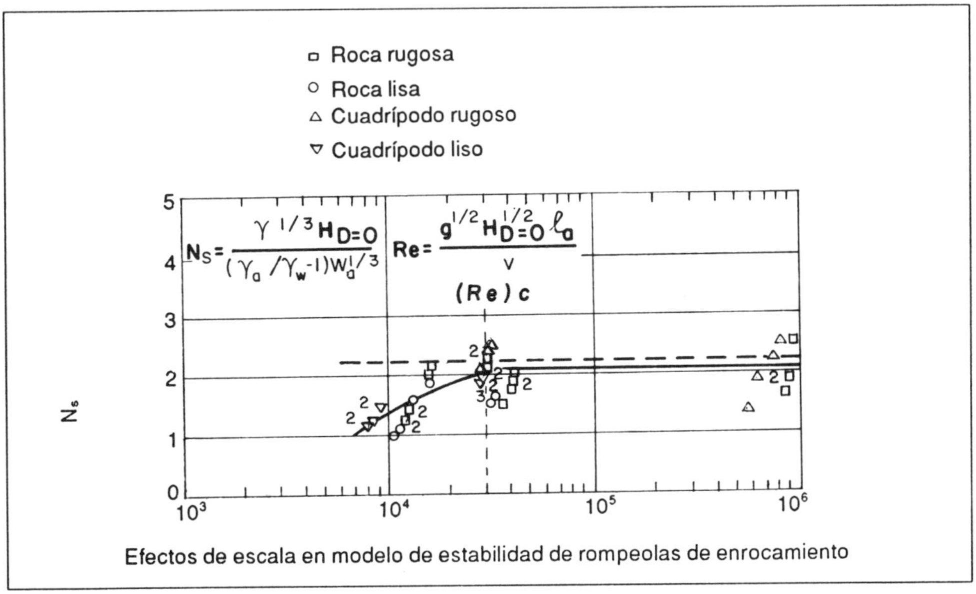

Figura 9.4 Efectos de escala en modelos de estabilidad de rompeolas de enrocamiento (Dai-Kamel 1969)

Robert Hudson, por su parte, hizo ensayos comparativos en modelos reducidos con escalas lineales 1:30, 1:45 y 1:60, para oleaje no rompiente de 7.8 s con 15 pies de altura y 8.4 s con 21 pies de altura en el prototipo. Con ello observó que los daños ocurridos en los modelos de escala 1:30 y 1:45 son iguales, resultando además que los valores de *Re* son mayores a Re_c. Varían ligeramente para el de escala 1:60 y esta diferencia aumenta si las escalas son numéricamente mayores.

Yvon Ouellet, indica que para modelos basados en la similitud de Froude, las fuerzas de inercia deberán ser muy grandes, comparadas con las fuerzas viscosas. De otra manera *Re* deberá ser lo suficientemente grande para que el flujo sea turbulento, tanto en el modelo como en el prototipo.

Las fuerzas de arrastre, expresadas en función del coeficiente de arrastre, son afectadas por *Re* y por el flujo de la porosidad de la estructura de acuerdo a la ley de Darcy. Tales efectos ocurren cuando el peso de los elementos de la coraza son menores a 100 g.

Las escalas lineales empleadas con más frecuencia están comprendidas en e! rango de 1:30 a 1:50. Sin embargo, en algunos casos se han realizado estudios con escalas de hasta 1:5, dependiendo de las características del canal y del generador de olas de que se disponga. Un ejemplo es el U.S. Army Engineer Waterways Experiment Station (WES) que tiene 4.5 m de ancho, 6.0 m de profundidad y 190 m de largo; y el canal de olas del laboratorio de Delft Hydraulics Laboratory, con 5 m de ancho, 7 de profundidad y 240 m de largo.

9.4 EFECTOS DE ESCALA

Además del efecto que produce un valor de $Re < Re_c$, que significa una mayor influencia de las fuerzas de viscosidad y de tensión superficial, existen otros factores que pueden dar resultados inexactos como: la reflexión y transmisión del oleaje al no representar en forma adecuada la porosidad de la estructura, la fricción entre los elementos y capas cuando los coeficientes de rugosidad son ligeramente menores en el modelo respecto al prototipo.

Al haber diferencias en el proceso de colocación del material, dimensiones incorrectas de la estructura, menor longitud del canal de olas y playas amortiguadoras al construir el modelo pueden causar fuertes reflexiones. Estas también las pueden ocasionar la selección de las condiciones de ensayo, como son oleaje monocromático, oleaje irregular, tiempo de acción del oleaje, niveles del mar y criterios de daño.

9.5 DATOS PARA EL DISEÑO DE MODELOS

En incisos anteriores se han mencionado diferentes factores que intervienen en el estudio de la estabilidad de los rompeolas de enrocamiento. Para el estudio experimental se seleccionarán aquellos que resuelvan un problema específico, tomando en cuenta las posibilidades de las instalaciones disponibles o por construir, expresamente. Estos factores toman en cuenta el conocimiento de la siguiente información:

a) **Levantamientos batimétricos** con suficiente detalle para elaborar planos de olas y detectar puntos de concentración de energía, así como para proyectar el trazo del rompeolas.
b) **Características del material** del fondo marino que en algunos casos necesitan de filtros especiales para evitar fugas de material, que a su vez reducen asentamientos.
c) **Registros del oleaje** cercanos al sitio que permitan conocer los "regímenes de temporal", así como los periodos y espectros de energía asociados a las distintas alturas de ola para las diferentes direcciones. En caso de no existir estos registros se estimarán las características del oleaje mediante técnicas de predicción.
d) **Registros** de marea astronómica y sobreelevación por tormenta, para definir las elevaciones de coronamiento de las capas del núcleo, intermedia y coraza, además tomando en cuenta el procedimiento de construcción.
e) **Características** del material a emplear en cada una de las capas, como el tamaño y densidad.
f) **Proyecto de la estructura** incluyendo trazo en planta, cortes y perfiles.

Con la información anterior se elaborará el proyecto geométrico del modelo, en el que se definen las secciones a representar en el canal o tanque de olas. En este último caso, la longitud de la obra, incluyendo el morro, deberá quedar dentro del tanque, de modo que quede expuesto al embate del oleaje seleccionado, ante la deformación que sufra éste por reflexión. Por ello deberá representarse la batimetría generalizada y en detalle. Las fronteras del modelo deberán quedar a una distancia determinada para que las reflexiones no afecten la obra. Por tanto, deberán construirse playas amortiguadoras, véase el inciso 4.4. Por lo que respecta a las direcciones de los oleajes, éstos deben ser los que comprendan condiciones críticas de inestabilidad.

9.6 CONSTRUCCION DE MODELOS

a) **En tanque de olas** El procedimiento de construcción de cada una de las partes del tanque, fronteras, piso y batimetría debe ser el mismo que se estudió en el inciso 4.7. La construcción del modelo de la obra en sí debe iniciarse con el trazo sobre la batimetría previamente construida. A continuación se colocan escantillones alineados y nivelados al eje de la obra, correspondientes a secciones con separación no mayor que 40 cm, en los cuales se vacía el material de núcleo (seleccionado a escala). Con una plana se comprime a mano para representar la compactación natural en el prototipo como resultado de la acción del oleaje durante la construc-

Figura 9.5 Modelo de un rompeolas en un tanque de olas para estudio tridimensional (DGOM)

Figura 9.6 Modelo de un rompeolas en un canal de obra para estudio bidimensional (DGOM)

ción. A continuación se coloca manualmente el material, sin compactarlo, para la construcción de la capa intermedia. Para formar la capa de la coraza se emplearán pinzas o la mano, para colocar cada uno de los elementos, bien acomodados o al azar, en cuyo caso se dejan caer a la altura que corresponda al prototipo (a escala).

El material que se emplea para el núcleo y capas intermedias es grava, producto de roca triturada, así como para la coraza si ésta es de roca en el prototipo. Si los elementos son de concreto se usan moldes e inyecciones de aleación metálicas, entre otras de aluminio magnesio, o se puede usar una mezcla de arena cemento con acelerador de fraguado y limadura de metal para poder incrementar el peso.

Para identificar la zona de daño y cuantificarlo, cada uno de los elementos de coraza se pintan de acuerdo a la distribución por pesos y regiones como en el morro, cuerpo, lado del mar y lado del puerto, por arriba o abajo del nivel medio del mar, figura 9.5.

b) **En canal de olas** El modelo de la estructura dentro de un canal de olas tiene la particularidad que el eje de la misma es perpendicular al oleaje incidente. La estructura se desplanta sobre un fondo arenoso, con pendiente media, correspondiente a la zona en estudio. La geometría de la sección se dibuja sobre una de las paredes (transparentes) del canal que servirá de guía en la construcción y de apoyo visual a las modificaciones resultantes. La colocación del material de cada una de las capas es semejante al que se describe en el inciso anterior, figura 9.6.

9.7 INSTRUMENTACION Y EQUIPO

La instrumentación para medir las características del oleaje así como los generadores se tratan en el inciso 4.8.

El canal de olas debe ser lo suficientemente largo para evitar reflexiones parásitas entre el modelo y el generador de olas. Es común encontrar canales de 0.60 m de ancho, 30 m de largo y 0.90 m de profundidad, existiendo de dimensiones mayores como los mencionados en el inciso 9.2. En la figura 9.7 se muestran las partes que integran un canal de olas y que, generalmente, se compone de un material transparente para observar el comportamiento de la estructura bajo la acción del oleaje.

Los equipos generadores de olas, como se menciona en el inciso 4.8, pueden ser para oleajes regulares o irregulares. Con los primeros, los modelos se someten a la acción de un oleaje idealizado que simplifica el estado estocástico del mar, mediante la altura significante $H_{1/3}$ y su periodo asociado. Con los segundos, es posible ensayar modelos bajo la acción de la simulación de trenes de olas o espectros de energía como en el prototipo. Los generadores de oleaje regular generalmente constan de una paleta o batidor articulado en el fondo, con movi-

Figura 9.7 Canal de olas con su sección de observación (DGOM)

miento de tipo pistón, accionados con motores de velocidad variable y reductores de velocidad, ligados a un sistema de biela-manivela, véase la figura 9.8. Los generadores de oleaje irregular están integrados de un sistema mecánico con los siguientes componentes principales: un batidor tipo pistón accionado por pistones hidráulicos, una servoválvula, un transformador de señal y una bomba de aceite, figura 9.9.

En el extremo opuesto al generador de olas y en la parte de atrás, es necesario instalar playas amortiguadoras de oleaje para evitar reflexiones y, por tanto, su influencia sobre el oleaje generado.

9.8 OPERACION DE LOS MODELOS

En los últimos años el empleo de trenes de olas que simulan cierto espectro de oleaje es frecuente, pues se ha estimado que la secuencia de arribo de un oleaje irregular presenta condiciones más críticas de inestabilidad a la estructura. Sin embargo, algunos investigadores han aceptado que las diferencias en los resultados son mínimas cuando la altura de ola significante $H_{1/3}$ de un espectro de olas de distribución tipo Rayleigh es igual a la altura de un tren de olas monocromático. Esta diferencia se manifiesta cuando el daño causado a la estructura con un tren de olas irregular es más pequeño.

a) Generador de oleaje integrado con biela-manivela, batidor, amortiguador y filtro

b) Motor de velocidad variable y reductor para representar periodo de ola

c) Excéntrico de la biela para representar alturas de ola

Figura 9.8 Canal de olas con generador de oleaje regular (LIH-ESIA)

Figura 9.9 Canal de olas equipado con generador de olas irregular (DGOM)

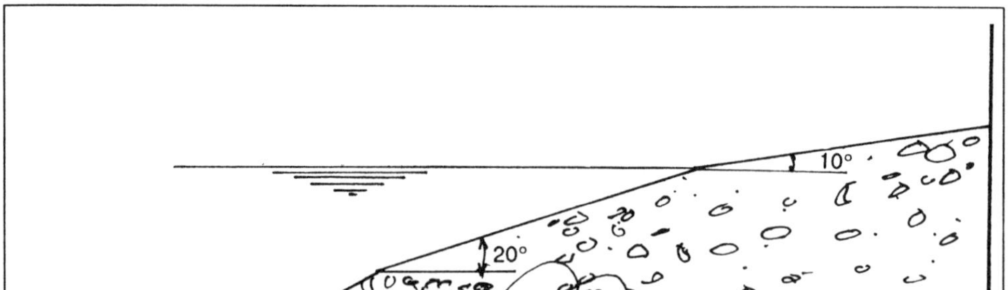

Figura 9.10 Perfil de playa amortiguadora en canal de olas

9.9 EJEMPLOS DE ESTUDIO

9.9.1 Estabilidad de los rompeolas del Puerto de "Lázaro Cárdenas" con enrocamiento de alta densidad

Con el propósito de efectuar reparaciones de emergencia en los rompeolas del puerto "Lázaro Cárdenas", fue necesario obtener las funciones de diseño respectivas, aprovechando la disponibilidad de roca natural con contenido ferroso y de densidad igual a 4.3.

El puerto se localiza en la desembocadura del río Balsas sobre el litoral del estado de Michoacán, en el Oceano Pacífico, siendo los rompeolas dos estructuras paralelas de enrocamiento con coraza a base de bloques de concreto de 6 ton cada uno.

El modelo se diseñó tomando en cuenta los siguientes parámetros:

a) **Oleaje** El periodo significante del espectro seleccionado frente al puerto fue de 8 s. El oleaje generado en el modelo fue de tipo monocromático, sin permitir rebase sobre la estructura (overtopping). De continuo se varió la altura de las olas hasta lograr destruir la obra.
b) **Estructura** La sección original proyectada se muestra en la figura 9.11. Esta se calculó en su primera aproximación, empleando la ecuación 9.10 con el fin de obtener una altura de ola de 3.50 m, talud 1.5:1, coeficiente K_D de 3, densidad de roca en la coraza de 4.3 y para las capas intermedia y núcleo de 2.7.
c) **Interacción del oleaje. Estructura** El factor más importante de esta interacción es el daño (D) que ocurre en la estructura, que se expresó con el porcentaje del número de elementos desplazados en la coraza comprendido en el área de ataque del oleaje entre el número de elementos de la misma área. Esta área comprende la franja de la estructura limitada hacia arriba y hacia abajo en una distancia igual a H_i, respecto al nivel del mar, siendo H_i la altura de la ola de inicio de daño, es decir, la que causa el desplazamiento del primer elemento y que es equivalente a la altura (H_1) que produce un daño igual al 1%, lo cual se denominó *criterio sin daño.*

La similitud empleada fue la de Froude que, de acuerdo a las dimensiones del canal de olas, la escala seleccionada fue de 1:50 para asegurar un valor de Re superior a 3×10^4 y abatir los efectos de escala.

El estudio se llevó a cabo en el Laboratorio de Hidráulica del Departamento de Estudios y Laboratorios de la Secretaría de Marina, en el año de 1976, empleándose el canal de olas que tiene las siguientes dimensiones: 36 m de longitud, 1.20 m de altura y 0.60 m de ancho, equipado con generador de oleaje regular de tipo articulado y playas amortiguadoras en los extremos. La medición del oleaje se hizo con sensores (puntas) de resistividad, registrando el perfil del oleaje del cual se cuantificó el oleaje incidente y reflejado con base en los vientres y nodos.

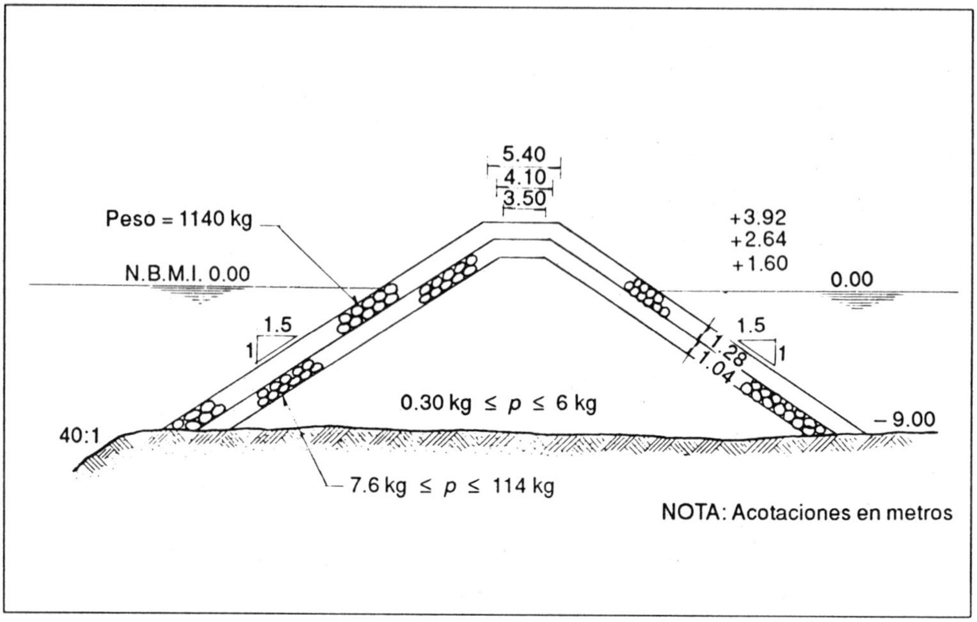

Figura 9.11 Sección del rompeolas en el prototipo (Vergara S. M. A. 1977)

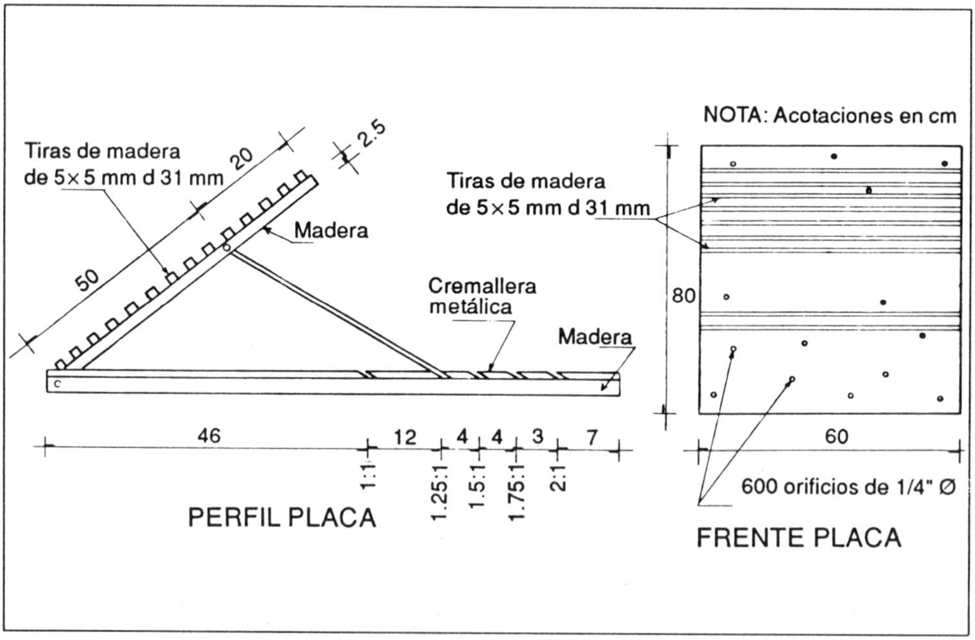

Figura 9.12 Placa de madera empleada para representar en el modelo el núcleo del rompeolas (Vergara S. M. A. 1977)

En la figura 9.11 se muestra la sección estudiada del rompeolas (en el prototipo), que al transformar a escala los pesos de los elementos originaron diferencias en los calculados, teniéndose una desviación estándar de 0.87 g y 0.08 g para los elementos de coraza y capa intermedia, respectivamente, con una relación de vacíos de 40% en promedio. Los elementos de coraza a escala, fueron de la misma roca que en el prototipo ($\delta = 4.3$), y para la capa intermedia con δ igual a 2.7. El núcleo se representó con una placa de madera con rugosidad artificial, para satisfacer la fricción entre la capa intermedia y el núcleo. Para ello se colocaron tiras de madera con separación Z, e igual a 5 veces el diámetro medio de los elementos del núcleo. Para representar la permeabilidad se perforó la placa con N orificios de diámetro ϕ, los cuales se calcularon teniendo el mismo gasto al pasar a través del núcleo y por una sección perforada con el material correspondiente, resultando $N = 1$ orificio/14 cm^2 y $\phi = 6.3$ m (¼″). Esta relación se modificó durante la calibración, debido a que no se satisfacía el coeficiente de transmisión, resultando al final un orificio por cada 8 cm^2, véase la figura 9.12.

Los ensayos se hicieron en dos etapas: la primera consistió en ensayos preliminares con el propósito de determinar la elevación de la corona de la coraza, la que correspondió a la máxima alcanzada por el ascenso del oleaje (run-up) sobre el talud. También se calibró la placa de madera que sustituyó al núcleo cuyo comportamiento debió ser semejante en cuanto a la reflexión y transmisión del oleaje y fricción con la capa intermedia.

La segunda etapa de ensayos de estabilidad, fueron 260, que incluyeron taludes de 1.25:1, 1.5:1, 1.75:2 y 2:1, oleaje rompiente y sin romper, elementos de coraza bien colocados y al azar. El tiempo mínimo para cada ensayo se estimó en 6166.7 s, calculado con el criterio de J. Rogan.

$$\frac{t_o}{T} = - A \log_{10} \left(\frac{H^2}{\upsilon T}\right) + B \tag{9.12}$$

donde

t_o = tiempo del oleaje para destruir la coraza (s)
T = periodo del oleaje monocromático (s)
H = altura del oleaje monocromático (m)
υ = viscosidad cinemática del agua (1×10^{-6} m^3/s)
A, B = constantes adimensionales: 34×10^2, y 218×10^2, respectivamente

Para cada ensayo se asoció el daño ocurrido (D) a la relación (H/H_i), siendo H la altura de ola que produjo el daño. A cada uno de estos valores se asoció también el valor del coeficiente K_D. Todos estos datos fueron graficados como se muestra en las figuras 9.13 y 9.14, obteniéndose las relaciones:

$$D = K_1 \ (H/H_i)^{a_1} (\cot \alpha)^{a_2} \tag{9.13}$$

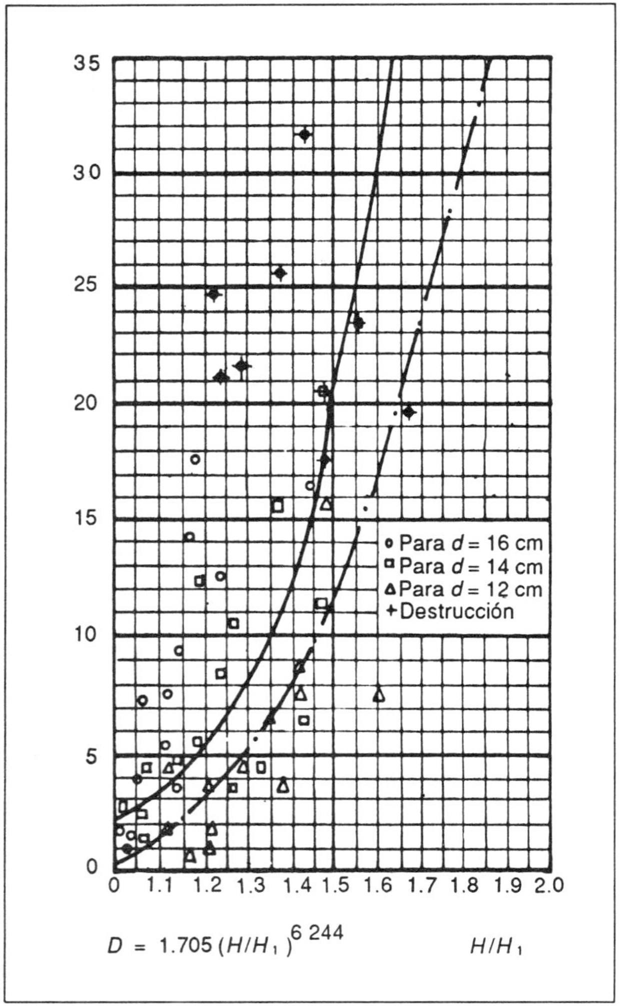

Figura 9.13 D vs. H/H_i para todos los taludes y elementos colocados al azar (Vergara S. M. A. 1977)

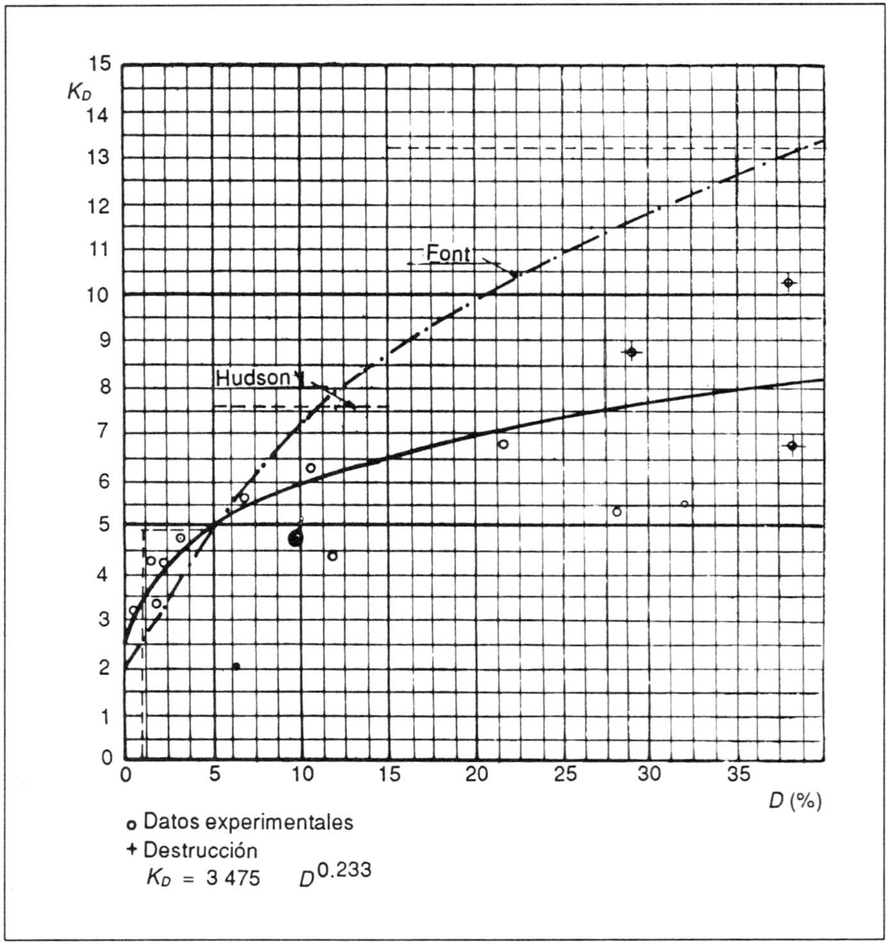

Figura 9.14 K_D vs. D para talud 1.5:1 y elementos bien acomodados (Vergara S. M. A. 1977)

$$K_D = k_2 \ D^{b_1} (\cot \alpha)^{b_2} \qquad (9.14)$$

Calculándose los coeficientes K_1, K_2 y los exponentes a y b, mediante una función lineal de regresión múltiple, se resuelve por el método de mínimos cuadrados para un nivel de significancia de 5%, según la prueba de χ cuadrada, que al sustituirlos en las ecuaciones anteriores resulta:

a) Para la condición de elementos bien acomodados

$$D = \left[2.015 \, (H / H_i)^{9.095}\right] \ e^{\pm \ 1.281} \qquad (9.15)$$

$$K_D = \left[4.010 \ \ D^{0.233} \ (\cot \alpha)^{-\ 0.353}\right] \ e^{\pm \ 0.303} \qquad (9.16)$$

b) Para la condición de elementos colocados al azar

$$D = \left[1.705 \ \ (H / H_i)^{6.244}\right] \ e^{\pm \ 1.335} \qquad 9.17)$$

$$K_D = \left[3.438 \ \ D^{0.289} \ (\cot \alpha)^{-\ 0.644}\right] \ e^{\pm \, 0.344} \qquad (9.18)$$

9.9.2 Protección costera de la planta siderúrgica Lázaro Cárdenas – Las Truchas

Aprovechando la existencia de yacimientos ferríferos en las cercanías de la desembocadura del río Balsas y la construcción de un puerto, se decidió construir la planta siderúrgica Lázaro Cárdenas – Las Truchas (SICARTSA), la cual se ubicaría al Noroeste del puerto con un frente marítimo de aproximadamente 1.5 km en el lado Suroeste, figura 9.15. El puerto se encuentra en el brazo de la Necesidad del delta del río, mismo que limita los estados de Guerrero y Michoacán, en la costa del Pacífico de la República.

Durante la actividad ciclónica se analizó la posibilidad de que la zona de la planta expuesta a oleajes y mareas extraordinarias, se viera afectada seriamente en sus instalaciones más cercanas a la línea de playa, véase la figura 9.15. Por este motivo fue necesario tener el diseño óptimo de la obra de protección mediante un estudio experimental en el modelo reducido, bajo la acción de trenes de olas producidos durante el paso de un huracán.

El modelo se proyectó con escala de líneas 1:30 y se construyó, en 1974, en el canal de olas del Laboratorio de Ingeniería Hidráulica del Instituto Politécnico Nacional, cuya longitud es de 30 m, ancho de 0.70 m y profundidad de 0.90 m.

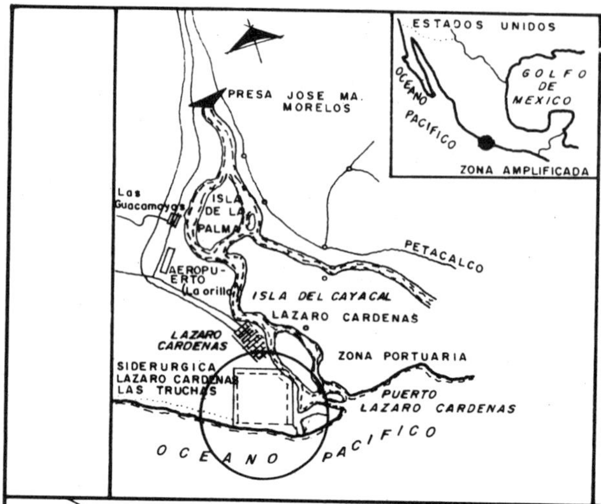

Figura 9.15 Ubicación de la planta siderúrgica Lázaro Cárdenas – Las Truchas (Navarro J. M. y Cervantes C. D. 1974)

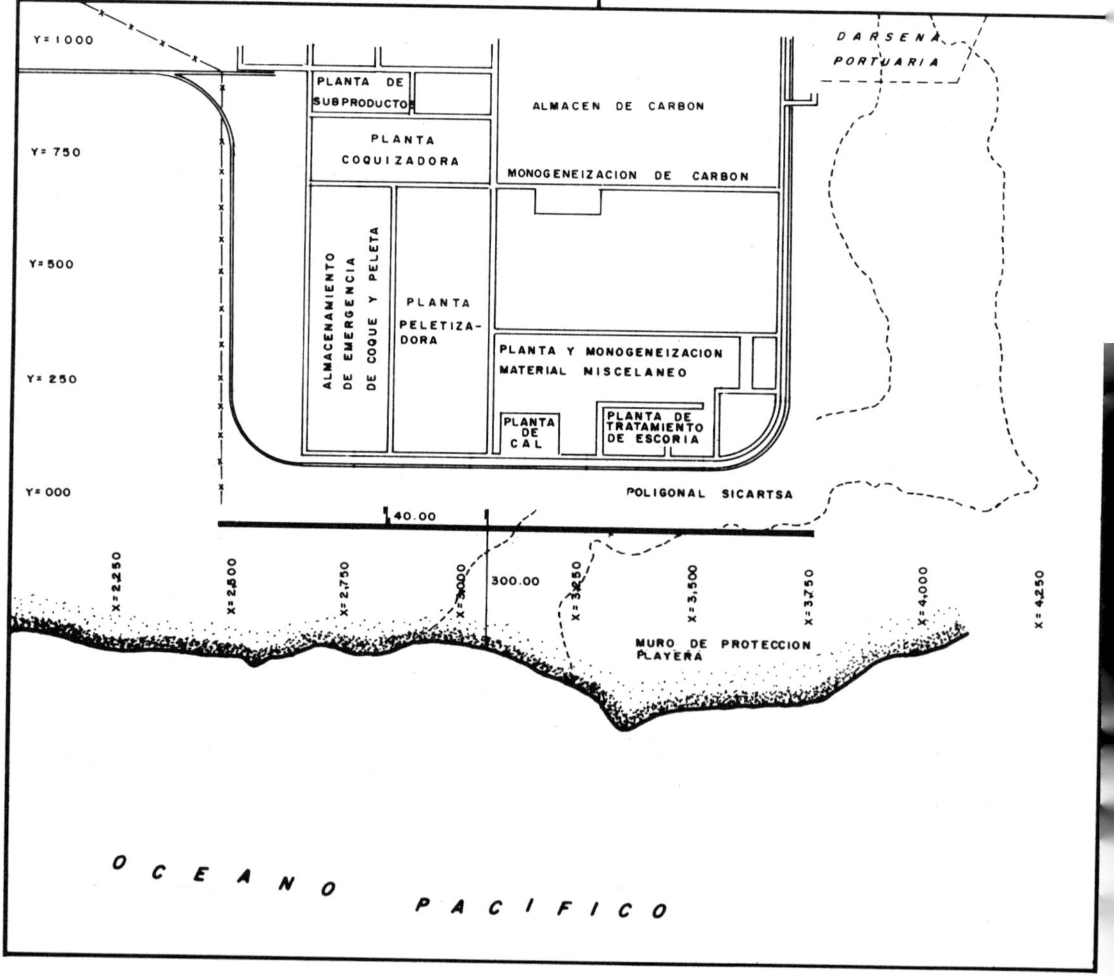

Está equipado con generador de oleaje de batidor articulado y un programador que permite variación continua de alturas y periodos de ola.

Las escalas obtenidas de las líneas y utilizando la similitud de Froude, Airy y Hudson son: E_p (escala de pesos) 1:27.000, E_T (de periodos de ola) 1:5.48 y E_H (de alturas de ola) 1:30.

En la figura 9.16 se muestra la sección de la estructura (Alternativa 1) inicialmente proyectada bajo el criterio de Hudson, cuyo funcionamiento se consideró exclusivamente como rompeolas.

Los ensayos practicados en esta sección fueron de carácter preliminar, con oleaje regular sobre la estructura, alcanzando niveles máximos durante las tormentas, con periodos de retorno de 100 años.

De estos ensayos se concluyó lo siguiente:

> La transmisión del oleaje es grande, causando inestabilidad en el talud del relleno en la parte posterior de la obra, que originalmente terminaba a 40 m tierra adentro.
>
> La estabilidad de la obra se mantuvo en buenas condiciones con respecto al impacto del oleaje, aunque no fue así por la degradación del faldón.

Con base en estas conclusiones y al considerar que en la parte posterior de la obra en el futuro se haría el relleno con arena, se propuso una estructura (Alternativa 2) con material graduado y protegida con elementos de peso igual a la estructura original, véase la figura 9.17.

Para esta alternativa se llevaron a cabo ensayos tendentes a conocer la estabilidad del desplante de la obra (que se formó con piedras de 50 a 100 kg), el ascenso del oleaje sobre el talud y la roción. Los datos de oleaje y mareas empleados fueron los mismos de los ensayos anteriores, y las conclusiones son las siguientes:

> El talud de la obra es estable con respecto al impacto del oleaje, pudiéndose reducir el peso. Se presentó cierto deslizamiento de la coraza por la degradación ligera del faldón.

No se presentó rebase de la ola, pero sí una roción continua sobre la corona.

Por lo anterior, se procedió a efectuar modificaciones en el peso de los elementos de la coraza y del faldón para proteger la corona. Estas modificaciones se optimizaron con ensayos de trenes de oleaje correspondientes a ciclones, analizados mediante el método Sverdrup Munk - Bretschneider (SMB) y aplicados a la tabla de predicción de un tren de oleaje de 1000 olas, diseñado por Bretschneider para un mar en condiciones de completo desarrollo . En la tabla 9.1 se presenta a modo de ejemplo la distribución de alturas, periodos y frecuencias. En total se emplearon cuatro trenes de oleaje y la sección optimizada de la obra se presenta en la figura 9.18.

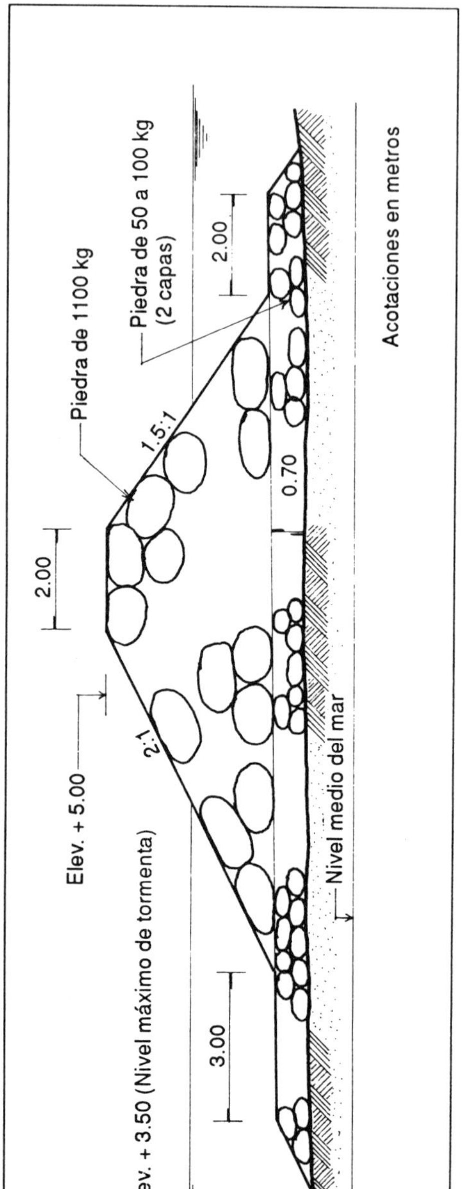

Figura 9.16 Bordo de protección. Alternativa 1 para SICARTSA (Navarro J. M. y Cervantes C. D. 1974)

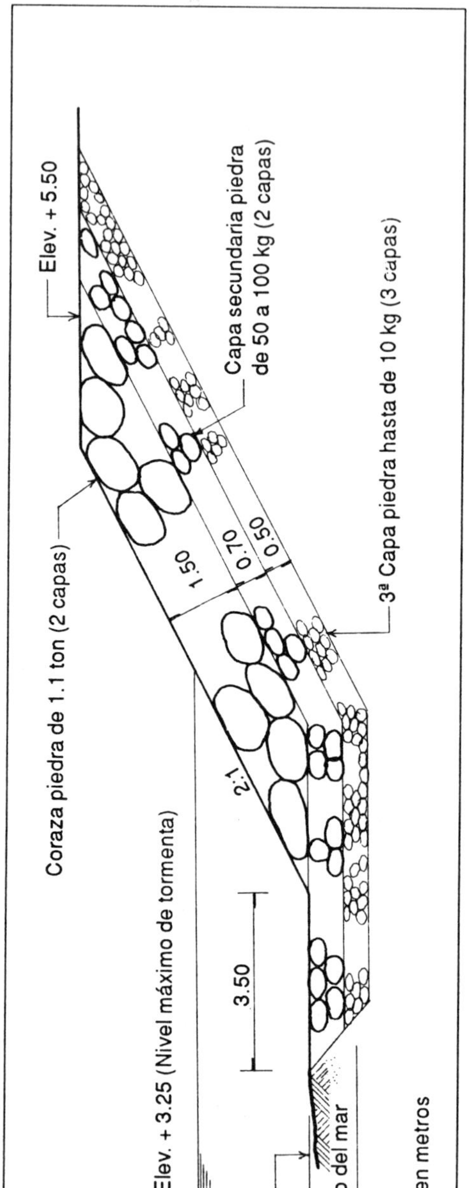

Figura 9.17 Bordo de protección, Alternativa 2, para SICARTSA (Navarro J. M. y Cervantes C. D. 1974)

TABLA 9.1 Distribución de alturas y periodos para un tren de 1 000 olas (Navarro J. M. y Cervantes C. D. 1974)

$H_{1/3} = 5.63$ m $T_{1/3} = 17.8$ s												
	Rangos de periodos T (s)											
Rangos de altura H (m)	0 a 3.56	3.56 a 7.12	7.12 a 10.68	10.68 a 14.24	14.24 a 17.80	17.70 a 21.36	21.36 a 24.(2	24.(2 a 28.48	28.48 a 32.04	32.04 a 35.6	0 a 35.6	Olas acumuladas
0. - 0.70	.03	.50	2.05	4.86	7.68	8.09	5.31	1.92	.34	.03	30.81	30.81
0.70 - 1.41	.10	1.41	5.81	13.78	21.76	23.92	15.05	5.44	.98	.07	88.32	119.13
1.41 - 2.11	.14	2.06	8.54	20.23	31.95	33.65	22.10	7.99	1.44	.11	128.21	247.34
2.11 - 2.82	.16	2.40	9.91	23.48	37.08	39.09	25.65	9.27	1.67	.12	148.80	396.14
2.82 - 3.52	.16	2.40	9.92	23.51	37.13	39.11	25.69	9.28	1.67	.12	148.99	545.13
3.52 - 4.22	.15	2.14	8.87	21.02	33.19	34.97	22.96	8.30	1.49	.11	133.20	678.33
4.22 - 4.93	.12	1.74	7.21	17.07	26.96	28.40	18.65	6.74	1.21	.09	108.19	786.52
4.93 - 5.63	.09	1.30	5.37	12.72	20.09	21.16	13.90	5.02	.90	.07	80.62	867.14
5.63 - 6.37	.06	.90	3.72	8.82	13.93	14.67	9.64	3.48	.63	.05	55.90	923.04
6.37 - 7.04	.03	.48	1.99	4.72	7.45	7.85	5.15	1.86	.33	.03	29.89	952.93
7.04 - 7.74	.03	.42	1.72	4.09	6.45	6.80	4.47	1.61	.29	.02	25.90	978.83
7.74 - 8.45	.01	.18	.76	1.80	2.84	2.99	1.97	.71	.13	.01	11.40	990.23
8.45 - 9.15	.01	.09	.39	.93	1.47	1.55	1.02	.37	.07		5.90	996.13
9.15 - 9.86		.04	.18	.43	.67	.71	.47	.17	.03		2.70	998.83
0 9.86	1.09	16.06	66.44	157.46	248.65	262.93	172.03	62.16	11.18	.83		↑
Olas –acumuladas–	1.09	17.15	83.59	241.05	489.70	752.63	924.66	986.82	988.00	988.83	←	Total

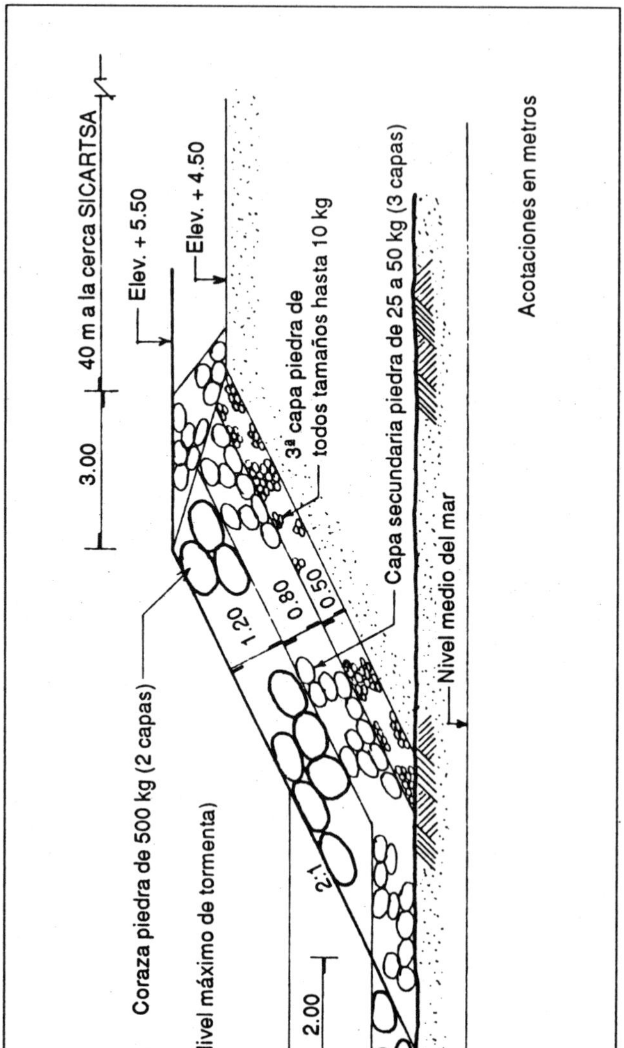

Figura 9.18 Bordo de protección (sección optimizada) para SICARTSA (Navarro J. M. y Cervantes C. D. 1974)

BIBLIOGRAFIA

1. Hudson R., *Reability of Rubble Mound Breakwater Stability Models.* Modelling Techniques. Vol. II. ASCE. San Francisco, Cal., sept., 1975.
2. Kamel Adel M., *Damage Function of Rubble Mound Breakwaters.* Waterways and Harbours Division ASCE. WW2. mayo, 1970.
3. Kobus H., *Hydraulic Modelling.* Pitman Books Limited. Londres, 1980.
4. Navarro J. M. y Cervantes C. D., *Estudio experimental en canal de olas de la obra de protección costera para la siderúrgica "Lázaro Cárdenas", Las Truchas, S. A.* III Congreso Nacional de Hidráulica. AMH. Veracruz, Ver., México, oct., 1974.
5. Novak P. Cabelka J., *Models in Hydraulic Engineering.* Pitman Advanced Publishing Program. Londres, 1981.
6. U.S. Army Corps Engineers, *Coastal Hydraulic Models.* Coastal Engineering Research Center. Special report No. 5. mayo, 1979.
7. U.S. Army Corps Engineers, *Shore Protection Manual,* Vol. II. Coastal Engineering Research Center. 1977.
8. Vergara S. M. A., *Estudio experimental de protección de rompeolas con elementos de alta densidad.* Tesis de Grado. ESIA, IPN. México, enero, 1977.
9. Vergara S. M. A., *Notas del curso de modelos hidráulicos.* Sección de Graduados e Investigación. ESIA, IPN. México, 1983.

10

Modelos hidrotérmicos

10.1 GENERALIDADES

Las plantas termoeléctricas emiten la mayor parte de la energía calorífica al medio ambiente mediante sistemas de enfriamiento que suministran agua fría para condensar el vapor que sale de las turbinas.

Los sistemas de enfriamiento pueden ser tipo abierto o cerrrado. En el primero, el agua de enfriamiento (llamada también de circulación) que pasa por los condensadores se toma de una gran masa de agua (río, mar o lago) y normalmente se vierte a la misma fuente en sitios alejados de la toma para evitar la recirculación. En el sistema cerrado después que el agua pasa por los condensadores, ésta se enfría mediante un mecanismo artificial (torres de enfriamiento) o estanques de enfriamiento para recircularla al condensador.

Concretamente en el caso de los sistemas abiertos, aparte de satisfacer el problema de la alimentación de agua en cantidad y calidad, es importante seleccionar los sitios de toma y descarga de agua, evitando la recirculación de agua caliente; asimismo, es importante evaluar el impacto ambiental al disiparse el calor en la masa de agua receptora con la atmósfera, para lo cual los modelos físicos hidrotérmicos son una herramienta confiable para la predicción de distribuciones de temperatura.

10.2 CONDICIONES DE SIMILITUD

Las condiciones hidráulicas de estos modelos son las de un flujo a superficie libre y, en general, se basan en la condición de similitud de Froude, ver incisos 4.2, 6.2 y 8.2. En caso de existir en el prototipo diferencias de densidad del agua en la zona, debida a la falta de una mezcla completa entre el agua caliente descargada de la planta y el agua receptora, la similitud del flujo debe satisfacer además y la condición de Froude densimétrica, misma que se expresa de la forma siguiente:

$$\left(Fr_{\rho}\right)_p = \left(Fr_{\rho}\right)_m \tag{10.1}$$

donde

$$Fr_{\rho} = \frac{U}{\left[g\ d\ (\Delta\, p/\rho)\right]^{1/2}} \tag{10.2}$$

siendo

U = velocidad media del flujo
d = profundidad media del agua
g = aceleración debida a la gravedad
$\Delta\, p/\rho$ = diferencia de la densidad relativa entre el agua descargada y la receptora

Por otra parte, si la mezcla es completa en el prototipo deberá ser semejante en el modelo, lo cual implica generar el grado de turbulencia necesaria que, a su vez exige una distorsión geométrica.

La distribución de temperatura no sólo depende del grado de turbulencia en el flujo, sino que además, es importante la transferencia de calor entre la superficie del agua y el aire adyacente, así como la *difusión vorticosa*.

El incremento de temperatura, dT, del agua sobre la temperatura natural causa un incremento del flujo del calor dH a la atmósfera de acuerdo con

$$dH = \alpha\, dT \tag{10.3}$$

siendo α, un coeficiente de transferencia de calor total en la superficie, por tanto, la pérdida total de calor por unidad de tiempo es:

$$H_1 = \int_A \alpha\, dT\, dA \tag{10.4}$$

donde A es el área de la superficie del agua. Esta pérdida de calor, tanto en el modelo como en el prototipo debe ser igual al calor, H_2, suministrado por unidad de tiempo por el agua caliente de gasto Q:

$$H_2 = \rho Q \Delta To c \tag{10.5}$$

siendo ΔTo, el incremento de temperatura en el condensador, ρ y c la densidad y el calor específico del agua, respectivamente.

En modelos hidrotérmicos, comúnmente se usa el mismo fluido (agua) que en el prototipo y, por tanto, las propiedades físicas son iguales. Así, la escala de densidades (E_{ρ}), de calores específicos (E_c) y de incrementos de temperatura ($E_{\Delta T}$) son iguales a la unidad, de tal manera que al igualar las ecuaciones 10.4 y 10.5 en el modelo y el prototipo, resulta que la escala de α es:

$$E_\alpha = E_y^{3/2}\, E_x^{-1} \tag{10.6}$$

donde

E_x = escala de longitudes horizontales y
E_y = escala de longitudes verticales

Si el modelo fuera sin distorsión ($E_x = E_y$), entonces la escala de E_α será

$$E_\alpha = E_x^{1/2} \tag{10.7}$$

De ambas ecuaciones, 10.6 y 10.7, se observa que el valor de α, en el modelo y el prototipo son diferentes, con o sin distorsión del modelo o, de otra manera, si E_α, fuera igual a la unidad, el modelo deberá ser forzosamente distorsionado con un valor de distorsión Δ igual a

$$\Delta = E_y^{1/2} \tag{10.8}$$

y

$$E_x = E_y^{3/2} \tag{10.9}$$

10.3 SELECCION DE ESCALAS

Las escalas a emplear dependen de las etapas que se siguen en el proceso de dispersión y transporte del agua caliente que se considerarán en el problema. P. Ackers toma en cuenta que estas etapas son las que se indican en la figura 10.1.

Las dos primeras etapas son fenómenos básicamente de campo cercano, donde influye la profundidad del agua, las velocidades del flujo en la masa de agua receptora y el gradiente natural de densidades verticales. Según H. Kobus, para reproducirlos correctamente en los modelos, éstos deben ser sin distorsión y satisfacer la condición de similitud de Froude. La tercera etapa es un fenómeno que puede presentarse en campo cercano o en campo lejano (donde la fricción del fondo, la forma y alineamiento de las márgenes de la masa de agua receptora determinan el campo del flujo y el proceso de mezclado); es importante tomarlo en cuenta principalmente cuando las velocidades del flujo son pequeñas y el arrastre por vientos es grande. La condición de similitud a satisfacer es la de Froude para las fuerzas hidrodinámicas, no siendo posible representar el arrastre por el viento. Los fenómenos cuarto, quinto y sexto, se presentan en campo lejano y para su modelación es necesaria una distorsión geométrica, comprendida entre 2.5 a 5 y similitud de Froude.

En general, las escalas deberán definirse en función de los parámetros del flujo descritos en los incisos 4.3, 6.3 y 8.3, y cuyo ajuste, en relación con la distribución de temperatura y el coeficiente de transferencia de calor total puede hacerse utilizando la figura 10.2.

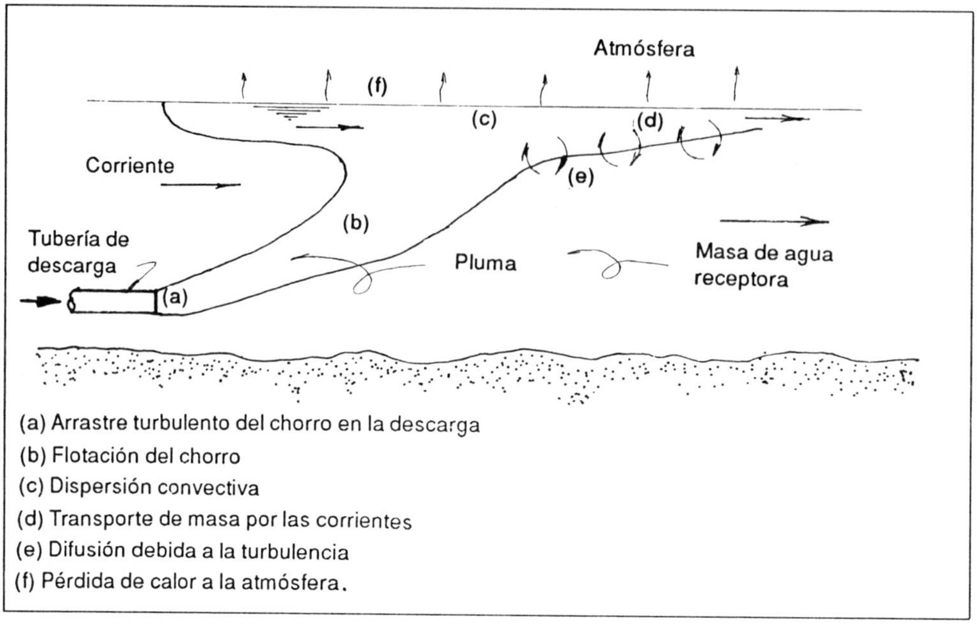

Figura 10.1 Etapas en el proceso de dispersión y transporte de agua caliente (P. Ackers 1969)

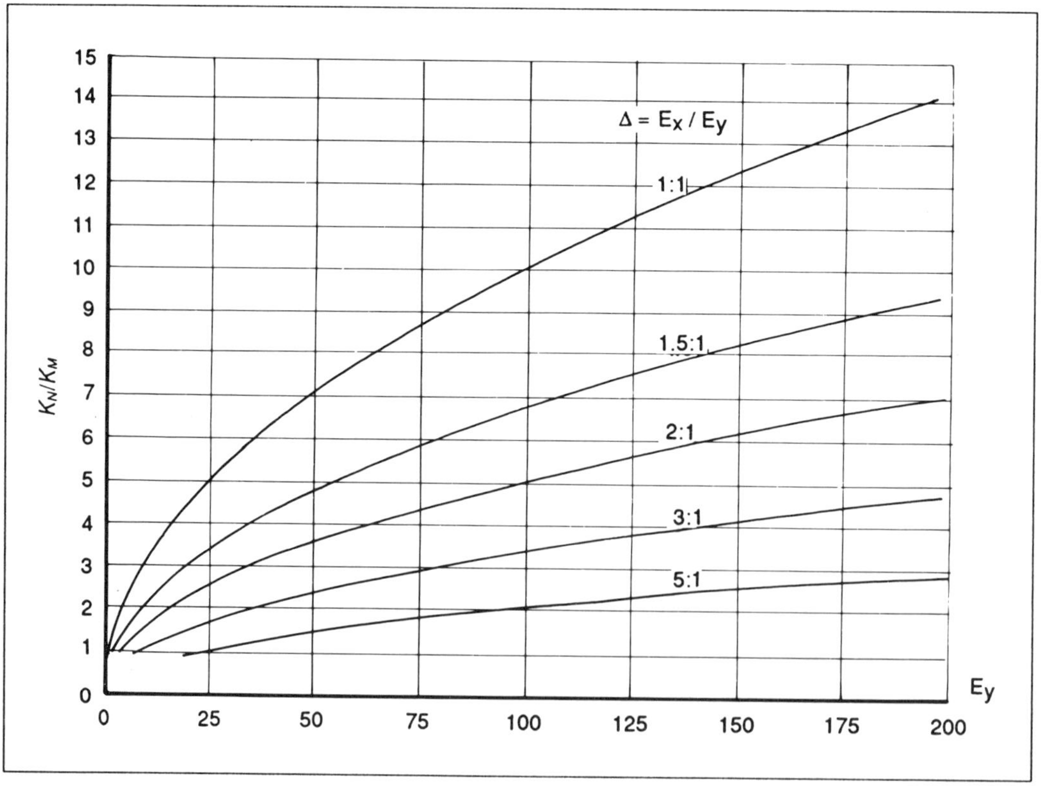

Figura 10.2 Escala vertical E_y vs. factor de reducción K_N/K_M para diferentes distorsiones Δ (G. Flügge y H. Schwarze 1974)

10.4 CONSTRUCCION

La técnica de construcción de estos modelos se indica en los incisos 4.4, 6.4 y 8.4. El equipo adicional para inyectar agua caliente debe proporcionar el gasto, la temperatura y cambios necesarios, tomando en consideración la modelación del proceso de *decaimiento* que normalmente exige un gran esfuerzo. Por ejemplo, debido a la pérdida de calor hacia la atmósfera es necesario controlar la temperatura del aire, la humedad y el viento, lo cual es muy difícil de lograr, por lo que los resultados del modelo deberán corregirse por efecto del *decaimiento* en forma aproximada.

Para calentar el agua es conveniente emplear calentadores de serpentín. Con éstos se logra un buen control de la temperatura y, al acoplarse con sistemas de mezclado de agua fría a la salida, se mantiene el gasto y la temperatura constante en la descarga. Esta última se mide con *termistores* de respuesta rápida distribuidos en el área de la descarga y la toma, para registrar la mancha de agua caliente mediante isotermas.

Con frecuencia se emplean trazadores de tintas para el estudio de difusión, tal es el caso de la Rhodamina, diluida 10^{-10}, para hacer mediciones en forma precisa con fluorómetros, o bien, con sensores ópticos.

10.5 ENSAYOS

Previo a los ensayos definitivos deben asegurarse las condiciones de turbulencia fielmente representadas en la descarga, que según S. T. Lavender, el número de Reynolds en el modelo deberá ser como mínimo de 2500.

Para el ajuste de la distribución de temperatura en el modelo, debe tomarse en cuenta el coeficiente de transferencia de calor en el laboratorio. Por tanto, el coeficiente k_m (W/m^2 °C) de intercambio de calor en el modelo, entre la superficie del agua y la atmósfera adyacente, se determina mediante medidas sistemáticas de temperatura en un recipiente aislado con superficie de área A(m^2). Este debe colocarse lateralmente al modelo, en el cual se coloca agua previamente calentada. De este modo se conoce el decremento de temperatura Δt_o (°C) y del intervalo de tiempo Δt (s) necesario para llegar a la temperatura de equilibrio del agua T_E (°C), figura 10.3. Todos estos parámetros son empleados en la siguiente ecuación:

$$K_m = \frac{H_i}{A \Delta T_o} \tag{10.10}$$

donde

H_i = intercambio de calor en la superficie e igual

$a = \dfrac{V \ \Delta T \ C}{\Delta t} \times 4.18 \times 10^6$ en (W)

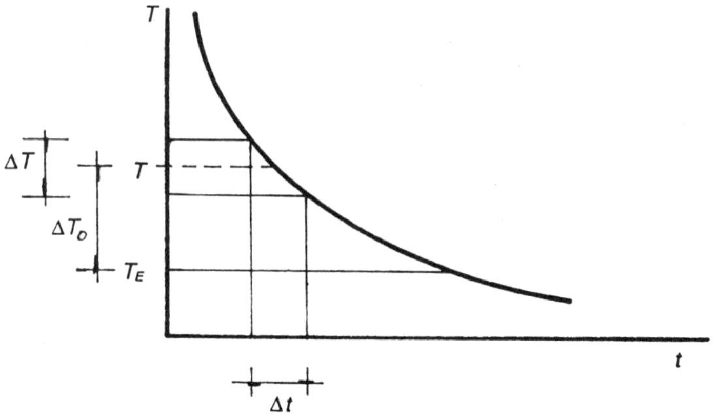

Figura 10.3 Tiempo de enfriamiento del agua en el recipiente

C = calor específico del agua e igual a 1 Mcal/m^3 °C
V = volumen de agua caliente en el recipiente (m^3)
Δt_o = $T - T_E$, (°C)
T = temperatura media (°C) del agua en el intervalo ΔT en °C

10.6 EJEMPLOS DE ESTUDIO

10.6.1 Sistema de recirculación de flujo de la planta termoeléctrica de Punta Prieta, Baja California Sur

La planta termoeléctrica de Punta Prieta se encuentra en la Cd. de la Paz, B.C.S. y tiene una capacidad de generación de 150 MW. Para el sistema de enfriamiento necesita de un gasto máximo de 10.6 m^3/s y un mínimo de 4.5 m^3/s en condiciones diferentes de operación. La planta se alimenta con agua de mar a través de dos tuberías submarinas de longitudes diferentes, pudiendo funcionar en forma alterna, una como toma y la otra como descarga, lo cual da origen a establecer las condiciones de flujo normal y flujo invertido.

La primera ocurre al emplear como toma la tubería submarina más larga, conectada directamente al canal de llegada al cárcamo de bombeo, mientras que la tubería más corta funciona como descarga.

La segunda ocurre una vez cada 15 días durante 12 horas continuas al emplear como toma la tubería submarina más corta que, al operar el sistema de compuertas ubicadas en los canales de llegada y de descarga, el agua llega al cárcamo y la descarga se lleva a cabo en la tubería más larga, figura 10.4 y 10.5.

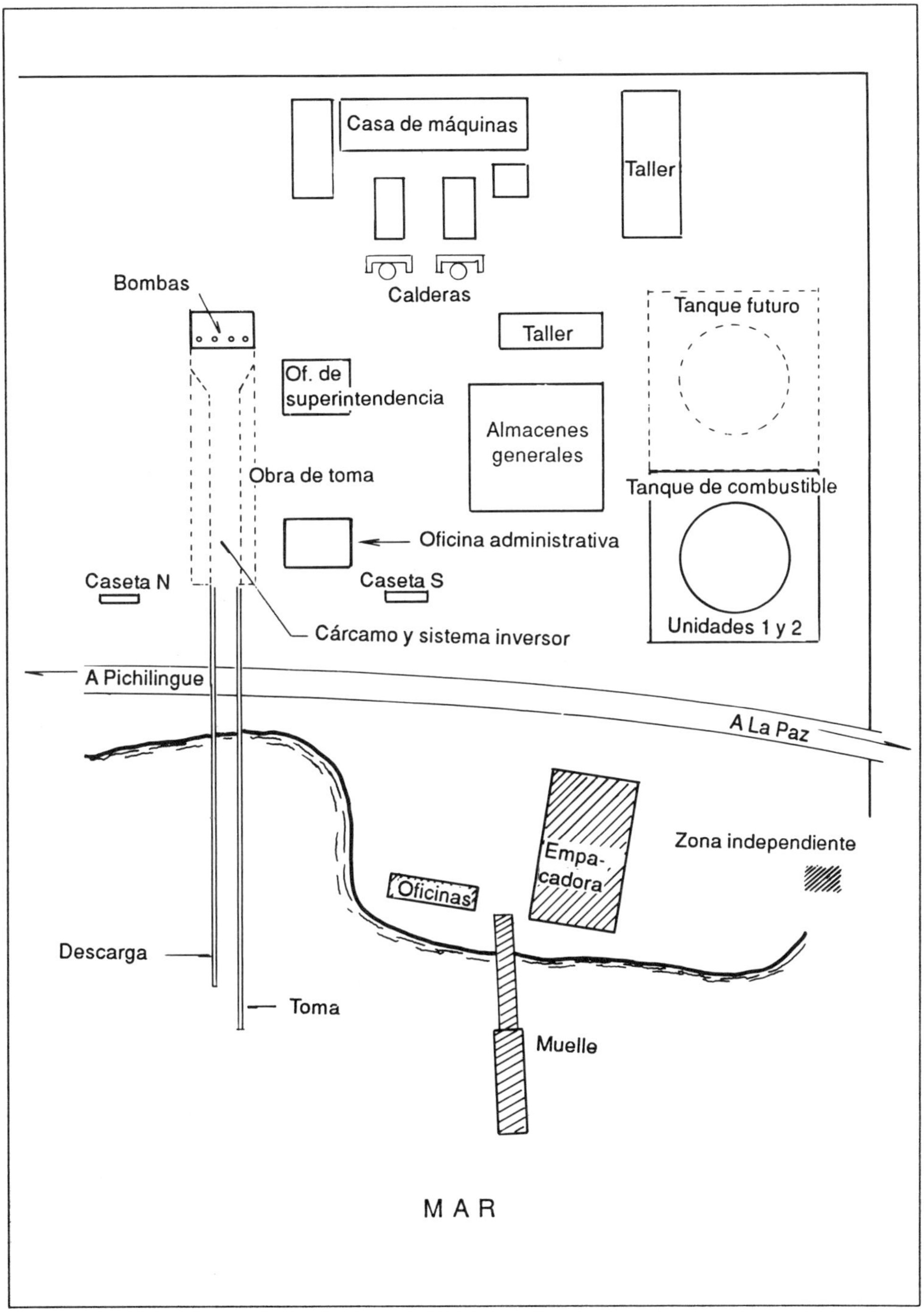

Figura 10.4 Zonificación de la planta termoeléctrica Punta Prieta II, Baja California Sur

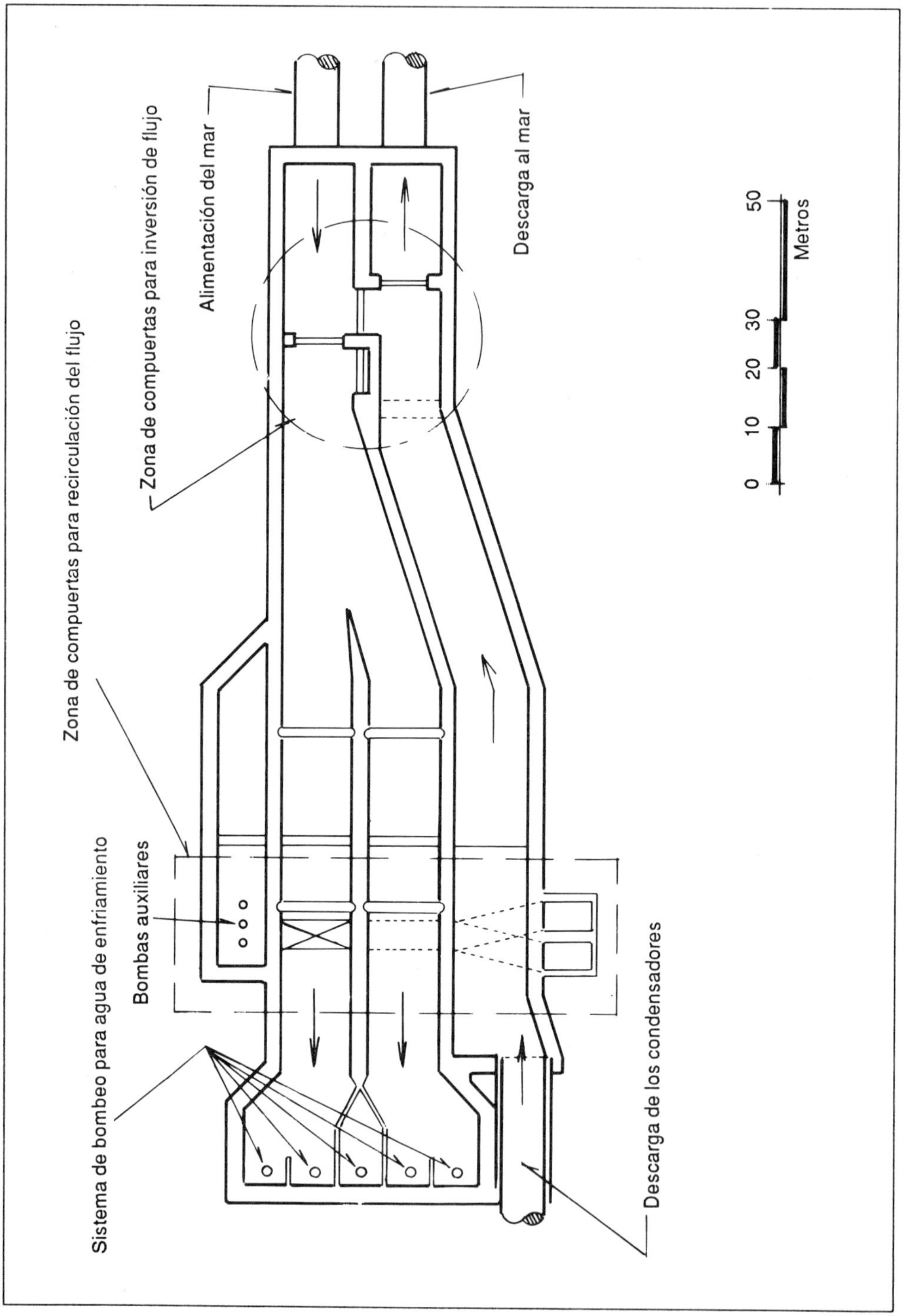

Figura 10.5 Geometría del cárcamo de bombeo de la P. T. Punta Prieta II, Baja California Sur (Vergara M. A. y Rodríguez J. A. 1980)

La inversión de flujo tuvo como objeto principal eliminar, mediante *choque térmico*, la adherencia de organismos marinos en el interior de las tuberías, de lo contrario ocasionaría un incremento en la rugosidad y, por tanto, mayores pérdidas de carga.

En el caso de las tuberías del sistema de enfriamiento de la planta, para evitar la adherencia y desarrollo de microorganismos marinos, el *choque térmico* se diseñó con recirculación de agua de descarga hacia el cárcamo. De allí se bombea nuevamente hacia los condensadores (donde la temperatura del agua aumenta) y se conduce a la zona de descarga y se repite el ciclo hasta que la temperatura del agua a la entrada del condensador sea igual a la temperatura letal (43 °C) de los organismos adheridos, ésta se mantiene un mínimo de 3 minutos. Esto último se logra mezclando agua caliente de la descarga con agua fría del mar, para lo cual debe operarse un sistema de compuertas alojadas en el cárcamo y al inicio del canal de descarga. El programa de operación de este sistema de compuertas debe durar el mínimo de tiempo, y el de las de maniobras bajo distintas cargas de operación de la planta y las cargas térmicas del condensador, así como el funcionamiento simultáneo de dos y cuatro unidades de bombeo, respectivamente.

Debido a las dificultades del proyecto geométrico del cárcamo y de operación de los sistemas de compuertas, fue necesario recurrir a experimentar con un modelo hidráulico para obtener los programas de operación de las compuertas para la fase de recirculación. Estos se llevaron a cabo en el Laboratorio de Ingeniería Hidráulica del Instituto Politécnico Nacional bajo convenio con la Comisión Federal de Electricidad en el año de 1980.

El flujo es a superficie libre, tanto en el modelo como en el prototipo, y la similitud de las condiciones hidrodinámicas que deben cumplirse es la de Froude. Las características del fluido, tales como la densidad ρ, viscosidad μ, calor específico C y diferencias de temperaturas ΔT, se consideraron iguales en el modelo y el prototipo.

El flujo también es turbulento y las fuerzas viscosas son de menor importancia que las debidas a la gravedad, por lo que la condición de similitud de Reynolds no se satisface, sin embargo, éste debe ser mayor que 2 500.

La similitud térmica se estableció considerando las condiciones de campo cercano donde es importante la distribución de temperaturas en el flujo, además del intercambio de calor entre la superficie libre del agua y la atmósfera, el proceso y el incremento de la distribución de temperaturas es igual en el modelo y el prototipo, así como el proceso de intercambio de calor entre la superficie del agua y la atmósfera. Sin embargo, el coeficiente de intercambio de calor no es igual en el sistema debido a las diferentes condiciones físicas (temperatura, humedad, presión atmosférica, viento, etc.), resultando muy costoso al querer reproducirlas en el modelo.

En particular, se decidió construir este modelo sin distorsión con el propósito de asegurar que la dispersión vertical y horizontal del calor fuera igual en todas direcciones. La escala de longitudes seleccionadas fue $E_x = 150$.

Descripción del modelo El modelo se construyó con materiales cuyos coeficientes de conductividad térmica fueran pequeños, con el fin de asegurar una mínima pérdida de calor en las fronteras sólidas del flujo, empleándose placas de plexiglás y tuberías de cloruro de polivinilo, figura 10.6.

Los diámetros y longitudes de las tuberías de conducción se seleccionaron tomando en consideración el tiempo de recorrido del agua, desde la succión en las bombas hasta la descarga en el cárcamo, tanto para 2 como para 4 unidades de bombeo.

El sistema de bombeo en el modelo se representó mediante sifones, uno por cada par de unidades de bombeo para agua de enfriamiento, eliminando la unidad de emergencia.

El incremento de temperatura del agua de enfriamiento se hizo por medio de dos resistencias eléctricas (para simular la transferencia de calor en el condensador). Estas se colocaron en el interior de una tubería de 3" de diámetro y para recircular el agua se empleó una pequeña bomba centrífuga con una mínima pérdida de calor.

Para medir los niveles del agua en la zona de mar y en el interior del cárcamo se colocaron limnímetros de punta de aproximación $\pm 1/10$ mm, las mediciones de temperatura se realizaron con equipo electrónico de respuesta instantánea con sensor de temperatura de punta y registrador digital.

A continuación se llevaron a cabo ensayos bajo las condiciones normales de operación de la planta hasta alcanzar la temperatura propuesta de 43°.

De acuerdo a los resultados y observaciones obtenidas en esta primera fase de ensayos, se hizo una segunda corrida de ensayos donde se debería tener una carga térmica en los condensadores entre 60% y 30% durante la recirculación; además, cuando se operan 2 unidades únicamente, la temperatura máxima a la entrega del condensador debía ser la correspondiente a una presión de vacío de 4.5" de Hg. En el caso de recirculación con 4 unidades operando simultáneamente, se encontraría un condensador en recirculación total y el otro en recirculación parcial. Recirculación total significa que un condensador alcanza la temperatura máxima correspondiente a una presión de vacío de 4.1" de Hg; mientras que la recirculación parcial, corresponde al otro condensador (trabajando simultáneamente con el anterior) a la temperatura máxima para lograr una presión de vacío de 3.5" de Hg.

Para cada ensayo programado fue necesario realizar previamente ensayos exploratorios para definir la posición aproximada de las compuertas, llevándose un control riguroso de gastos. Los resultados de los ensayos definitivos fueron presentados en gráficas que relacionan la variación de la temperatura con el tiempo, a la entrada de los condensadores y en la descarga en el cárcamo, así como la apertura de las compuertas, figura 10.7.

La relación de intercambio de calor entre el agua y la atmósfera, se cuantificó en función de las lecturas de temperatura respectivas en un tanque de prueba. Con respecto al prototipo y en condiciones semejantes al modelo, el intercambio de calor se consideró únicamente por la evaporación causada por convección li-

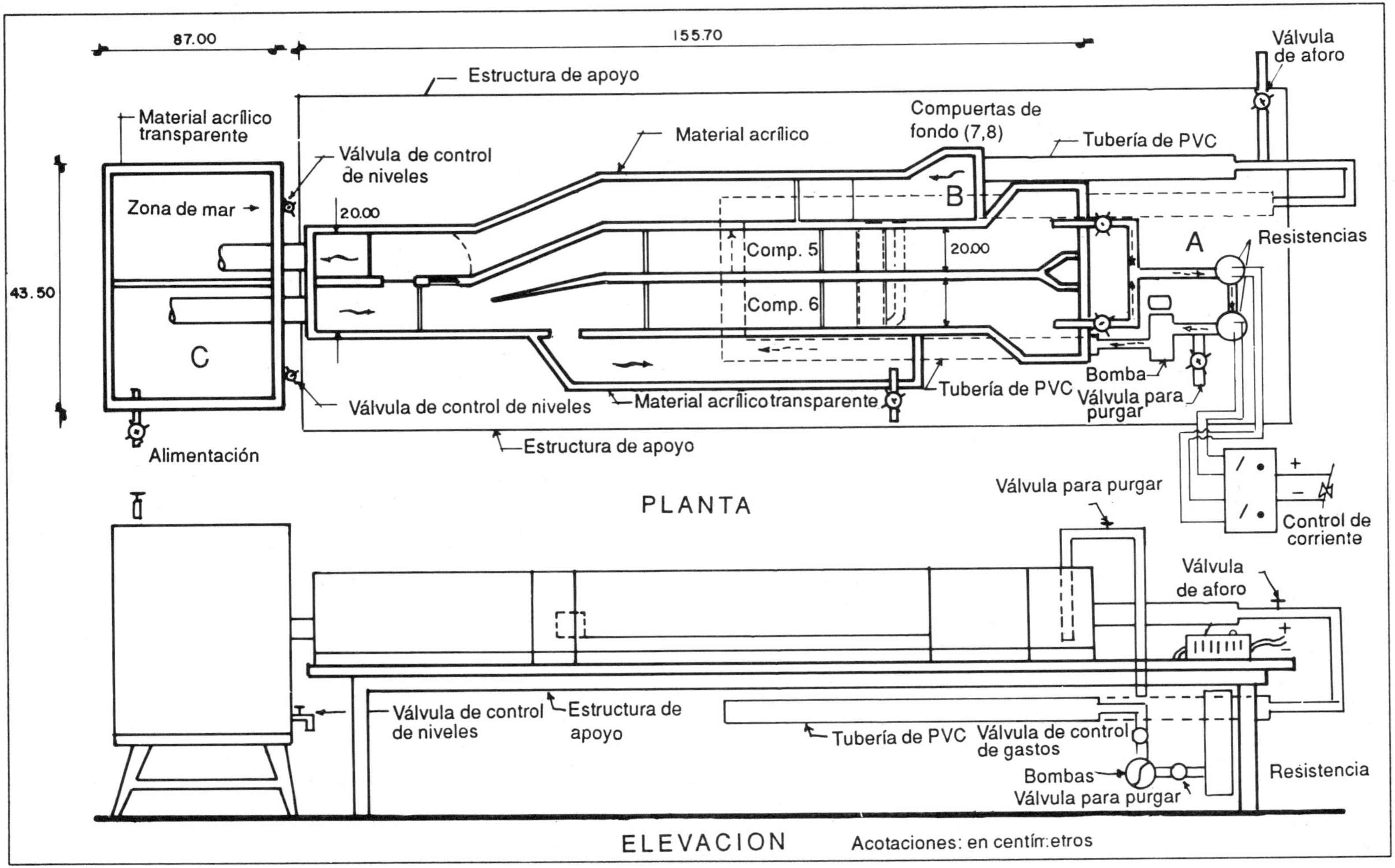

Figura 10.6 Modelo termohidráulico (Vergara M. A. y Rodríguez J. A. 1980)

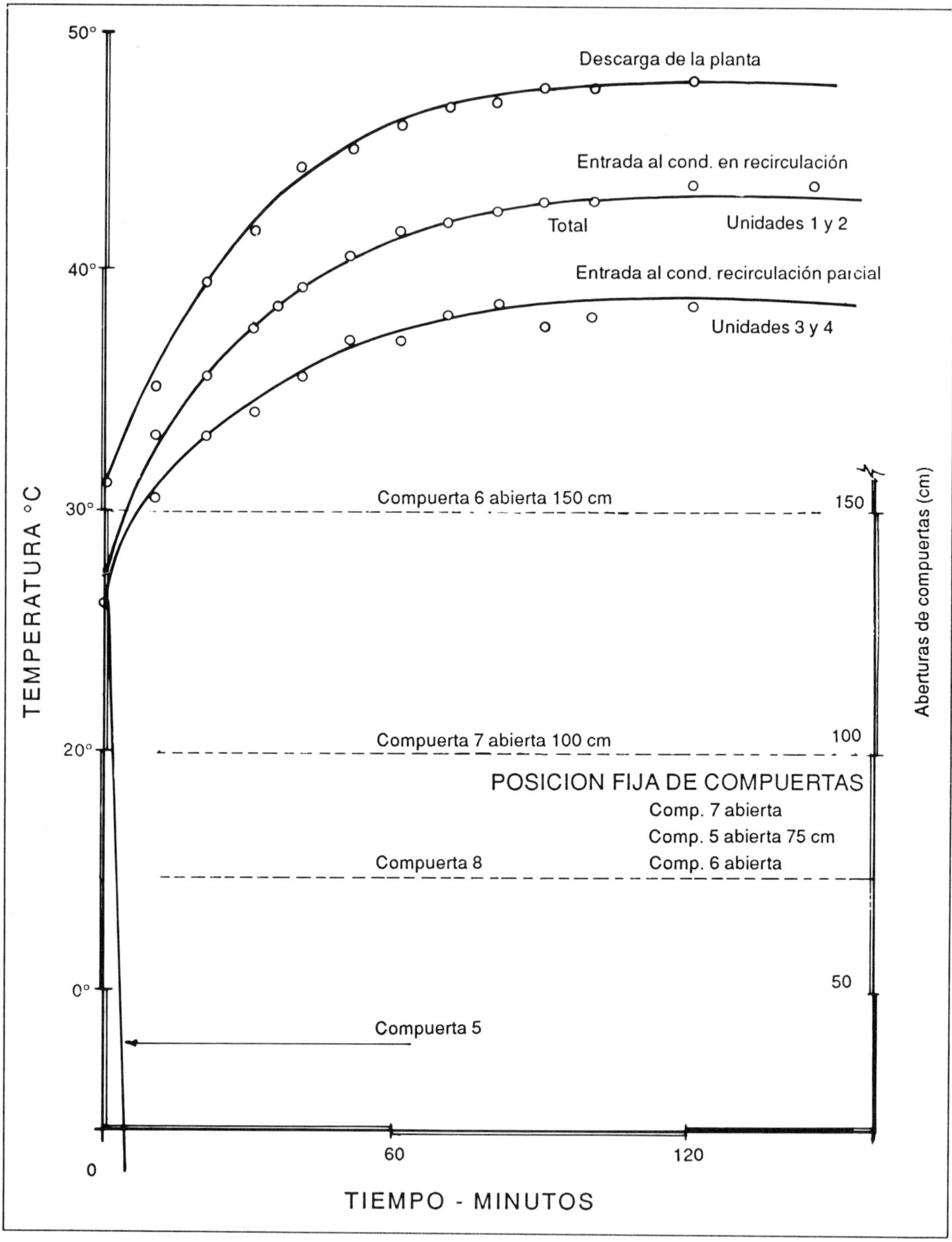

Figura 10.7 Gráfica tipo de operaciones de compuertas (Vergara M. A. y Rodríguez J. A. 1980)

bre, ya que los factores de radiación solar y conducción se estimaron insignificantes, ya que el agua en el cárcamo del modelo y el prototipo estaban bajo techo. Los valores en el prototipo se obtuvieron empleando la ecuación siguiente:

$$H_i = C\ (T_s - T_a)^{1/3}\ (P_s - P_a) \qquad \textbf{(10.11)}$$

siendo

C = constante = 22.4
T_s = temperatura del agua en la superficie
T_a = temperatura del aire
P_s = presión del vapor de agua saturado, a la temperatura del agua en la superficie
P_a = presión del aire

Los valores del intercambio de calor calculados, manifestaron que en el modelo fueron en promedio nueve veces mayores que en el prototipo.

Aun cuando se lograron mezclas adecuadas de agua fría y caliente con la mínima operación de compuertas, para llevar a cabo el choque térmico en la fase de recirculación, es necesario efectuar ajustes de la operación de compuertas en el prototipo, debido a la discrepancia de valores del intercambio de calor entre el prototipo con respecto al modelo.

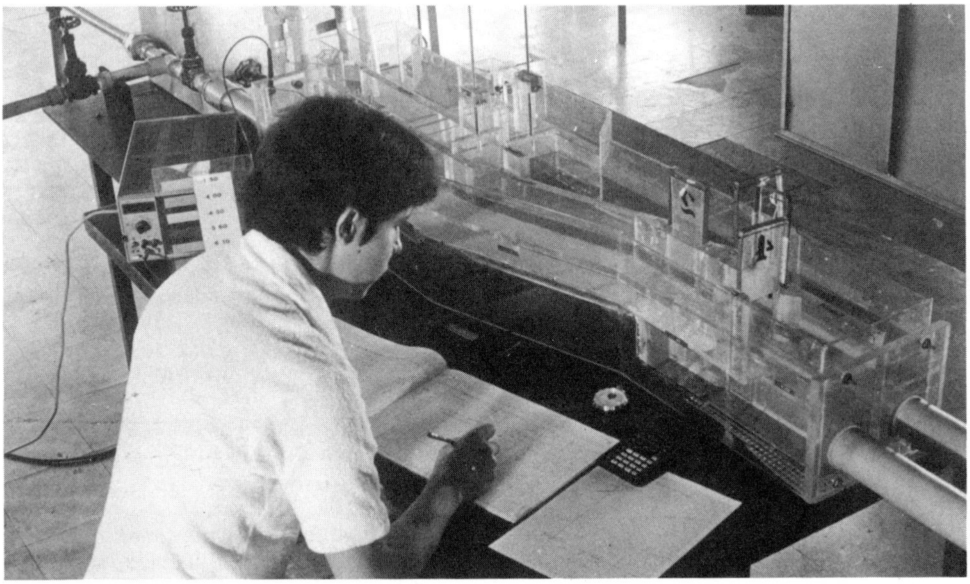

Figura 10.8 Vista general del modelo hidrotérmico de la P. T. Punta Prieta, B. C. S. (Vergara-Rodríguez 1980)

Figura 10.9 Sistema de calentamiento de agua en el modelo hidrotérmico (Vergara-Rodríguez 1980)

BIBLIOGRAFIA

1. Angelico G. y De Gerloni M., *Hydraulic Modelling of Heat Transfer an Diffusion in a River with Tidal Flows.* Vol. V., págs. 189-197. Proc. XIX IAHR Congress. Nueva Delhi, India, 1981.
2. Bonilla R. y Cornejo V. J., Planta termoeléctrica Tuxpan, Ver. *Modelo de recirculación de agua caliente y transporte de sedimento.* Reporte interno IC.PTT.004. Laboratorio de Ingeniería Hidráulica ESIA, IPN. México, 1984.
3. Copp H.D. y Shashidhara N. S., *Thermal-Hydraulic Modelling of Bouyant Effluent Dispersion in Shallow Streams,* Vol. V, págs. 319-326. Proc. XIX IAHR Congress. Nueva Delhi, India, 1981.
4. Flügge G. Shwarse H., *Similarity Conditions for Thermal-Hydraulic Model Test of Tidal Estuaries,* Vol. VIII, Cap. 12. Proc. Fourteenth Coastal Engineering Conference. ASCE Copenhague, Dinamarca, 1974.
5. Kobus H., *Hydraulic Modelling,* Cap. 8. Pitman Book. Londres, 1981.
6. Lara J., Almanza R., Auvinet G., y Hiriart G., *Estanque de enfriamiento del Río Escondido,* Series del Instituto de Ingeniería, No. 501, UNAM. México, 1986.
7. Lavender S. T. y Cowley J., E., *Scaling and Sizing Criteria for Thermal-Hydraulic Models,* Vol. II, págs. 1156-1164. Symposium on Modeling Techniques ASCE. San Francisco, California, 1975.

8. Sharp J. J., *Hydraulic Modelling.* Butterworths. Londres, 1981.
9. Vergara S, M. A. y Rodríguez J. A., *Programa de operación del sistema de recirculación del flujo en la P. T. de Punta Prieta II, B. C. S.,* Vol. III, págs. 1110-1119. VI Congreso Nacional de Hidráulica. México, 1980.

11

Modelo de maniobras de embarcaciones libres y atracadas

11.1 GENERALIDADES

Estos modelos tienen por objeto estudiar el comportamiento de las embarcaciones durante las maniobras de acceso al puerto, de acercamiento a los muelles, del movimiento de éstas cuando se encuentran atracadas y las características inherentes de operación y maniobras de la propia embarcación. Con ensayos de rutas de entrada y salida se determinan las dimensiones de la bocana y del canal de acceso considerando las restricciones físicas de los canales tales como profundidad, ancho, radios de curvatura, efectos de succión de las márgenes del canal incluyendo el efecto del viento, de corrientes, oleaje, cauce y rebase de embarcaciones, asentamiento de la popa en navegación libre o con remolque. Además, se define el diámetro del *círculo de ciaboga,* longitudes de frenado, el efecto de asentamiento de la embarcación (Squat), ángulo y velocidad de aproximación al atracadero, el movimiento de la embarcación debido al oleaje incidente y ondas de largo periodo (Seich) así como las cargas sobre líneas de amarre y defensa. Cabe mencionar que el movimiento general de una embarcación está compuesto de seis grados de libertad, tres desplazamientos y tres giros; los primeros llamados de *vaivén* (Surging), *deriva* (Swaying) y *arzada* (Heaving) y los segundos, *balanceo* (Rolling), *guiñada* (Yawing) y *cabeceo* (Pitching), figura 11.1.

Adicionalmente, cuando la embarcación está navegando, en particular en áreas restringidas y de anchuras limitadas, se desplaza en sentido vertical debido a su velocidad, desplazamiento que se conoce como *efecto de Squat.*

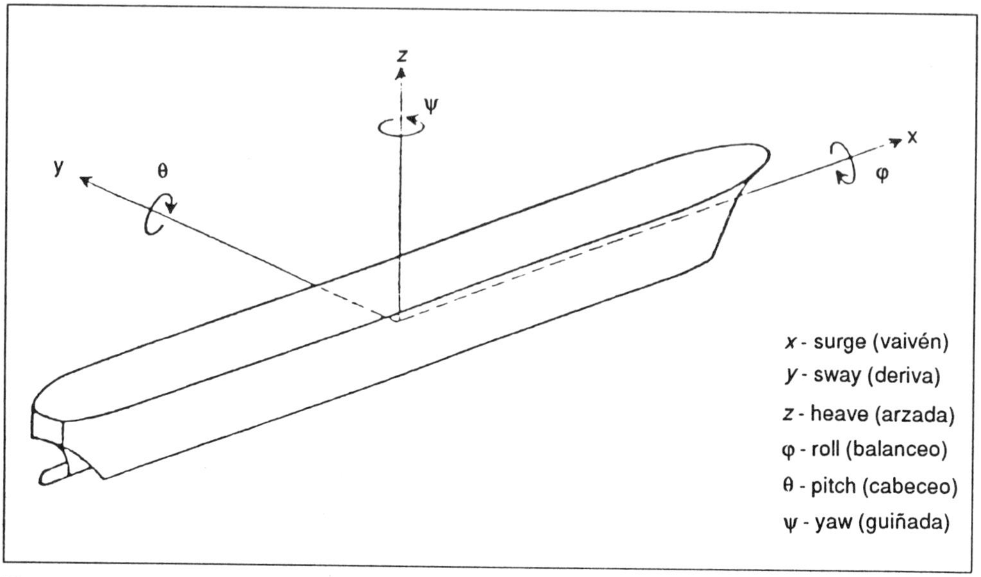

Figura 11.1 Grados de libertad del movimiento de una embarcación

11.2 CONDICIONES DE SIMILITUD

11.2.1 Modelación hidráulica

La estrecha relación entre el movimiento de la embarcación con el agua, obliga a construir un modelo de agitación de oleaje cuyas condiciones de similitud ya se establecieron en el capítulo 4. Sin embargo, es necesario recordar que aun cuando la similitud dinámica no es total, debe cumplirse con la similitud de Froude y con el régimen de turbulencia, ya que también éste es del mismo tipo alrededor de la embarcación.

Por otra parte, se recomienda que el oleaje a representar sea de tipo irregular, para obtener respuestas adecuadas de la embarcación entre el *seich del puerto* y el grupo de olas incidentes de cortos periodos. Para condiciones severas se puede emplear el espectro ancho de Pierson-Moskowits, que muestra básicamente las condiciones normales de un oleaje completamente desarrollado, o el espectro angosto de Jonshwap con el que se reproducen condiciones de oleaje de un mar poco profundo con *Fetch* limitado, figura 11.2.

11.2.2 Modelación de la embarcación

El casco de la embarcación debe ser modelado geométricamente similar al prototipo, figura 11.3, sin distorsión y las características hidrostáticas a escala (desplazamiento, calado, centro de gravedad y altura metacéntrica) y las caracterís-

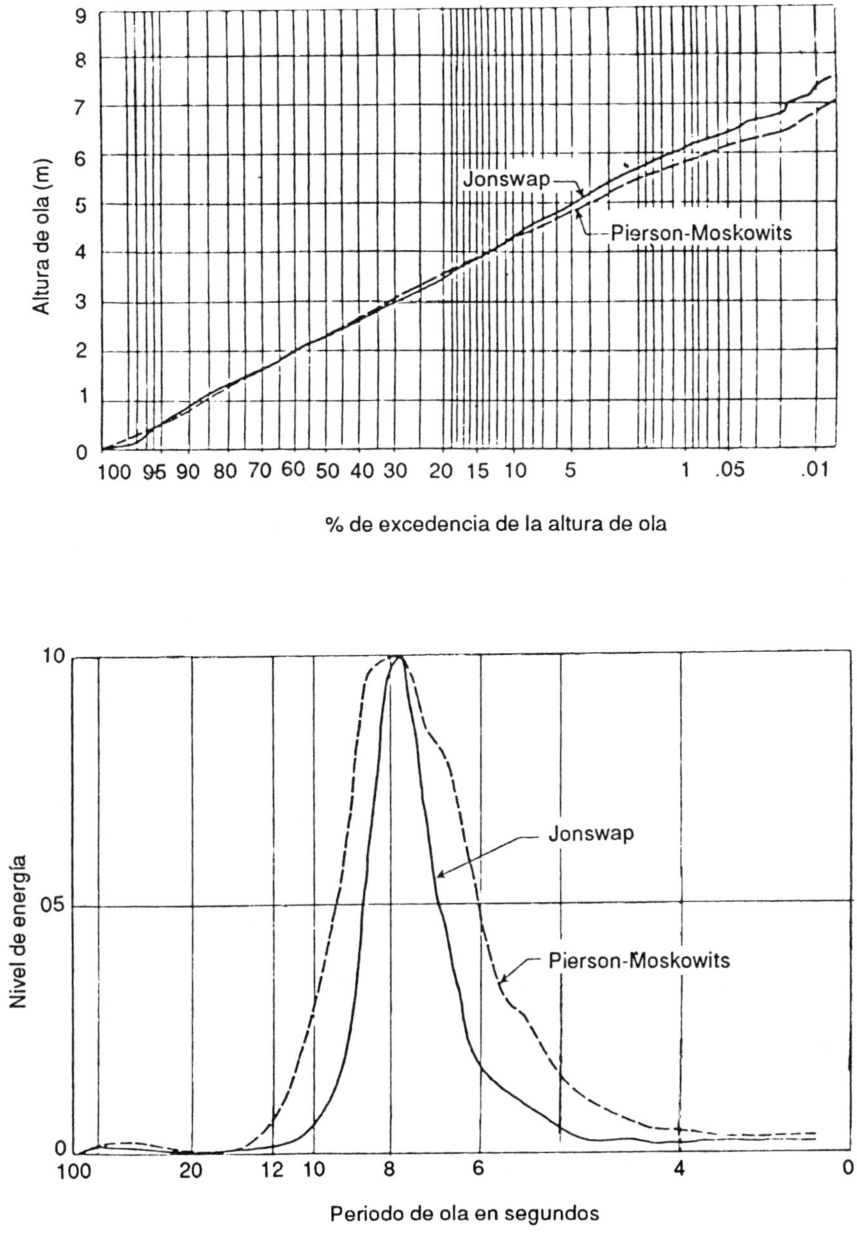

Figura 11.2 Espectros de oleaje usados en modelos hidráulicos de maniobras de embarcaciones

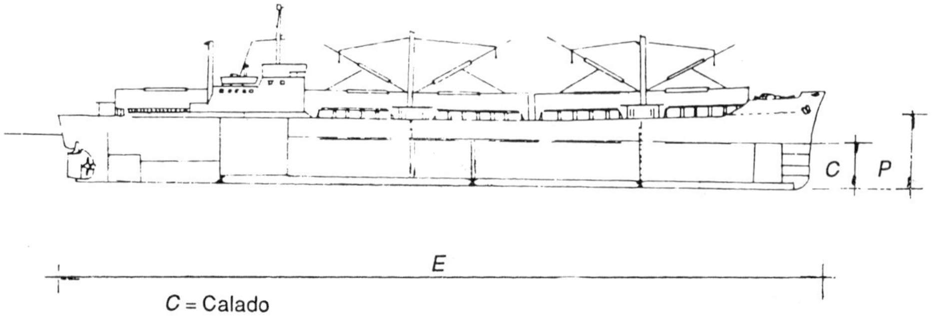

Figura 11.3 Dimensiones de una embarcación

ticas de inercia (movimiento de inercia y periodos naturales de oscilación) para diferentes condiciones de carga (p.e. a media carga o a carga completa) y en situaciones de embarcaciones libres o atracadas. Cuando los periodos naturales de oscilación de la embarcación coinciden con los del oleaje de corto o largo periodo dan lugar a una resonancia, en caso de estar la embarcación atracada, produciendo un aumento en los esfuerzos de las líneas de atraque y a su posible rotura.

11.2.3 Modelación de líneas de amarras y *defensas*

En relación con el estudio de embarcaciones atracadas, es necesario modelar el sistema de cuerdas o amarras de las embarcaciones y el de defensas, figura 11.4, que en ambos casos las deformaciones y esfuerzos a que son sometidas son importantes a representar, por lo que la similitud dinámica de éstas debe ser a través de condiciones de fuerzas elásticas o de Cauchy, que a su vez es congruente con la condición de similitud hidráulica de Froude.

Las escalas derivadas de las condiciones de similitud indicadas para el diseño de la embarcación, de los cables de amarra, defensas y fuerzas en cables y defensas son las siguientes:

Escala de fuerzas debidas a la gravedad, $E_G = E_\gamma E_x^3$ **(11.1)**

Escala de fuerzas de inercia, $E_I = E_\gamma \, E_t^{-2} \, E_x^4 = E_F$ **(11.2)**

Escala de elongación axial, $E_{\Delta L} = E_x$ **(11.3)**

Escala de fuerzas que causan flexión, $E_F = E_\gamma \, E_x^3$ **(11.4)**

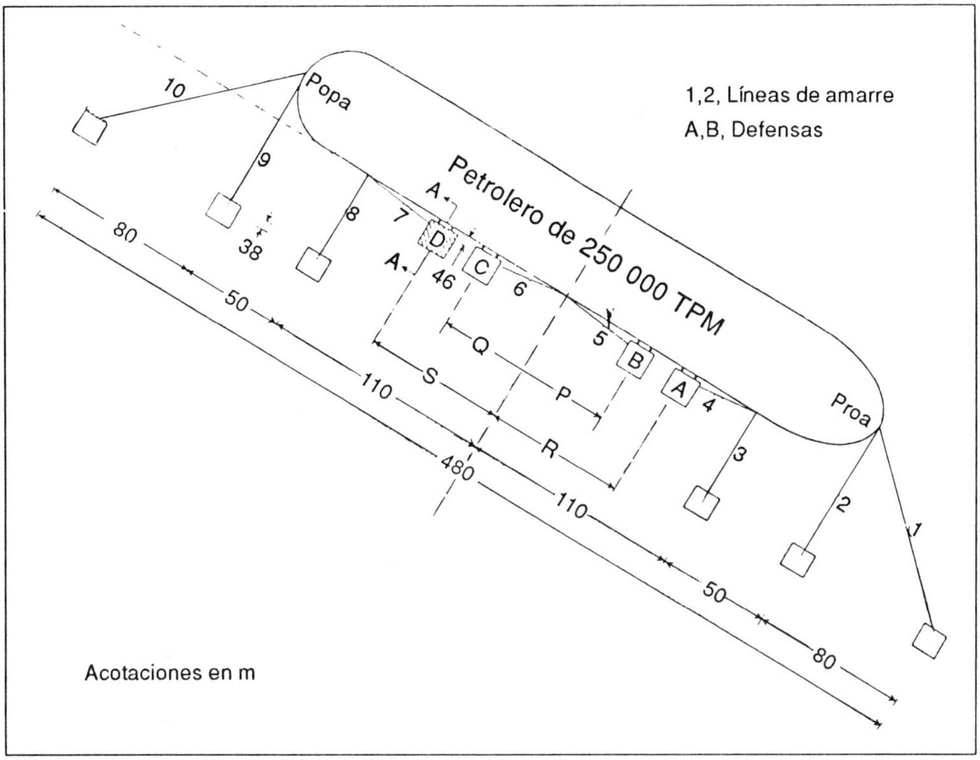

Figura 11.4 Arreglo de amarras de un barco atracado

Escala de longitud de cable, $E_L = E_x$ **(11.5)**

Escala de AE, $E_{AE} = E_\gamma E_x^3$ **(11.6)**

Escala de IE, $E_{IE} = E_\gamma E_x^5 = E_E \; E_D^2$ **(11.7)**

donde

G = fuerza debida a la gravedad
F = fuerza aplicada
γ = peso específico del material
x = magnitud lineal
I = momento de inercia del cable (sección transversal)
L = longitud del cable
ΔL = deflexión axial del cable
A = área del cable (sección transversal)
E = módulo de elasticidad del cable
D = diámetro del cable

11.3 SELECCION DE ESCALAS

La necesidad de efectuar una réplica completa del movimiento de la embarcación sujeta a un oleaje de corto y largo periodo, cuya propagación sea de semejanza geométrica total al prototipo, implica que el modelo hidráulico y el de la embarcación deban ser sin distorsión y de fondo fijo. Las escalas más comunes se encuentran en el intervalo de 1:60 a 1:100. Sin embargo, pueden ser de hasta 1:200, cuando las áreas por representar sean muy grandes.

En particular, respecto a la escala del modelo de la embarcación, ésta deberá satisfacer los siguientes criterios:

a) Que los efectos de tensión superficial sean mínimos sobre la embarcación.
b) Que el modelo sea lo suficientemente pequeño para que el tanque de olas no sea grande y costoso; sin embargo, que sea lo suficientemente grande para que las pequeñas variaciones de las magnitudes no resulten excesivas cuando se transfieran al prototipo.
c) Que el modelo sea lo suficientemente grande para que el sistema de amarras se pueda representar adecuadamente y que las fuerzas generadas sean de suficiente tamaño para medirse con exactitud.

11.4 EFECTOS DE ESCALA

Los efectos de escala que ocurren en este tipo de modelos pueden deberse a las siguientes causas:

a) La acción de fuerzas viscosas alrededor de la embarcación al no satisfacer totalmente la similitud dinámica.
b) La diferencia de la relación torque-revoluciones de la propela con respecto al prototipo.
c) La diferencia de condiciones de trabajo de la propela y del timón en el modelo y el prototipo.
d) Reflexiones parásitas del oleaje por las fronteras del modelo.
e) Olas parásitas generadas por el equipo.
f) Dificultad de modelar comportamientos no lineales.

Estos efectos pueden causar:

a) La dificultad de estudiar maniobras de parada de la embarcación bajo condiciones de navegación libre.
b) Mayor diámetro de círculo de giro del modelo de la embarcación.
c) Apreciar demasiado bajo los movimientos que tenga de la embarcación sobre las olas.

11.5 CONSTRUCCION

Para la construcción de los tanques de olas, batimetría, fronteras y obras exteriores, así como la instalación de los equipos generadores de oleaje y corrientes, deben seguirse las recomendaciones anotadas en el capítulo 4, además de ser necesario considerar los espacios e instalaciones, para colocar los equipos generadores de viento, en su caso, y los de operación y control de las embarcaciones, así como los de medición.

En general las embarcaciones se construyen de madera barnizada o bien de fibra de vidrio, cuyos trazos (transversal, perfiles longitudinales y plantas) deben tener dimensiones exactas.

Para las líneas de amarre (cables) se emplean bandas elásticas, cuerdas elásticas y resortes combinados con cuerdas no elásticas (metálicas) o cuya deformación sea mínima. Por otra parte, para las defensas se emplean paquetes de fibra plástica o resortes.

11.6 INSTRUMENTACION Y EQUIPO

Con respecto al oleaje, y como se anotó anteriormente, se recomienda usar el de tipo irregular cuyos espectros de energía representen las condiciones del mar del sitio que se estudia. El número de generadores de oleaje dependerá de las dimensiones que se consideren convenientes, mientras que su longitud y posición, estarán en función de los anchos de los canales de energía que se seleccionen de los planos de refracción de oleaje (véase el capítulo 4).

Para las corrientes se recomienda utilizar cualesquiera de los equipos generadores descritos en el capítulo 8.

La medición de las características del oleaje y corrientes podrá hacerse con la instrumentación también señalada en los capítulos 4 y 8, respectivamente.

Por lo que respecta a la embarcación, la instrumentación y equipo a utilizar depende de los movimientos a medir, cuando ésta se encuentre navegando o atracada.

11.6.1 Embarcación navegando

a) **Maniobras** Para las maniobras estándar de la embarcación, inherente a las condiciones de gobierno y operación en navegación libre, se requiere del siguiente equipo:

a.1) Sistema de registro de posicionamiento y trayectoria de la embarcación.
a.2) Activador del timón (programado o a control remoto). Para ello puede emplearse un sistema que consiste en técnicas de medición ópticas en combinación con un giróscopo (a bordo de la embarcación) y un equipo de procesamiento automático, así como radios a control remoto, véase la figura 11.5.

b) **Cruce y rebase** Para medir las fuerzas generadas durante el cruce y rebase de embarcaciones se utiliza un tanque de arrastre lo suficientemente largo y un cable guía sobre el cual se engancha la embarcación, simulando el remolque de ésta o condición de barco cautivo sobre una ruta. Además, este cable conecta a los transductores de fuerza instalados en la proa y la popa de la embarcación, figura 11.6.

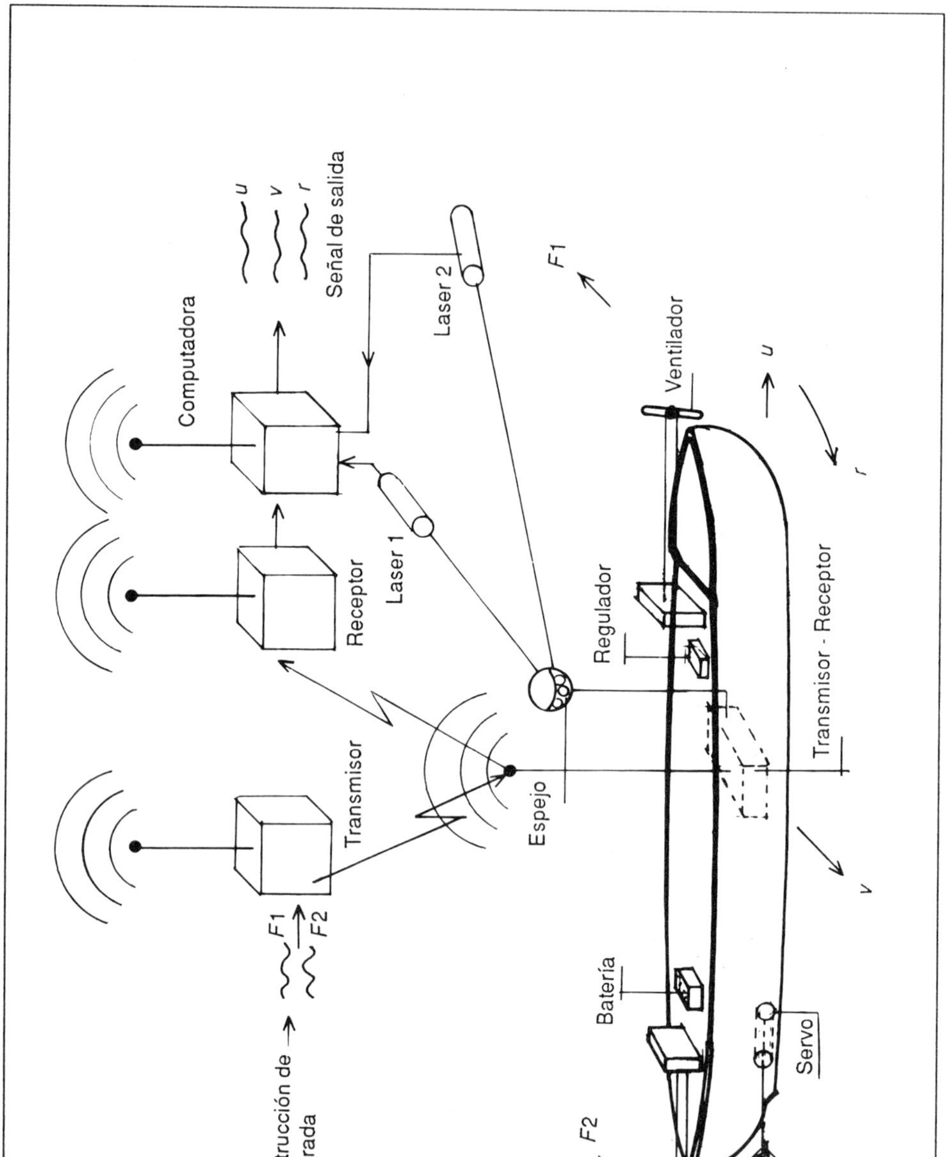

Figura 11.5 Equipamiento de una embarcación para maniobras de navegación (J. Strating 1982)

Figura 11.6 Simulación de remolque de embarcación o barco cautivo sobre ruta (J. Strating 1982)

Para estos ensayos, se emplea también un segundo modelo de embarcación que se desplaza paralelo al curso de la primera.

c) **Deriva de la embarcación** Debido a las fuerzas horizontales del oleaje se origina un desplazamiento horizontal de la embarcación, que implica una desviación definida por un ángulo llamado de deriva entre la orientación de la embarcación y su dirección de navegación. Este ángulo se mide con fotografías tomadas con cámaras instaladas sobre el modelo a la mayor altura posible.

d) **Movimientos de la embarcación por el oleaje** Se pueden utilizar diferentes sistemas de medición para medir los desplazamientos verticales producidos por combinaciones de los modos de movimiento de la embarcación (arzada, cabeceo y balanceo), por ejemplo, *acelerómetro*, *giróscopos*, sistemas ópticos (rayos láser) y *potenciómetros*.

11.6.2 Embarcaciones atracadas

a) **Movimiento de la embarcación** Para registrar los movimientos de la embarcación atracada se pueden emplear potenciómetros activados por cuerdas ligeras de monofilamentos estirados, esto se muestra en la figura 11.7. Otra forma es emplear un sistema óptico (video) con cámara de alta velocidad.

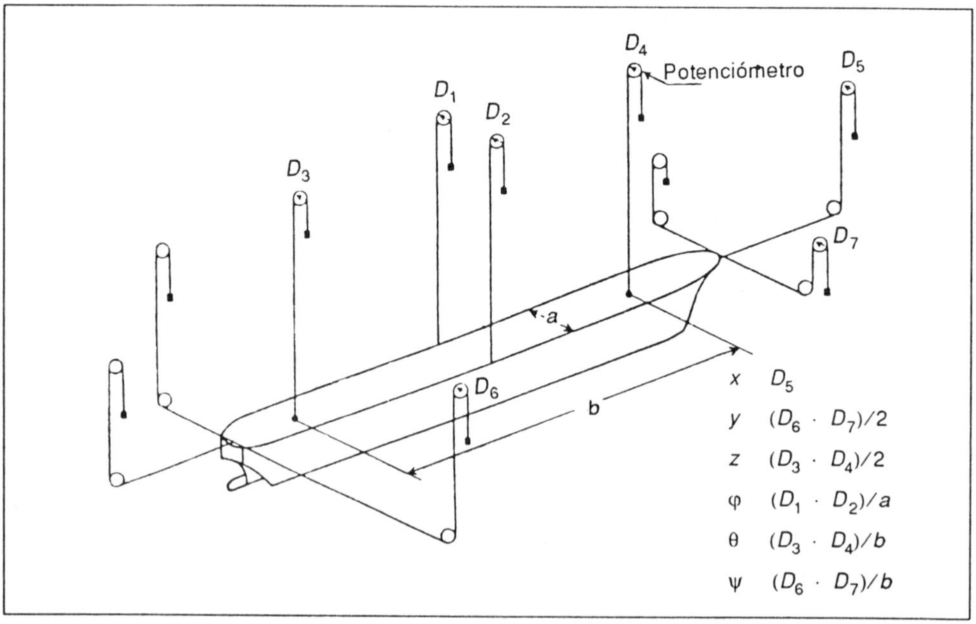

Figura 11.7 Colocación de potenciómetros para medir en el modelo los movimientos del barco (J. Cornejo 1982)

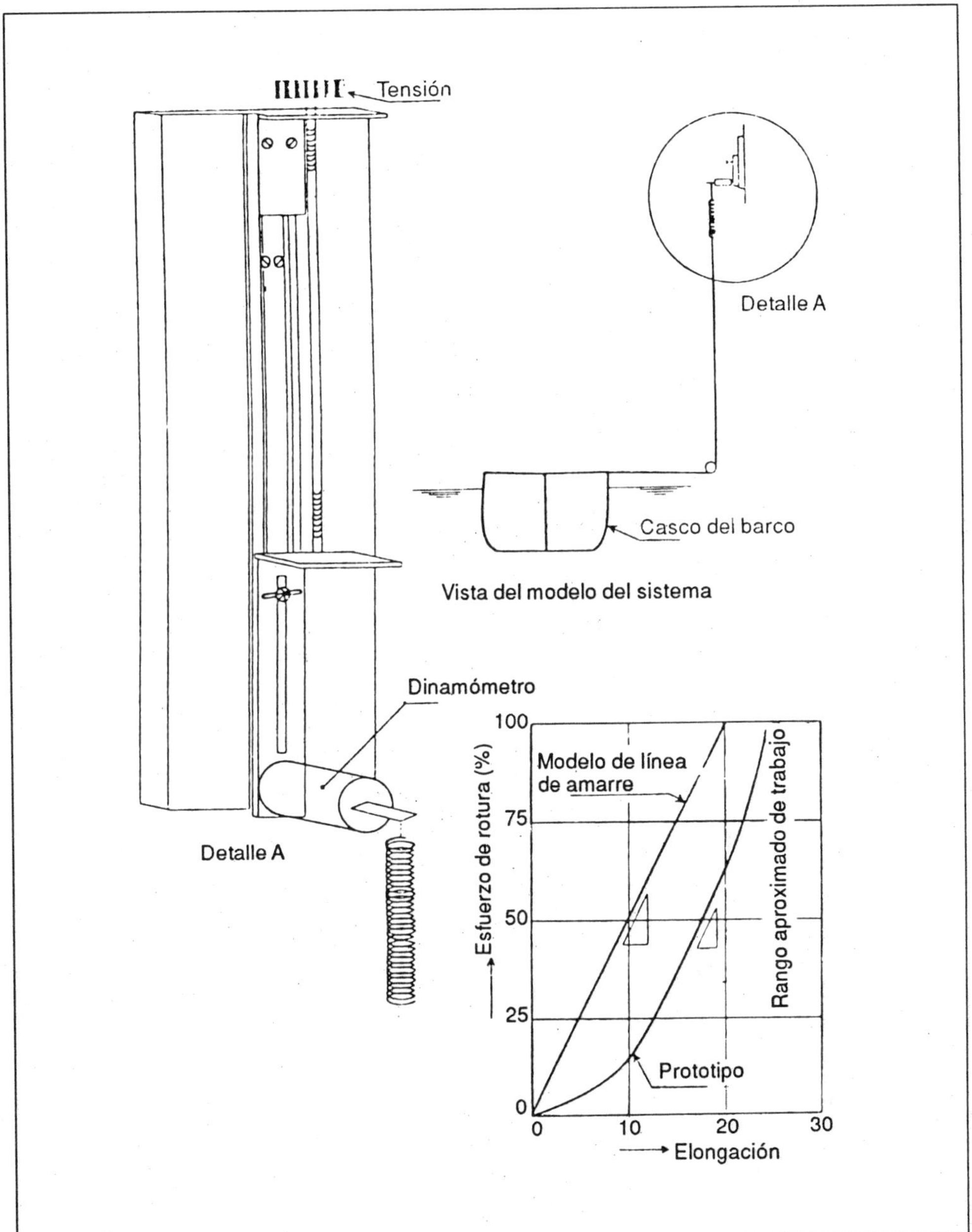

Figura 11.8 Sistema de reproducción y medición de líneas de amarre (J. Cornejo 1982)

b) Fuerzas en las defensas y líneas de amarre Las fuerzas inducidas por el movimiento de la embarcación atracada bajo la acción de un oleaje puede medirse mediante un dinamómetro (con resorte) activado por cables para el caso de líneas de amarre, figura 11.8 y para las defensas con un sistema de placa y resorte ajustables y medidores de deformación. Para estas mediciones también se puede emplear el sistema óptico de video.

11.7 ENSAYOS

11.7.1 Clasificación de ensayos

En forma general se puede establecer que los ensayos con modelos de embarcaciones libres y atracadas se relacionan con:

a) Medición de los movimientos de la embarcación navegando en el canal de acceso.
b) Medición de los movimientos de las embarcaciones atracadas y su relación con posibles resonancias.
c) Medición de fuerzas en las defensas y líneas de amarre inducidas por el movimiento de la embarcación atracada, sujeta a la acción del oleaje incidente y seichs del puerto.

Con estos ensayos, a partir del movimiento de la embarcación, se optimiza la posición y orientación de los rompeolas para que proporcionen la protección suficiente contra el oleaje y asegurar la operatividad de las embarcaciones con diferentes condiciones de carga. De igual manera se obtiene el dimensionamiento horizontal y vertical del canal de acceso en su parte exterior e interior. Para este último caso deberá tomarse en cuenta el efecto de la relación del calado y la succión con las márgenes, las maniobras de la embarcación, el asentamiento de la misma (squat), el cruce y rebase, la deriva, el oleaje, el viento así como las corrientes.

11.7.2 Ensayos de calibración de la embarcación y sistema de amarre

Independientemente del tipo de ensayo a ejecutar, de los tratados anteriormente, es necesario efectuar la calibración correspondiente de los parámetros hidráulicos tratados en el capítulo 4. A continuación se tratan los ensayos para la línea de amarre y defensas de la embarcación.

11.7.2.1 Centro de gravedad y momento de inercia del barco Primero, es necesario balancear el peso del modelo del barco mediante la distribución de bloques pesados, de tal manera que el centro de gravedad del modelo se determine con precisión y que los periodos naturales de balanceo y de cabeceo sean los correctos. El balanceo es de tipo estático que, según R. L. Wiegel, se necesita suspender el barco de proa y popa mediante barras, mismas que son contrabalanceadas antes de colocar el modelo, figura 11.9. Tomando momentos respecto a la barra de suspensión de popa se calcula la distancia y posición de los pesos de las piezas para balancear el modelo y, así también, determinar la distancia horizontal al centro de gravedad homólogo al prototipo.

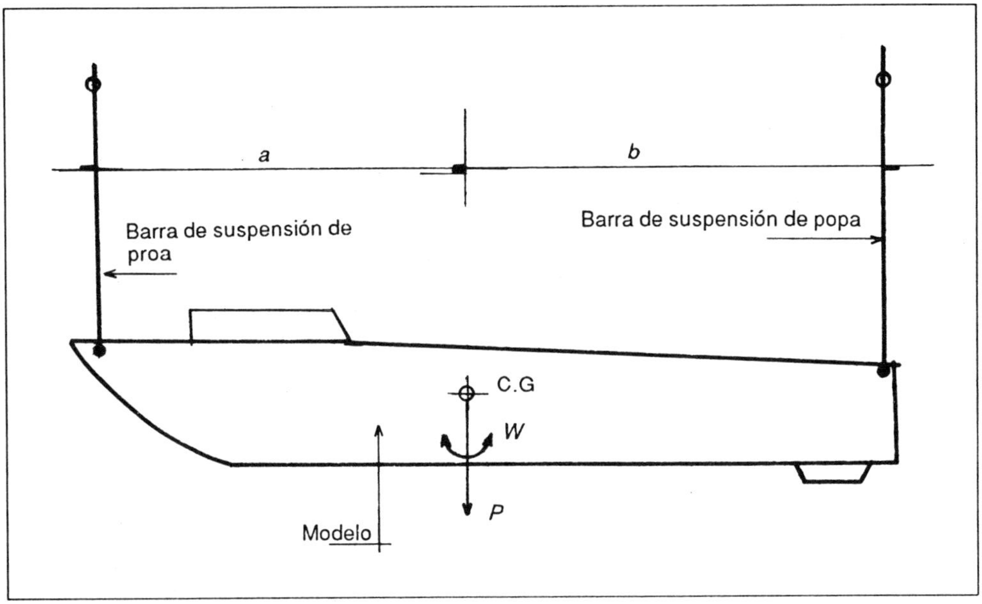

Figura 11.9 Balanceo del modelo del barco según Wiegel, Beebe y Dilley

Otro método empleado para la determinación del centro de gravedad, consiste en usar un péndulo, figura 11.10, sobre el cual se coloca el modelo de la embarcación.

Para determinar la distancia al centro de gravedad, así como el momento de inercia del péndulo sin la embarcación, se procede a colocar una masa m de peso P, en un vértice de éste, obligándolo a inclinarse un ángulo θ, de modo que al tomar momentos respecto al punto "O", resulta que

$$Zp = \frac{P}{P_P}\left[\left(\frac{a}{\tan\,\theta}\right) - Z\right] \tag{11.8}$$

Para el momento de inercia del péndulo (Ip) resulta ser

$$I_P = \frac{P_P\ Z_G\ T^2}{4\ \pi^2} \tag{11.9}$$

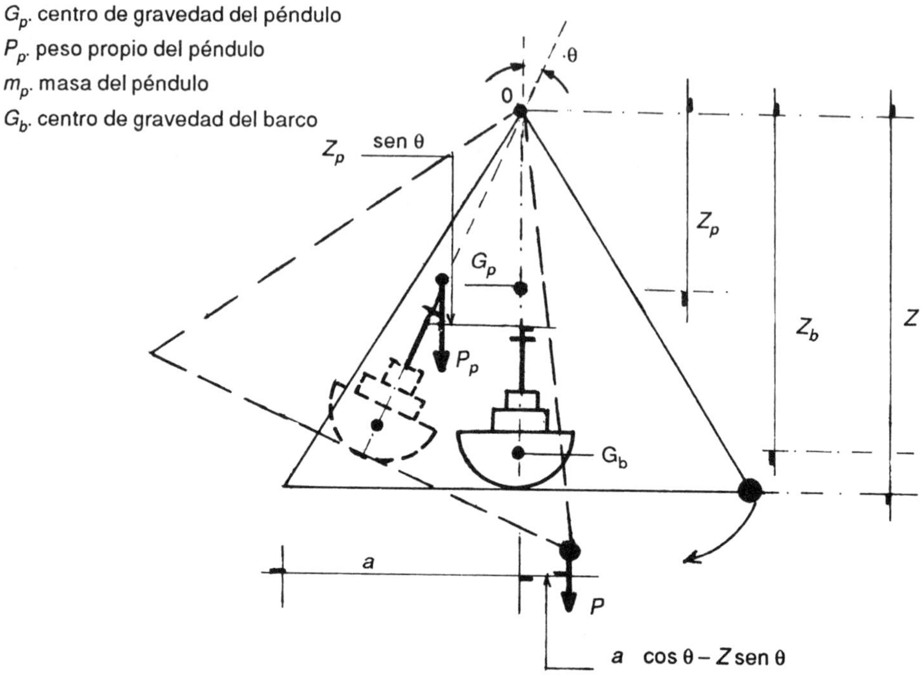

Figura 11.10 Péndulo para obtener el centro de gravedad del modelo del barco (DGOM 1988)

siendo

T = periodo natural del péndulo

El centro de gravedad de la embarcación resulta ser, después de plantear la ecuación de equilibrio de momentos, igual a

$$Z_b = \frac{P}{P_b}\left[\left(\frac{a}{\tan\theta}\right) - Z\right] - \frac{P_P\,Z_P}{P_b}$$

Por lo que respecta al momento de inercia del barco, éste se obtiene de la ecuación siguiente:

$$I_b = \frac{T^2}{4\,\pi^2}\,(P_p\,Z_p + P_b\,Z_b)\quad I_p - \frac{P_b}{g}\,Z_b^2$$

donde

T = periodo natural de oscilación del péndulo con el barco, que depende de la condición de carga y de la dirección de la rotación de la embarcación (cabeceo y balanceo).

11.7.2.2 Coeficiente de elasticidad para el modelo de defensas y líneas de amarre Empleando el equipo indicado en el inciso 11.6.2.b, así como el mostrado en la figura 11.11, la calibración consiste en determinar las curvas de esfuerzo deformación para los resortes empleados y relacionados con las curvas del mismo tipo de la defensa y amarras de prototipo.

Si la simulación de las defensas es mediante el uso de fibra tipo doméstica, se determina experimentalmente su curva esfuerzo deformación, misma que normalmente resulta de tipo no líneal, por lo que se idealiza ésta utilizando una línea recta. Cuando se conoce esta relación esfuerzo deformación, se obtiene el módulo de elasticidad por unidad de espesor con el cual se dimensiona el ancho, largo y espesor de la fibra.

Para el modelo de las cuerdas de amarras si se emplea banda elástica, se determina también en forma experimental la relación esfuerzo deformación y con ésta el módulo de elasticidad por unidad de longitud, con el que se calcula la longitud total de cada cuerda en función de las fuerzas máximas a que estarán sometidas.

11.8 EJEMPLO DE ESTUDIO

11.8.1 Estudios del movimiento del barco atracado en el muelle de la estación mineralera (carbonífera) de Micare en el Puerto de Lázaro Cárdenas, Mich.

Este trabajo se efectuó en el laboratorio de la Dirección de Obras Marítimas de la Secretaría de Comunicaciones y Transportes durante el año de 1988, con el propósito de revisar el arreglo de las líneas de amarre de la embarcación respec-

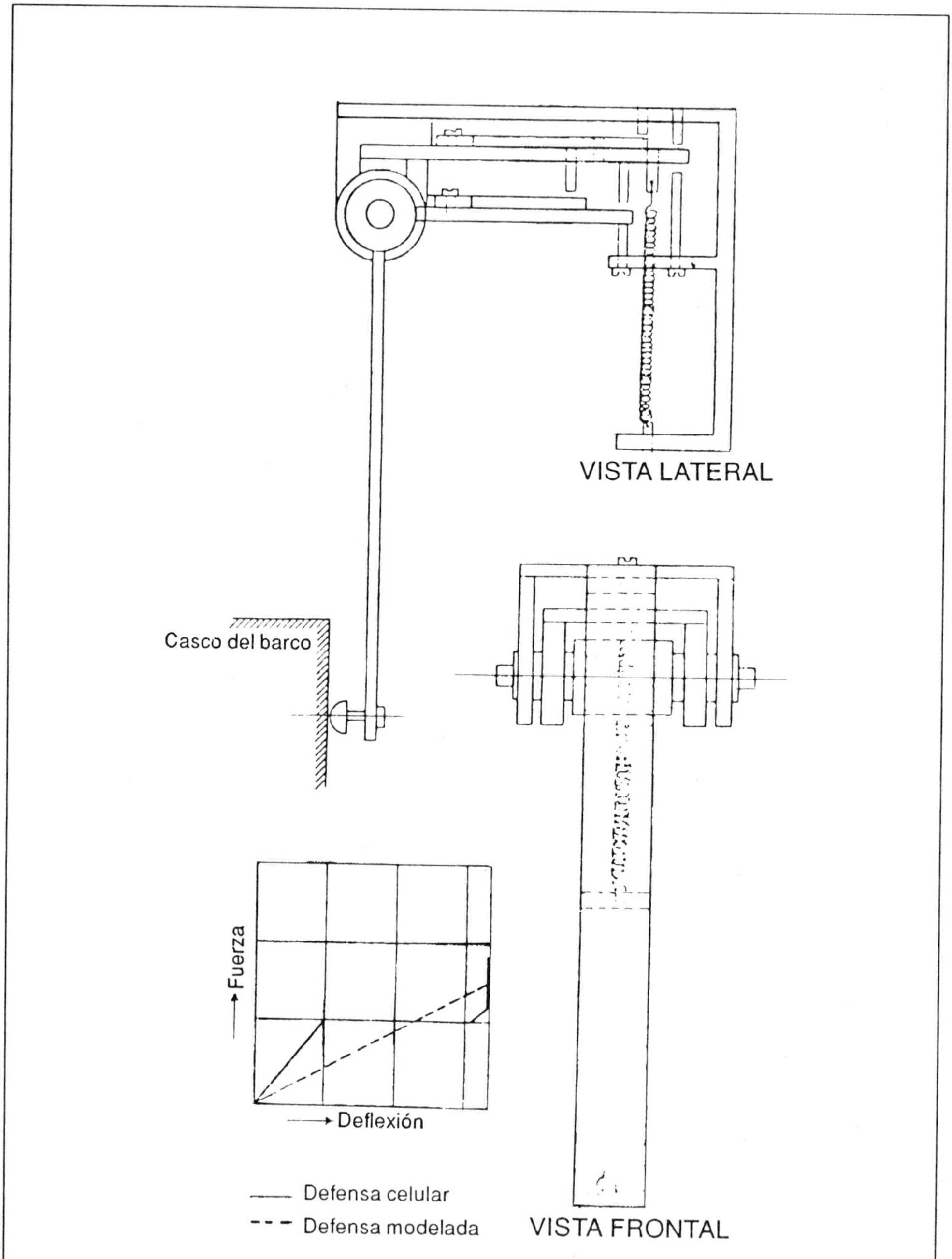

Figura 11.11 Sistema de reproducción y medición de defensas (J. Cornejo 1982)

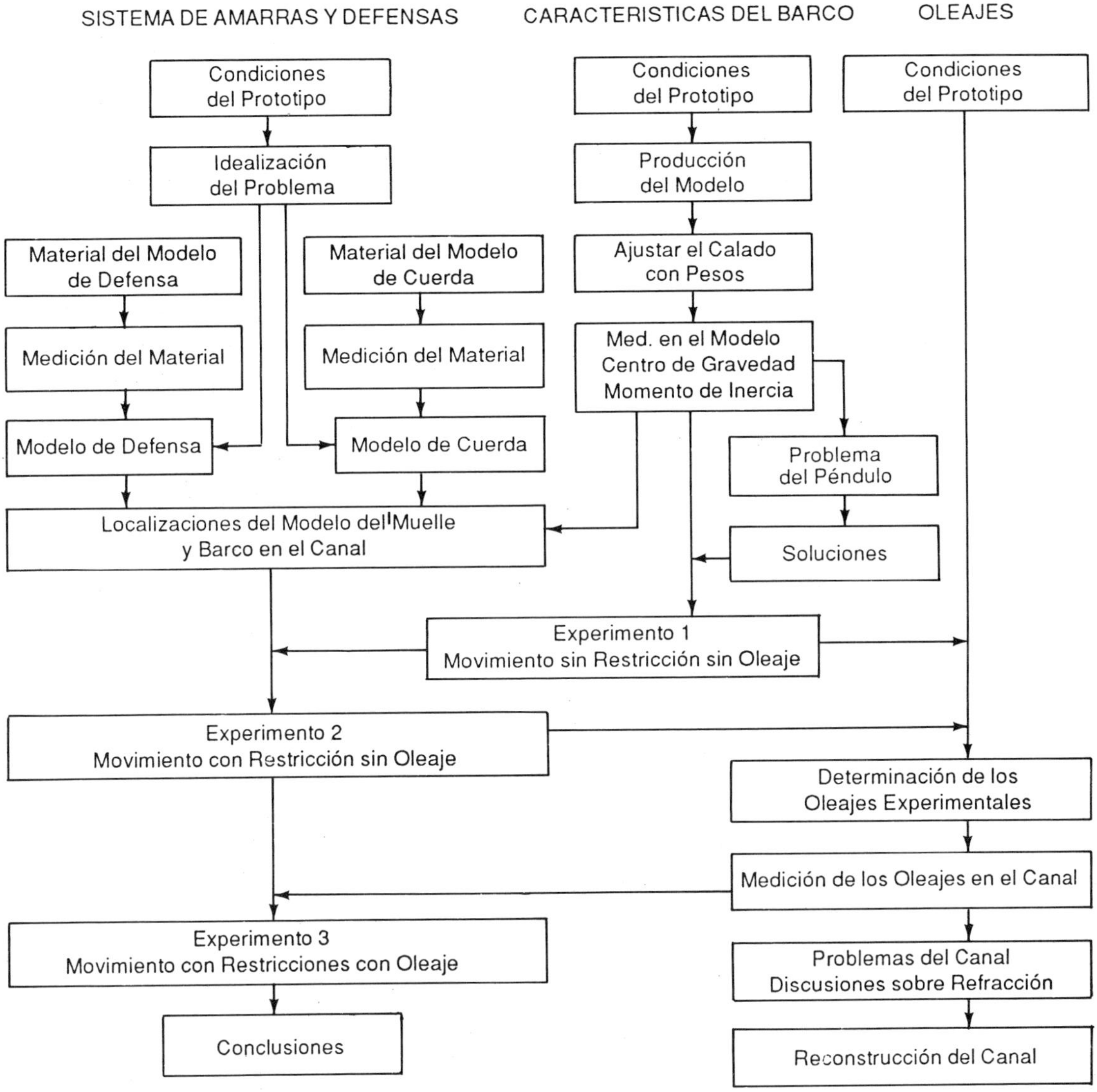

Figura 11.12 Diagrama de flujo del estudio de un barco en el muelle de MICARE del Puerto de Lázaro Cárdenas, Mich. (DGOM 1988)

to al nivel de movilidad, así como determinar las fuerzas sobre las defensas y líneas de amarre bajo la acción de oleaje, regular e irregular, en un modelo sin distorsión a escala de líneas 1:100.

La planeación del estudio se sintetiza en el diagrama de flujo mostrado en la figura 11.12, el cual parte de tres condiciones en el prototipo: características de la embarcación, sistema de amarras y defensas, y condiciones de oleaje que actúan sobre la embarcación.

a) **Características de la embarcación** La embarcación en el prototipo corresponde a un mineralero de 60.00 T.P.M., con las siguientes dimensiones; 230.00 m de eslora, 35.00 m de manga, 20.00 m de puntal y de 4.00 a 13.50 m de calado (dependiendo de la condición de carga). Este barco, se equipó con un pequeño motor y batería controlado a control remoto para dirigir su desplazamiento.
Debido al peso del equipo y al propio del barco (modelo), que equivale a 49.00 ton, no fue posible llevar a cabo ensayos con la condición de "barco sin carga", por lo que se efectuaron con las condiciones de *media carga* y *a plena carga*. En la figura 11.13 se indica la distribución de pesos en los distintos compartimentos para las condiciones de ensayos respectivos, de tal manera que el calado en todos los puntos de la embarcación fuera constante.

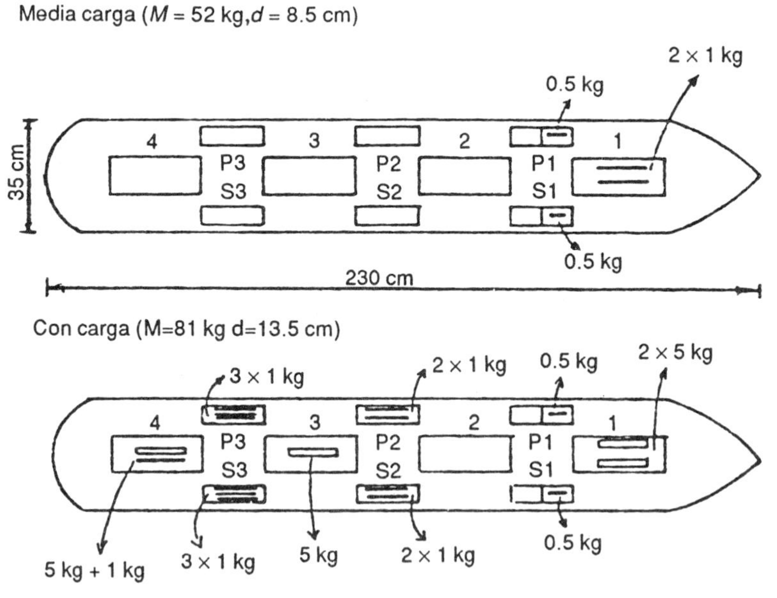

Figura 11-13 Distribución del peso para condiciones de media carga y a plena carga (DGOM 1988)

Los cálculos correspondientes a la ubicación del centro de gravedad y del momento de inercia del modelo de la embarcación empleando el método del péndulo, resultaron ser:

a.1) Péndulo sin embarcación Para cuatro ensayos, con masas *m* y de peso *P*, colocadas en un vértice del péndulo, el valor medio del Z_p fue de 0.654 m y el momento de inercia I_p de 115.480 kg · m^2 para un periodo natural de 2.20 s, este último se obtuvo con cinco ensayos con 50 oscilaciones.

a.2) Péndulo con la embarcación Se ensayó con los mismos pesos *P*, con la embarcación a media carga y a plena carga, resultando que el valor medio de Z_b con media carga fue de 0.852 m y a plena carga de 0.872 m. Los momentos de inercia I_b en dirección del cabeceo y del balanceo fueron de 19.18 kg · m^2 y 1.454 kg · m^2, respectivamente; para media carga con *T* de 2.22 s para el cabeceo, y de 2.10, para el balanceo; mientras que para el casco a plena carga resultaron de 25.66 kg · m^2 y 1.93 kg · m^2, para *T* de 2.21 *s* para el cabeceo, y de 2.08 para el balanceo.

b) Características de las líneas de amarre y defensas El sistema de amarras y defensas en el prototipo es el que se muestra en la figura 11.14, consta de cuatro cuerdas y siete defensas. De las cuales, dos son oblicuas (65°) y dos transversales (90°), todas ellas de nylon sujetas a una tensión máxima de 100 ton con coeficiente de elasticidad a la tensión *K* de 4.581 ton/m, y de 11.64 ton/m, respectivamente. Las defensas son de tipo A-900 con capacidad de 350 ton a la compresión, con un coeficiente de elasticidad *K* de 1 500 ton/m.

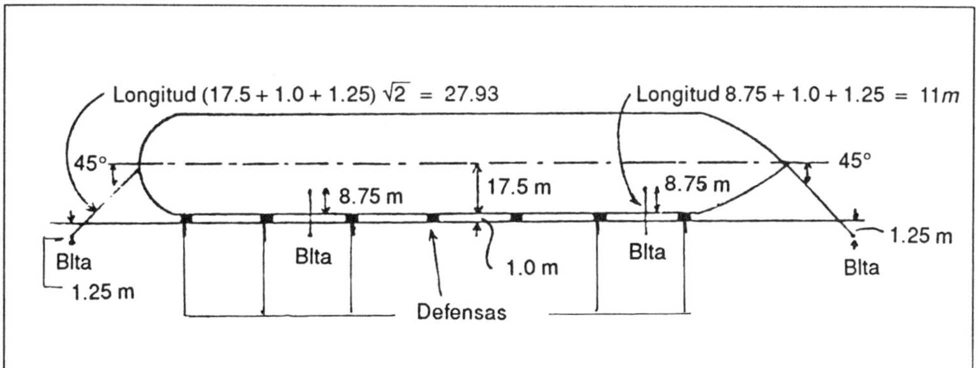

Figura 11.14 Sistema de amarras y defensas en el muelle de la estación carbonífera de Micare, Puerto Lázaro Cárdenas, Mich. (DGOM 1988)

b.1) Líneas de amarre Para el modelo se utilizó cuerda elástica cuyo coeficiente de elasticidad *K* se obtuvo de la gráfica fuerza contra longitud de la cuerda, figura 11.15. Observándose en su parte lineal que la longitud inicial de la cuerda, cuando la fuerza vale cero, es de 29.4 cm, por tanto, para cualquier punto de la recta, por ejemplo, si la fuerza es de 41 g, le corresponde una longitud L de 34.4 cm y, a su vez, resulta K 41/(34.4 – 29.4) = 8.2 g/cm.

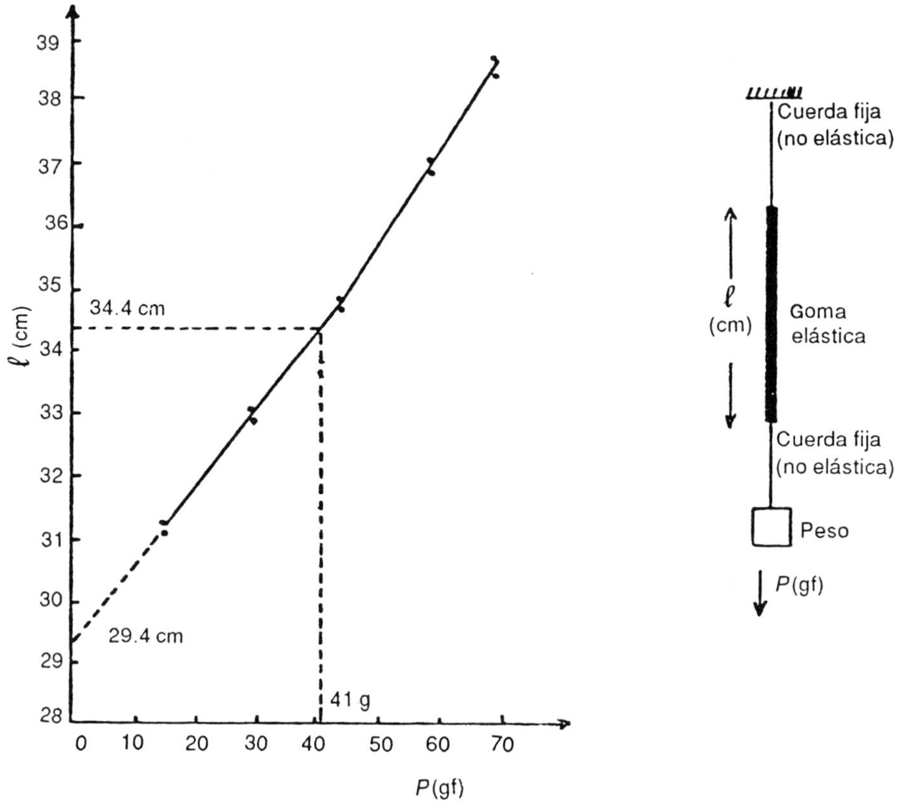

Figura 11.15 Deformación de la cuerda elástica (DGOM 1988)

Al considerar una cuerda de longitud inicial L_0 29.4 cm y que se deforme el 100%, la fuerza F necesaria para lograrlo será de KL_0 = 8.2 x 29.4 = 241 g. Por tanto, para las cuerdas oblicuas donde K = 4.581 kg/cm en el modelo, implica una longitud de L = 241/4.581 = 52.62 cm. Para el caso de las cuerdas de las amarras transversales con un valor de K = 11.64 g/cm en el modelo, su longitud resulta ser de L = 241/11.64 = 20.7 cm.

b.2) Defensas Se utilizaron placas de fibra doméstica de 2.5 cm de espesor, de 10 cm de largo por 6.4 cm de ancho y cuyo coeficiente K se determinó en función de la fuerza de compresión que se ejerce sobre un paquete que consta de 10 placas.

En la figura 11.16 se observa el comportamiento de la deformación de este paquete e idealizado por la recta. El valor *K* que resultó para cada placa de área A es $K/A = K' = 152$ g/cm/cm^2. Como la representación de las 7 defensas de prototipo se hizo con dos en el modelo, el valor de $K_T = 7\ K =$ 10 500 ton/m. En el modelo también sería dividido en dos, cuyo valor a escala es de 5 250 g/cm; que dividido entre K' se obtiene el área de la placa de 2.5 cm de espesor con 13.8 cm de largo y de 2.5 cm de ancho, que representa a 3.5 defensas del prototipo.

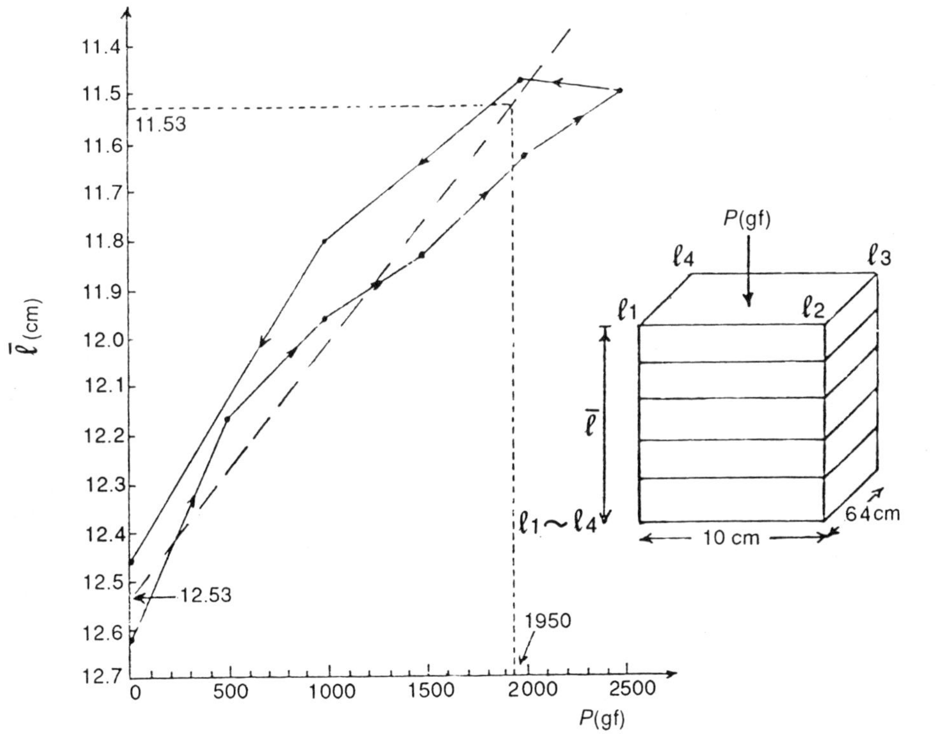

Figura 11.16 Deformación de las placas de fibra doméstica (DGOM 1988)

En la figura 11.17 se muestra la distribución de las amarras y las defensas, considerando las restricciones reales; para las cuerdas se tomaron dos puntos (a diferencia del prototipo que son cuatro, figura 11.14), esto dio por resultado que las longitudes reales en el modelo son mayores a las calculadas, por lo que la diferencia se ajustó con cuerda no elástica. Para las defensas, que en el prototipo son siete, en el modelo sólo se consideraron dos.

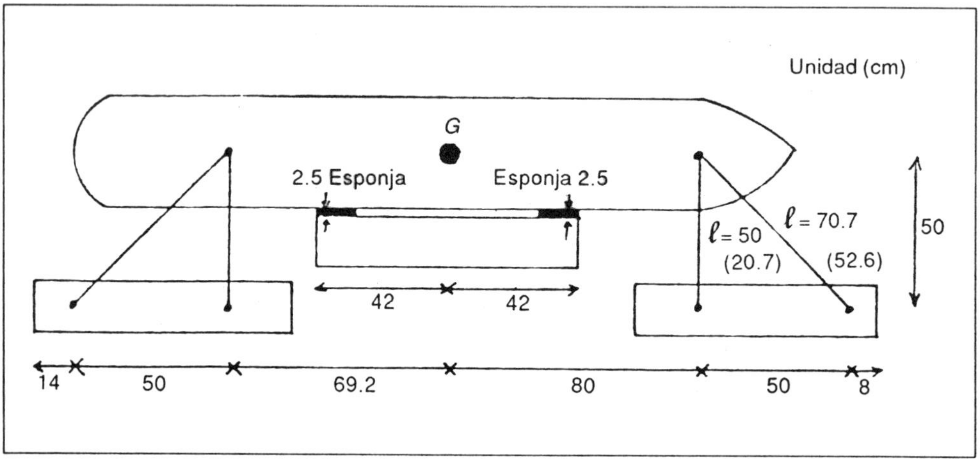

Figura 11.17 Distribución de ammarras y defensas para restricciones reales en el modelo (DGOM 1988)

c) Condiciones de oleaje El oleaje representado fue de tipo regular e irregular, con periodos de 5, 6.8, 8, 10, 13, 16 y 20 s en el prototipo para el primero, y de altura y periodo significante de 1.50 m y 13 s, respectivamente, para el segundo.

Se empleó un tanque de olas, figura 11.18, de 35.00 m de longitud y 4.50 m de ancho, equipado con un generador de oleaje regular e irregular y tres olígrafos de tipo capacitivo.

Los primeros ensayos del movimiento del barco fueron en condición libre (no atracado) para medir los periodos naturales de balanceo, a media carga y a plena carga. Para ambos casos se obtuvo que el periodo natural de balanceo T_o es, aproximadamente, de 1.3 *s*, igual al promedio de los periodos registrados y el coeficiente de amortiguamiento *C* (igual al promedio de la relación de alturas de las curvas de amortiguamiento) de 0.66. Cabe mencionar que en la medición del movimiento se empleó el sistema de video. Con éste se midió el desplazamiento horizontal δ_x respecto al eje vertical del centro de gravedad, el cual coincide con la antena (lectura en el monitor donde aparece la imagen frontal del barco) y se relaciona con el tiempo como se muestra en la figura 11.19. El movimiento de ba-

Figura 11.18 Instalación del modelo dentro del tanque de olas con generador de oleaje irregular

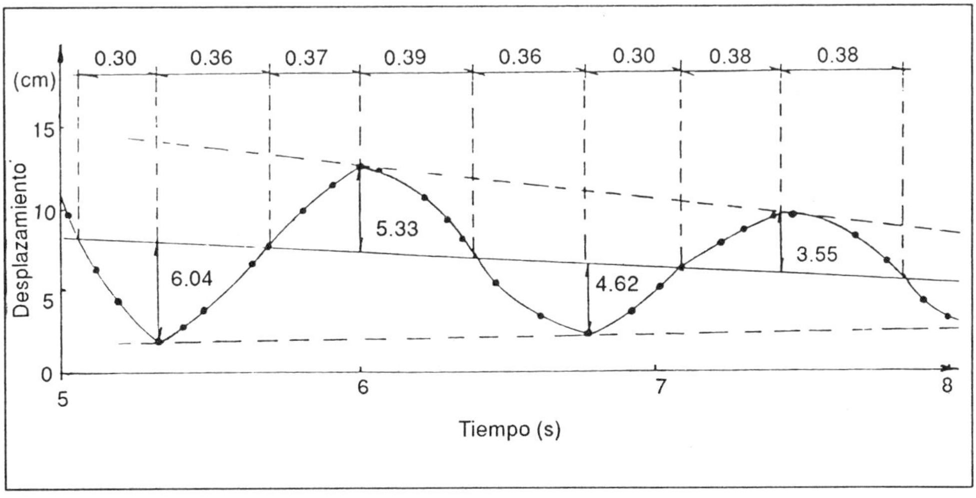

Figura 11.19 Registro de periodo natural de balanceo sin amarras (DGOM 1988)

lanceo (sin oleaje) se genera manualmente, balanceando el barco y soltándolo en el momento de iniciar la filmación, misma que termina después de cinco ciclos de oscilación completos.

Los movimientos de arzada y cabeceo no se pudieron medir debido a que sus valores son muy pequeños; sin embargo, se pueden estimar a través de la ecuación dinámica que se expresa de la forma siguiente:

Para la arzada, deriva y vaivén

$$T_o = 2\pi \left(\frac{mo + ma}{k} \right)^{1/2} \qquad \textbf{(11.12)}$$

donde

mo = masa del barco (52 kg)
ma = masa adicional (se supone mo = ma)
k = igual a $\rho g A$
ρ = densidad del agua
g = aceleración debida a la gravedad
A = área del barco al nivel del agua en reposo

Para el cabeceo, balanceo y guiñada.

$$T_o = 2\pi \left(\frac{I_b + I_a}{k} \right)^{1/2} \qquad \textbf{(11.13)}$$

donde

I_b = momento de inercia del barco
I_a = momento de inercia adicional (se supone Io = Ia)
k = $\rho g MLdG$
L = eslora del barco
M = manga del barco
d = calado
G = distancia metacéntrica

Para la condición de embarcación atracada y sin oleaje los periodos naturales son los anotados en la tabla 11.1.

De los resultados de esta tabla se observa que los periodos naturales de balanceo están comprendidos entre 1.3 y 1.4 sred, que en el prototipo corresponden a 13 y 14 sred, respectivamente, por lo que probablemente pudiera haber resonancia, puesto que los periodos de oleaje en el prototipo que se presenten con este valor son normales. De igual manera ocurre con los periodos de arzada y cabe-

Tabla 11.1 Periodos naturales para embarcaciones atracadas sin oleaje (DGOM 1988)

MOVIMIENTO	CONDICION DE CARGA		PERIODO T_o (s)	AMORTIGUAMIENTO C
	MEDIA CARGA	PLENA CARGA		
Balanceo	X		1.335	0.716
		X	1.430	0.689
Deriva	X		12.967	0.283
		X	17.830	0.437
Vaivén	X		16.830	0.786
		X	22.250	0.779
Guiñada	X		8.550	0.336
		X	12.560	0.2110
Arzada	X		0.828	
		X	1.043	
Cabeceo	X		0.664	
		X	0.767	

ceo; no así para los movimientos de deriva, vaivén y guiñada que los periodos en el prototipo corresponden a largos periodos difíciles de representarse.

Con base en los resultados anteriores se procedió a ensayar con oleaje regular e irregular para los datos mencionados anteriormente, obteniéndose los resultados mostrados en la figura 11.20 para oleaje regular y la figura 11.21 para oleaje irregular.

De estos ensayos se llegó a las siguientes conclusiones:

a) El periodo natural de resonancia del balanceo es aproximadamente 13 s, sin oleaje y con oleaje regular.
b) La incidencia del oleaje con 90° es más desfavorable que la dirección oblicua.
c) El periodo de resonancia para la arzada con oleaje regular es igual o mayor que 10 s para ambas condiciones de carga.

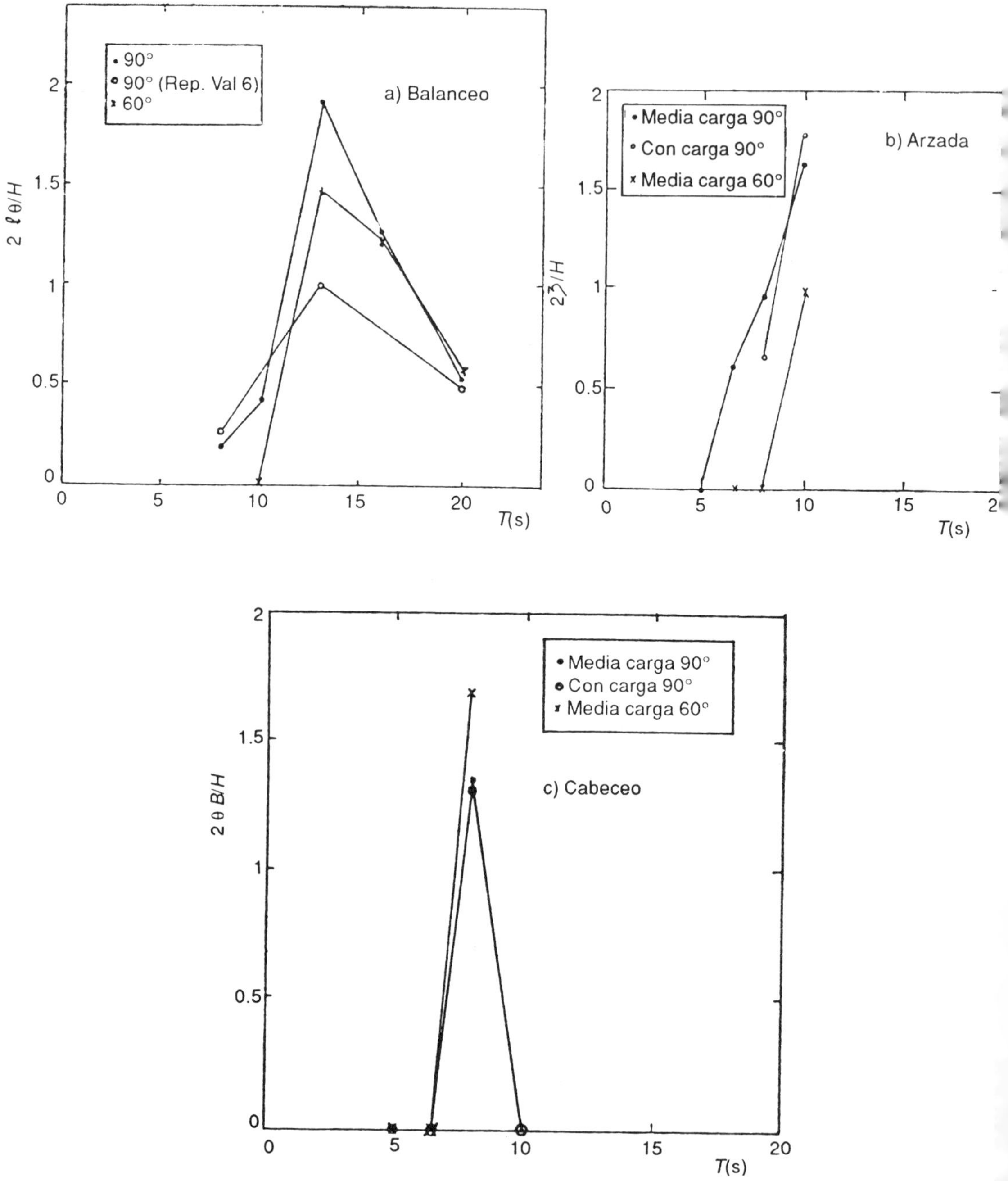

Figura 11.20 Movimiento de la embarcación con oleaje regular (DGOM 1988)

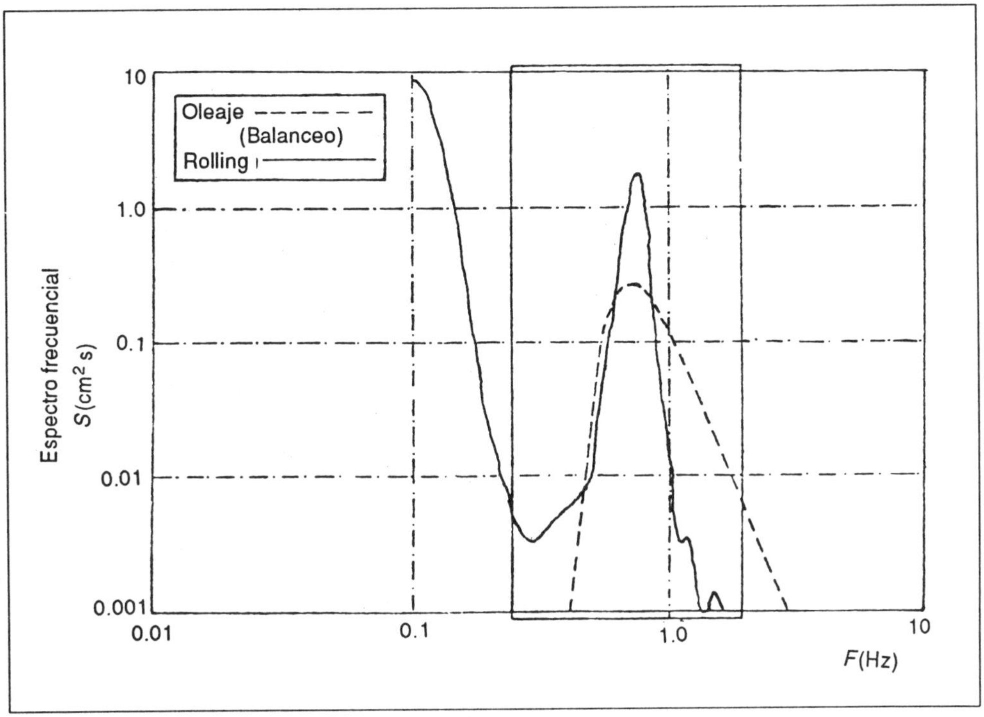

Figura 11.21 Espectro de oleaje y balanceo (DGOM 1988)

d) El oleaje óptimo muestra menor tamaño de la arzada.
e) El periodo de resonancia para el cabeceo con oleaje regular es de 8 s, aproximadamente, para ambas condiciones de carga.
f) Con oleaje oblicuo se presenta mayor movimiento de cabeceo.
g) La amplitud del balanceo (θ) con oleaje irregular muestra una distribución semejante a la del oleaje.

Los ensayos sobre los esfuerzos en las amarras consistieron en determinar la máxima tensión causada por la acción del oleaje sobre la embarcación. En la figura 11.22, se muestra el comportamiento de las amarras perpendiculares de la proa y popa; mientras que en la figura 11.23 se presenta el comportamiento de las amarras oblicuas de proa y popa, concluyéndose lo siguiente:

a) Las amarras perpendiculares presentan mayor tensión, que las oblicuas.
b) Los máximos valores de la tensión se presentan para periodos de resonancia de balanceo (13 s) y para arzada, vaivén y deriva mayores que 100 s en el prototipo; considerándose los más desfavorables. En ningún caso la tensión fue superior a 100 ton (correspondiente al prototipo).

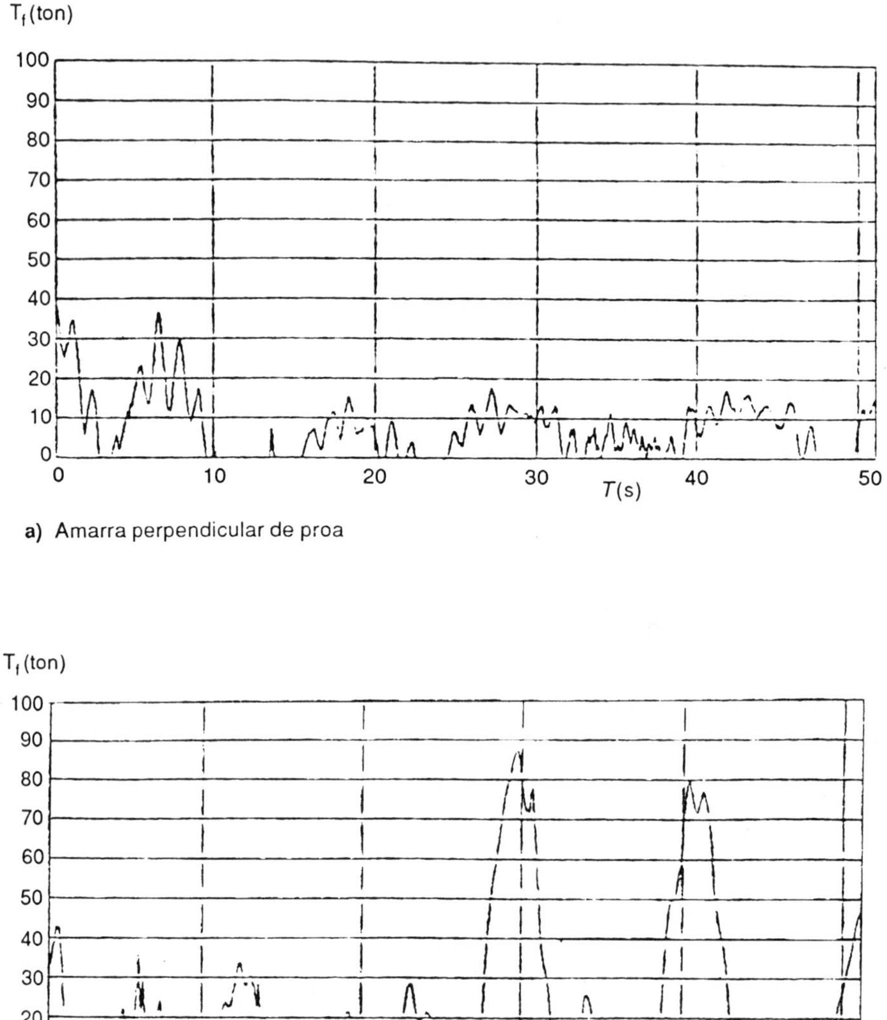

Figura 11.22 Tensión de amarras perpendiculares de proa y popa (DGOM 1988)

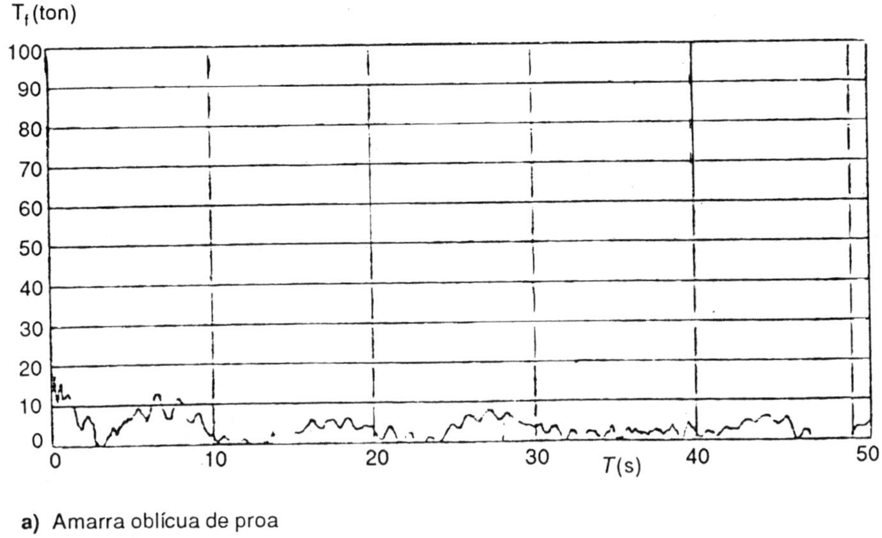

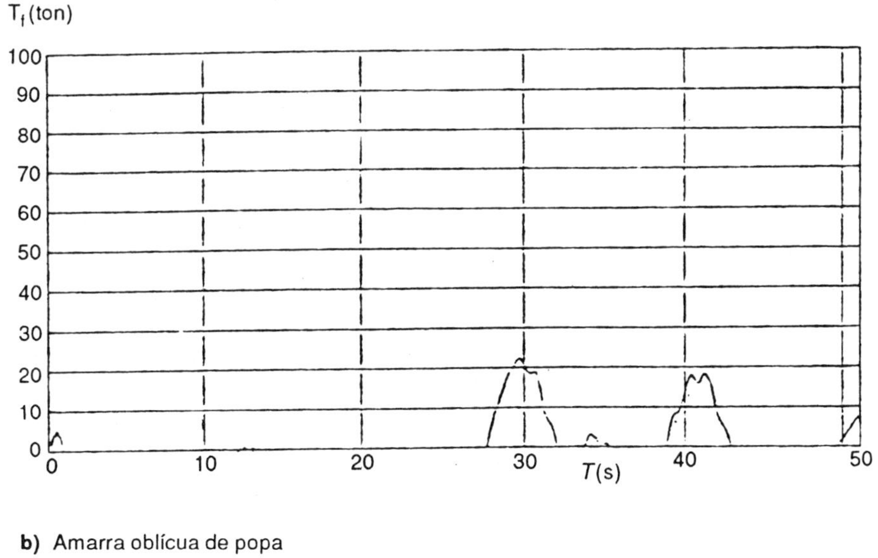

Figura 11.23 Tensión en amarras oblicuas de proa y popa (DGOM)

11.8.2 Estudio de maniobrabilidad para el Puerto Industrial de Altamira, Tamps.

Con el propósito de seleccionar la longitud de los rompeolas de este puerto, fue necesario ejecutar, adicionalmente a los estudios de agitación en el vaso portuario, ensayos de *maniobrabilidad,* considerando fundamentalmente el comportamiento de la embarcación cuando se encuentra sometida a oleajes normales y extremos, así como al efecto del viento y las corrientes.

Estos estudios se realizaron en el laboratorio hidráulico de la Dirección General de Obras Marítimas de la Secretaría de Comunicaciones y Transportes con la asesoría de la empresa Consultores de Ingeniería Fluviomarítima S. A. (CIFSA). Para realizarlo se construyó un modelo de fondo fijo sin distorsión y escala de líneas $E_x = 150$, sobre el cual se representaron oleajes en las direcciones *NE*, *E* y *SE*, así como la batimetría desde los -16.50 m hasta la línea de playa, lo que permitió construir el canal de navegación para una profundidad futura de 16.00 m con 350.00 cm de ancho de plantilla y taludes 7:1.

El modelo de la embarcación se construyó para las características de un barco mineralero de 120 000 T.P.M. de desplazamiento con carga, de 285.00 m de eslora, 42.00 m de manga, 22.00 m de puntal, 14.50 m de calado con carga y 7.00 m sin carga. Se instaló en el modelo un equipo que permite efectuar a control remoto las maniobras del avance, retroceso y giro, asimismo, regular la velocidad y el cambio de dirección. Adicionalmente se utilizó equipo cinematográfico y un cronómetro acompañado de dos fotoceldas para medir la velocidad de la embarcación a la entrada y salida del puerto. Antes de efectuar los ensayos se procedió a calibrar el modelo de la embarcación para las condiciones de carga, colocando lastre distribuido adecuadamente en su interior.

Los ensayos se llevaron a cabo para dos alternativas de disposición de las obras exteriores, figura 11.24 y 11.25 y probar las siguientes condiciones de maniobras de la embarcación; distancia de frenado, corrección de rumbo y prueba de atraque.

Los ensayos de distancia de frenado se hicieron con la embarcación a diferentes velocidades y a plena carga, expuesta a direcciones de oleaje Noreste y Este. La velocidad de partida fue equivalente a 6 nudos como máxima y el arribo a la zona entre morros a una velocidad de 4 nudos, en la cual se frenó al barco súbitamente (de 4 a 0 nudos), y escalonadamente (disminuyendo un nudo cada vez en el rango de 4 a 0 nudos).

Los ensayos de corrección de rumbo se realizaron para la condición de embarcación sin carga, habiéndose medido el ángulo de deriva para la acción del viento equivalente a una velocidad comprendida entre 70 y 120 km/h, proveniente de la dirección Norte. Para la evaluación de maniobras se tomó como base un ángulo máximo admisible de 16.5°.

Para las pruebas de atraque se colocaron dos estructuras marginales, una en cada lado del canal y con la acción del viento en las direcciones Norte y Sur. Con estas pruebas se verificó que la embarcación pudiera aproximarse al muelle

Figura 11.24 Alternativa 1; Rompeolas Norte más largo que el Rompeolas Sur (DGOM 1987)

Figura 11.25 Alternativa 2; Rompeolas Norte y Sur de igual longitud (DGOM 1987)

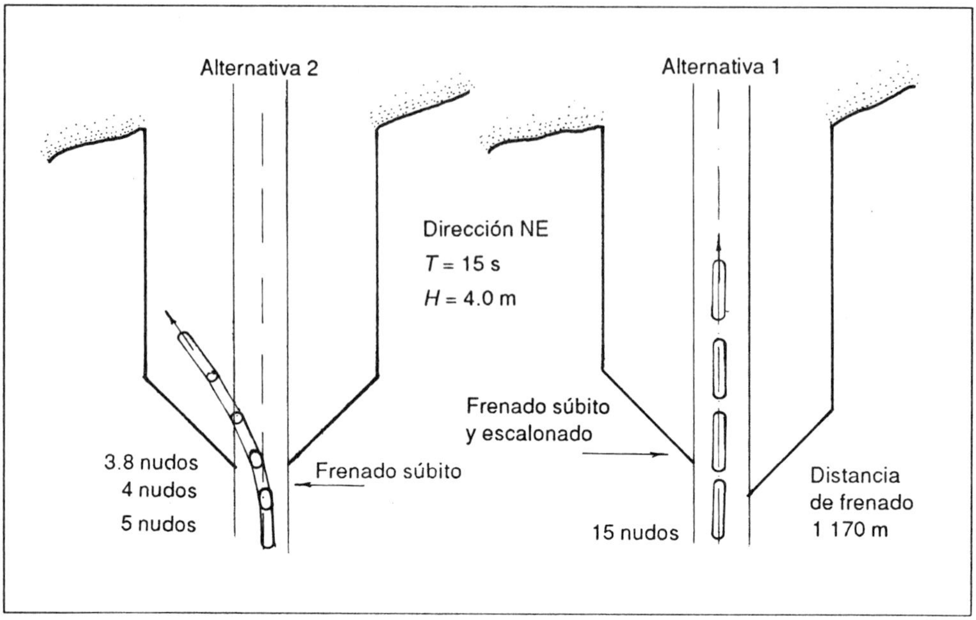

Figura 11.26 Trayectoria de la embarcación para diferentes condiciones de frenado a plena carga (DGOM 1987)

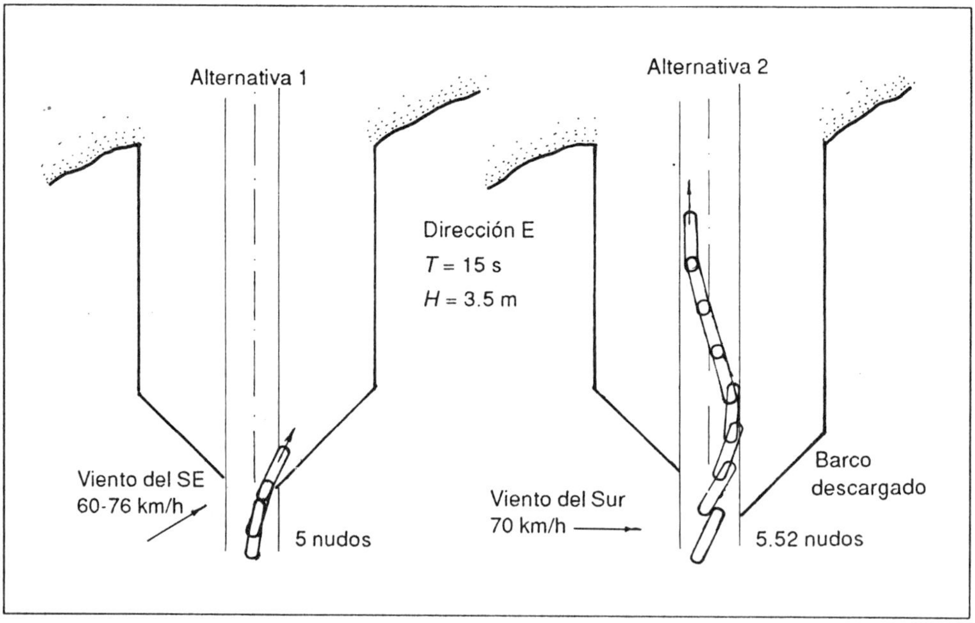

Figura 11.27 Trayectoria de la embarcación para diferentes condiciones de acción del viento (DGOM 1987)

con un *esviaje* máximo de 10 respecto al parámetro de atraque de la estructura, y con una velocidad no mayor de 65 cm/s. Igualmente se verificó que la embarcación pudiera atracar con sus propios medios, o bien, fuese necesario el auxilio de remolcadores.

Las conclusiones de estos ensayos fueron las siguientes:

a) El acortar el rompeolas Norte a la misma longitud que el rompeolas Sur, (alternativa 2) y en la presencia de oleajes del Noreste y vientos del Norte, con velocidad entre 60 y 100 km/h, la embarcación se mueve con un esviaje mayor de 30° y se dirige rumbo al morro del rompeolas Sur. Sin embargo, al rebasar los rompeolas, se desvía hacia el Norte, encallando sobre el talud del canal.

b) Para la primera alternativa (con rompeolas Norte más largo), la embarcación queda protegida de los oleajes del Noreste y Este con periodos de 7 y 15 s. Esta disposición de obras permite a la embarcación alinearse después de que ha rebasado el morro del rompeolas Norte con un ángulo de deriva máximo de 3. La embarcación debe arribar con una velocidad mayor a los 4 nudos y virar hacia estribor, teniendo como referencia el morro del rompeolas Norte.

c) El atraque de la embarcación en los muelles marginales Norte y Sur, se realiza sin necesidad de remolcadores. El ángulo mínimo de atraque resultó de 5°.

De acuerdo con las conclusiones anteriores, se recomendó construir según indica la alternativa 1.

En las figuras 11.26 y 11.27 se muestran diferentes comportamientos de la embarcación para las pruebas efectuadas.

BIBLIOGRAFIA

1 . Blaauw H. G., Koeman J. M. y Strating J., *Contribuciones náuticas para el diseño integrado de puertos.* (Traducción M. Vázquez.) Laboratorio hidráulico de Delft. 1981.

2. CIFSA, Consultores, *Estudios complementarios para el Puerto Industrial de Altamira, Tamps.,* Depto. de estudios y proyectos. Dirección General de Obras Marítimas S.C.T. México, 1981.

3. Cornejo V. J., *Estudio en modelo reducido de navegación de movimiento de barcos en su atraque y fuerzas en defensas y líneas de amarre del Puerto Petroquímico de Dos Bocas,* Tab. XVII Convención de UPADI. San Juan de Puerto Rico, ago., 1982.

4. Flores Ayala F. J., Palmas I., San Juan F. y Torres V., *Ensayos preliminares sobre los movimientos del barco atracado.* Reporte técnico del Centro Hidráulico Portuario de México. No. 6. Dirección General de Obras Marítimas S.C.T., oct., 1987.

5. Strating J., *Nautical Considerations for Port Design Course.* IPN. México, oct., 1982.

6. Strating J., Schilperoot T. y H. G. Blaauw. *Optimization of Depths of Channels.* Laboratory the Netherlands. Publication No. 278, sept., 1982.
7. Torres V., Palmas I., Flores F. y San Juan F., *Experimento sobre el movimiento del barco atracado con oleaje regular e irregular.* R. T. del Centro Portuario de México No. 8. Dirección Gral. de Obras Marítimas SCT. abril, 1988.
8. Wiegel R. L., *Oceanographical Engineering,* Cap. 19. Prentice Hall Inc. Englewood Cliffs, N.J., 1965.

Indice

A

análisis dimensional, 11-6
ecuación dimensional, 11
teorema Pi (π), 12
variables de la frontera, 13
del fluido, 13
del flujo, 13

B

batimetría, 194

C

canales de desviación, 120
de llamada, 135
plegadizos, 121
cárcamo, 129
condiciones de similitud, 16-20, 39, 58, 78, 107, 170, 190, 220, 243, 260
arrastre por el fondo, 170
cavitación, 142
de Cauchy, 17
de Euler, 17
de Froude, 17
de Reynolds, 17
de suspensión, 170
de Weber, 17
difusión vorticosa, 244
modelación de la embarcación, 260
hidráulica, 260
de líneas de amarras y defensas, 262
enrocamiento, 220, 231-5
vórtices, 142
construcción de modelos, 47-51, 147, 225, 247, 264
canal de olas, 227
decaimiento. 247
escantillones fijos, 49
escantillones móviles, 49
tanque de olas, 225
criterio de Méhuaté, 176
de Meyer-Peter y Muller, 177

E

efectos de escala, 45-6, 144, 192, 224, 264
ejemplos de estudios, 59-73, 95, 129, 147, 181, 248, 273
choque térmico, 251
escollera, 96
espigones, 96
Cayo Arcas, 64
El Ostión, Ver., 59
ensayos, 92, 179, 247, 270
micromolinetes, 92
ológrafos, 92

estructuras disipadoras, 139
de bombeo, 140

F

fronteras del modelo, 44-5, 90, 121, 192
batimetría, 44
playas amortiguadoras, 45

G

geometría del canal de acceso, 156
de la toma, 156
ranura compuerta auxiliar, 158
sumergencia, 140

I

instrumentación y equipo, 51, 124, 147, 196, 227, 265
embarcación atracada, 268
navegando, 265
limnímetros, 51
oleaje regular (monocromático), 51
tren de olas, 51

M

material del fondo, 32-4
arenas, 34
ligero, 34
muy ligero, 34
modelo, 1
hidráulico 1,
de fondo móvil, 95
de recirculación, 100
modelos de oleaje, 37-73, 75
agitación residual, 37
de fondo fijo, 37
de fondo móvil, 75
difractación, 37
refracción, 37
reflexión, 37
modelos matemáticos, 4-7
diferencias finitas, 4
elementos finitos, 4
similitud cinemática, 7

O

operación de modelos, 56-8, 124, 228
calibración, 56
ensayos de alternativas, 57, 124
verificación, 56

P

planeación experimental, 23-5

R

rugosidades, 28-32

S

selección de escalas, 26-8, 42, 88, 178, 192, 222, 245, 264
escalas lineales, 26
similitud del flujo, 78-80, 172
velocidad de la corriente, 79
velocidad de transporte, 79
velocidad orbítal, 79
similitud del transporte de sedimento, 80, 175
inicio del movimiento, 81
criterio de Fan, 82
criterio de Le Méhauté, 82
criterio de Valembois, 83
perfiles de equilibrio, 85
velocidad de caída, 80

T24/E1/92

Esta edición se terminó de imprimir en noviembre de 1992. Publicada por EDICIONES ALFAOMEGA, S.A. de C.V. Apartado Postal 7–1032, 06700 México, D.F. La impresión y encuadernación se realizó en CIA. EDITORIAL ELECTROCOMP, S.A. de C.V. Calz. de Tlalpan 1702, Col. Country Club, 04220 México, D.F. El tiro fue de 3 000 ejemplares.